"十三五"国家重点出版物出版规划项目
现代机械工程系列精品教材
普通高等教育"十一五"国家级规划教材

机电一体化系统设计 课程设计指导书

第2版

主　编　王玉琳　尹志强
副主编　钱　钧
参　编　宋守许　刘志峰
主　审　张进生　连香姣

机械工业出版社

本书作者在总结多年来在机电一体化系统设计、教学、科研开发和生产经验的基础上,从理论联系实际的角度出发,系统地介绍了机电一体化系统设计的思路、方法和步骤。本书主要内容包括:课程设计的一般过程与要点、机电一体化系统机械部件设计、机电一体化系统进给伺服系统设计、机电一体化控制系统及其模块电路设计,以及机电一体化系统设计的典型实例等。本书的编写以培养学生分析和解决实际问题的能力为主线,重点突出了设计思路和具体方法。作为教学用的设计指导书,不但内容实用,而且参考资料准确可靠。本书所提供的机械和电气图样,大多是作者研究开发的机电一体化产品技术资料,这些资料均已经过工程实践的检验。

本书在编写上特色明显,力求实用、化解难点、深浅适宜,不仅可作为大学本科相关专业的课程设计、毕业设计的教学参考书,也可供成人教育和高职高专本、专科相关专业选用。此外,本书对从事机电一体化系统(产品)设计、制造的工程技术人员,也具有一定的参考价值。

图书在版编目(CIP)数据

机电一体化系统设计课程设计指导书/王玉琳,尹志强主编. —2 版.
—北京:机械工业出版社,2019.8(2024.8 重印)
"十三五"国家重点出版物出版规划项目 现代机械工程系列精品教材
普通高等教育"十一五"国家级规划教材
ISBN 978-7-111-62641-1

Ⅰ.①机… Ⅱ.①王… ②尹… Ⅲ.①机电一体化-系统设计-课程设计-高等学校-教学参考资料 Ⅳ.①TH-39

中国版本图书馆 CIP 数据核字(2019)第 082301 号

机械工业出版社(北京市百万庄大街 22 号 邮政编码 100037)
策划编辑:刘小慧 责任编辑:刘小慧 徐鲁融 章承林 刘丽敏
责任校对:樊钟英 封面设计:张 静
责任印制:常天培
固安县铭成印刷有限公司印刷
2024 年 8 月第 2 版第 8 次印刷
184mm×260mm·15.25 印张·8 插页·420 千字
标准书号:ISBN 978-7-111-62641-1
定价:39.00 元

电话服务 网络服务
客服电话:010-88361066 机 工 官 网:www.cmpbook.com
010-88379833 机 工 官 博:weibo.com/cmp1952
010-68326294 金 书 网:www.golden-book.com
封底无防伪标均为盗版 机工教育服务网:www.cmpedu.com

前　言

机电一体化技术是将机械技术、电工电子技术、微电子技术、信息技术、传感技术、接口技术、自动控制技术等多种技术进行有机结合，并综合应用到实际中的综合性技术。目前，机电一体化技术在诸多行业中获得了广泛应用，机电一体化产品的技术含量也达到了一个前所未有的水平，这使得社会对机电复合型技术人才的需求量越来越大。因此，培养高素质的机电工程类专业人才，是高等学校面临的重要任务。

机电一体化技术不是机械技术和电子技术的简单叠加，而是两者的有机融合。如果在教学中缺乏对机电知识综合应用能力的培养和训练，那么学生在学习了机、电类的课程后，就不能很好地将机、电知识融会贯通，在机电一体化系统的综合设计方面会存在不少困难。为此，合肥工业大学机械电子工程系自 1997 年起，便增设了"机电一体化系统综合课程设计"这一实践环节，要求学生综合运用所学过的机械、电子、传感、计算机和自动控制等方面的知识，独立进行一次机电一体化系统的综合设计训练。经过 20 多年的教学实践，取得了显著效果。

2007 年 5 月，本书第 1 版作为普通高等教育"十一五"国家级规划教材和高等学校机械电子工程规划教材，由机械工业出版社出版发行。因其内容新颖、案例实用，受到机电类高校师生的一致好评，截至 2019 年 2 月本书已经印刷 14 次。由于社会反响较好，本书于2017 年被国家新闻出版广电总局列为"十三五"国家重点出版物出版规划项目。为了使本书的内容更加新颖、实用、生动、具体，满足现代教学需求，作者在 2017 年 10 月—2018年 12 月之间，对本书内容进行了较大幅度的修订。

作为一本课程设计指导书，本书的修订力求简明、实用，简化了相关教材中普遍出现的基础知识和专业内容。作为实践性设计指导书，在编写中首先尽量突出设计思路和具体方法，以提高学生分析问题和解决问题的能力；其次提供了详细的参考资料和机电部件的相关数据，以便学生能够顺利地完成设计任务。书后插页中的许多图样，都是作者在多年科研和工程实践的基础上精心提炼、加工出来的，具有较高的实用价值。

本书由合肥工业大学王玉琳、尹志强任主编，钱钧任副主编，参加编写的有宋守许和刘志峰。本书第 1 版和第 2 版的顺利完成，得益于合肥工业大学机械电子工程系的领导以及老师们的关心、帮助和支持，研究生刘冀、蒋儒浩等参与了本书的相关工作，在此表示感谢。

全书由山东大学张进生老师和北京建筑大学连香姣老师审阅，两位老师对本书提出了许多宝贵的修改建议，在此表示衷心的感谢。

在编写本书的过程中，我们参考并引用了机电系统方面的大量论著与资料，在此一并对其作者和单位致以衷心的感谢。

由于作者水平有限，书中难免存在错误与不足，敬请读者批评指正。

编　者
2019 年 2 月
于合肥工业大学

本书常用符号与单位

a 中心距、支承间距（mm）

a_e 侧吃刀量（mm）

a_p 背吃刀量（mm）

A_D 切削层基本横截面积（mm^2）

b_D 切削层基本宽度（mm）

b_s 同步带宽度（mm）

b_{s0} 同步带基准宽度（mm）

C 电容（μF）

C_a 滚珠丝杠额定动载荷（N）

C_{0a} 滚珠丝杠额定静载荷（N）

d 直径（mm）

d_0 滚珠丝杠公称直径（mm）

d_1 滚珠丝杠螺纹外径（mm）

d_2 滚珠丝杠螺纹底径（mm）

D_{pw} 滚珠丝杠节圆直径（mm）

D_w 滚珠丝杠滚珠直径（mm）

E 材料弹性模量（MPa）

f 每转进给量（mm/r）

f_{max} 最大空载运动速度所对应的工作频率（Hz）

f_q 步进电动机空载起动频率（Hz）

f_{maxf} 最大工作进给速度所对应的工作频率（Hz）

f_z 每齿进给量（mm/z）

F 外加载荷（N）

F_Q 滚珠丝杠最大动载荷（N）

F_c 主切削力（N）

F_{YJ} 滚珠丝杠预紧力（N）

F_f 进给方向切削分力（N）

F_k 滚珠丝杠临界载荷（N）

F_m 滚珠丝杠轴向最大工作载荷（N）

F_p 背向切削力（N）

G 工作台运动部件总重力（N）

h_D 切削层基本厚度（mm）

i 传动比

I 截面惯性矩（mm^4）

J 转动惯量（$kg \cdot m^2$）

J_{eq} 步进电动机转轴上的总转动惯量（$kg \cdot m^2$）

J_m 电动机转子转动惯量（$kg \cdot m^2$）

J_s 滚珠丝杠转动惯量（$kg \cdot m^2$）

J_z 齿轮转动惯量（$kg \cdot m^2$）

k_c 单位切削力（N/mm^2）

K, k 各种系数

l （滚珠丝杠）行程（mm）

L 电感（mH）；导轨距离额定寿命（km）

L_0 滚珠丝杠寿命（$10^6 r$）

L_h 导轨寿命时间（h）

L_p 同步带节线长（mm）

m 步进电动机绕组相数；齿轮模数（mm）

M_c 转矩（$N \cdot m$）

n_w 工件转速（r/s）

n_s 滚珠丝杠转速（r/s）

n_m 电动机转速（r/s）

P_b 同步带节距（mm）

P_0 同步带基准额定功率（kW）

P_c 切削功率（kW）

P_E 机床主电动机功率（kW）

P_h 丝杠导程（mm）

P_m 铣削功率（kW）

R 电阻（Ω）

t_a 电动机加速所用时间（s）

T_0 滚珠丝杠预紧后折算到电动机转轴上的附加摩擦转矩（$N \cdot m$）

T_a 同步带许用工作拉力（N）

T_{amax} 快速空载起动时折算到电动机转轴上的最大加速转矩（$N \cdot m$）

T_{eq} 折算到电动机转轴上的等效负载转矩（$N \cdot m$）

T_{eq1} 快速空载起动时电动机转轴所承受的等效负载转矩（$N \cdot m$）

T_{eq2}	最大工作负载状态下电动机转轴所承受的 等效负载转矩（N·m）	VT	晶体管
T_f	运动部件运动时折算到电动机转轴上的摩擦 转矩（N·m）	z、Z	齿数
T_M	电动机电磁转矩（N·m）	z_1、$z_2\cdots$	齿轮齿数
T_L	负载转矩（N·m）	α	步距角（°/脉冲）
T_{jmax}	步进电动机最大静转矩（N·m）	δ	进给系统脉冲当量（mm/脉冲）
T_q	步进电动机起动转矩（N·m）	δ_1	丝杠的拉/压变形量（mm）
v_c	切削速度（m/min）	δ_2	滚珠与螺纹滚道间接触变形量 （mm）
v_f	工作进给速度（m/min）	η	传动效率
v_i	运动部件的运动速度（m/min）	η_0	滚珠丝杠未预紧时的传动效率
v_{maxf}	最大工作进给速度（m/min）	ρ	材料密度（kg/cm³）
v_{max}	最大空载运动速度（m/min）	ω	角速度（rad/s）
VD	二极管	μ	摩擦因数
		ε	角加速度（rad/s²）

目　录

第一章 绪论

第一节 机电一体化系统设计课程设计的目的

机电一体化系统设计课程设计是一个重要的实践性教学环节，要求学生综合运用所学过的机械、电子、计算机和自动控制等方面的知识，独立进行一次机电结合的设计训练，其主要目的如下：

1）学习机电一体化系统总体设计方案拟定、分析与比较的方法。

2）通过对机械系统的设计，掌握几种典型传动元件与导向元件的工作原理、设计计算方法与选用原则。如齿轮/同步带减速装置、蜗杆副、滚珠丝杠副、直线滚动导轨副等。

3）通过对进给伺服系统的设计，掌握常用伺服电动机的工作原理、计算选择方法与控制驱动方式，学会选用典型的位移/速度传感器。如交流、步进伺服进给系统，增量式旋转编码器，直线光栅等。

4）通过对控制系统的设计，掌握一些典型硬件电路的设计方法和控制软件的设计思路。如控制系统选用原则、CPU 选择、存储器扩展、I/O 接口扩展、A-D 与 D-A 配置、键盘与显示电路设计等，以及控制系统的管理软件、伺服电动机的控制软件等。

5）培养学生独立分析问题和解决问题的能力，学习并初步树立"系统设计"的思想。

6）锻炼和提高学生应用手册和标准、查阅文献资料以及撰写科技论文的能力。

第二节 课程设计的内容与工作量要求

课程设计的对象应是典型的机电一体化系统（产品），如微机数控机床、工业机器人、三坐标测量机、自动检测仪、全自动洗衣机、电子秤、自动售货机、家用智能装置等。根据设计时间和难易程度的不同，可以安排以下选题：

1）数控车床进给传动机构及数控系统设计。

2）数控车床自动回转刀架机械结构及控制装置设计。

3）X-Y 数控工作台机电系统设计。

4）普通铣床数控化改造设计。

5）波轮式全自动洗衣机机电系统设计。

设计内容由机械系统、控制系统和设计说明书三部分组成。具体工作量要求如下：

1. 机械系统设计（装配图：A0 图 1 张或 A1 图 2 张；零件图：选 2 个或 3 个零件）

1）数控车床纵、横向进给传动机构装配图各1张（A1图2张）。

2）数控车床自动回转刀架机械结构装配图1张（A0图1张）。

3）*X-Y*数控工作台机械结构装配图（A0图1张，只要求剖视一个坐标）。

4）普通铣床数控化改造进给传动机构装配图（A0图1张，只要求剖视一个坐标）。

5）波轮式全自动洗衣机传动机构装配图（A0图1张）。

2. 控制系统设计（电气原理图：A1图1张）

控制系统一般包括系统电源配置、CPU电路、RAM与ROM扩展、键盘与显示、A-D与D-A接口、I/O通道接口、通信接口等。要求完成1张A1图纸的硬件电路设计工作，设计控制系统的主要软件流程，对RAM和I/O接口芯片进行详细编程，对伺服电动机进行控制编程。条件允许时，尽量对所编软件进行调试试验。

3. 设计说明书

设计说明书是课程设计的总结性文件，认真地写好说明书可以锻炼科技论文的写作能力。设计说明书要求清楚地叙述整个设计过程和详细的设计内容，包括总体方案的分析、比较与确定，机械系统的结构设计，主要零部件的计算与选型，控制系统的电路原理分析，软件设计的流程图以及相关程序等。说明书的撰写内容不应少于7000字符，要求内容丰富、条理清晰、图文并茂、符合国家标准。

第三节　课程设计的时间分配建议

本课程设计一般用时3~4周，时间分配大致如下：

1）分析研究设计任务，总体方案论证设计：2~3天。

2）机械系统设计：5~6天。

3）控制系统设计：4~5天。

4）软件设计：1~2天。

5）编写设计说明书：2~3天。

6）整理资料及答辩：1天。

第四节　课程设计的成绩评定

学生按照任务书要求，在规定时间完成设计任务后，应通过教研室组织的小组答辩。答辩小组一般由2位或3位教师组成。课程设计的最终成绩，应根据学生平时设计工作状况、图样完成情况、设计说明书撰写质量，以及答辩时回答问题情况，进行综合评定，按"优、良、中、及格、不及格"五级记分。第一次答辩未通过的学生，经认真准备后，可在指定时间补答辩一次。如第二次答辩时仍未通过，则成绩定为不及格。

第二章 课程设计的一般过程与要点

机电一体化系统设计的内容非常广泛，不同的专业、方向会有不同的侧重点，每个学校也有自己的专业特点。因此，课程设计的一般过程和基本方法也会有所不同。但总的来说，大体上可分为七个阶段，如图 2-1 所示。

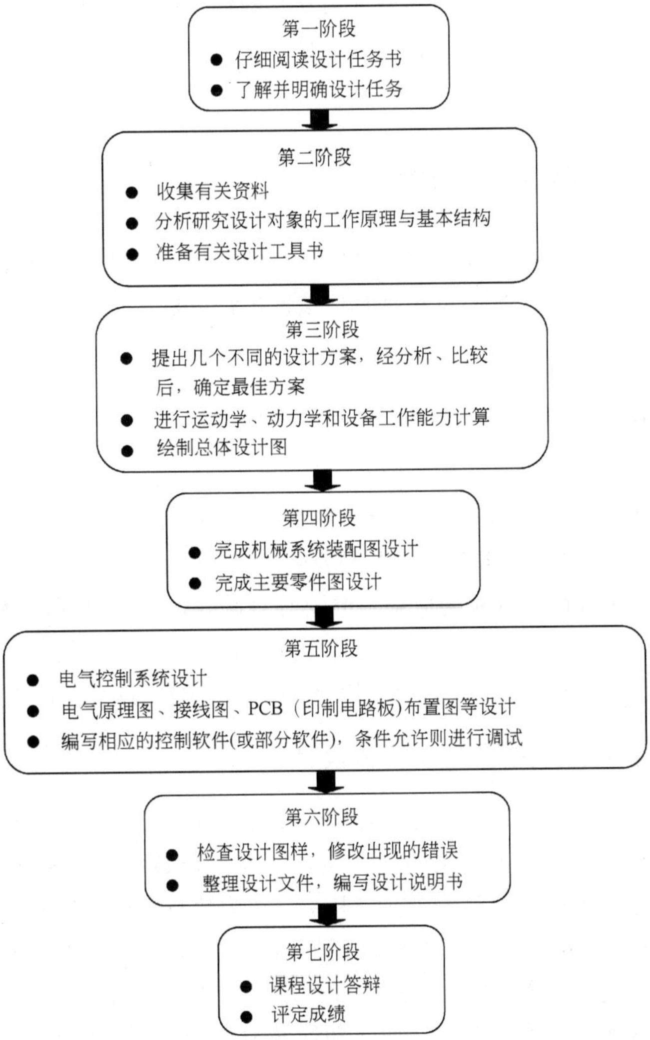

第一阶段
- 仔细阅读设计任务书
- 了解并明确设计任务

第二阶段
- 收集有关资料
- 分析研究设计对象的工作原理与基本结构
- 准备有关设计工具书

第三阶段
- 提出几个不同的设计方案，经分析、比较后，确定最佳方案
- 进行运动学、动力学和设备工作能力计算
- 绘制总体设计图

第四阶段
- 完成机械系统装配图设计
- 完成主要零件图设计

第五阶段
- 电气控制系统设计
- 电气原理图、接线图、PCB（印制电路板）布置图等设计
- 编写相应的控制软件(或部分软件)，条件允许则进行调试

第六阶段
- 检查设计图样，修改出现的错误
- 整理设计文件，编写设计说明书

第七阶段
- 课程设计答辩
- 评定成绩

图 2-1 机电一体化系统设计课程设计的阶段

机电一体化系统设计中的不同阶段通常都是互相关联的，当某一阶段的设计发生变化时，需要及时修改其他阶段。例如机械系统的改变可能要求控制系统进行相应的调整，而控制系统的修改又可能影响总体结构。所以，在设计过程中常常需要进行多次反复，才能获得满意的结果。

设计时影响机械部件结构尺寸的因素很多，不可能完全由理论计算确定，有时甚至没有相应的计算方法。在这种情况下，要学会运用工程设计的方法，借助于画草图、类比、估算等手段，边画图、边计算、边修改。

第一节　设计准备工作

首先，要认真研究设计任务书，明确要完成的设计内容和具体要求，备齐设计过程所必需的各种工具书和相关标准；其次，要大量查阅文献资料、学习研究有关产品的图样与样本。为了提高工作效率，学生要学会充分利用互联网这一快捷工具，指导教师也要充分使用互联网和多媒体教学。有条件的话，指导教师最好带领学生参观实物或模型，使学生获得感性认识。

第二节　总体方案设计要点

总体方案直接影响机电一体化系统的最终运行结果，是设计工作的基础。一般满足设计要求的总体方案往往有多个，这时要根据具体情况进行分析比较，确定一个最佳方案。设计总体方案时应注意以下几个要点。

一、在继承的基础上充分发挥个人的创新能力

课程设计的选题一般都是已成形的机电产品，在长期的设计和生产实践中，已积累了大量可供借鉴的资料和经验。如本指导书第六章所列举的5个设计实例，都有详细的设计资料供学习参考。作为学生，首先要学习和继承这些经验成果，这样不但可以加快设计进度，减少原则性错误，而且对设计质量也有可靠的保证。但同时对设计过程中出现的疑问要勤思考、多比较，不要盲目抄袭；对现有方案中存在缺陷的地方，应发挥个人的创新能力，予以改进和提高。如果在结构上有重大的改进设计，应与指导教师和同学多讨论，以确定最终方案。

二、抓住关键零部件的原理分析和设计

无论是机电一体化设备的改造，还是新产品设计，都需要抓住关键零部件的分析和设计，这是机电一体化系统设计的重要方法。例如，在微机数控机床和 X-Y 数控工作台设计中，进给传动机构是整个设备的关键所在。其中，作为执行元件的伺服电动机，在计算与选型方面，本书第四章有详细介绍；作为传动元件的滚珠丝杠副以及作为导向元件的直线滚动导轨副，本书第三章提供了详尽的计算过程并列出了具体的产品参数。在波轮式全自动洗衣机的传动系统中，减速器是关键部件；而自动回转刀架的关键部件则是蜗杆副与螺杆-螺母副。只有弄清楚了关键零部件的功能和工作原理，才有可能顺利地完成设计工作。

三、要重视并正确使用标准

遵守并采用标准是降低产品成本的重要因素之一，也是评价设计质量的一项主要指标。熟悉并正确使用标准是机电一体化系统设计课程设计的重要任务之一。

许多标准件可以直接外购，如电动机、滚动轴承、传动带、链、密封件、紧固件、键等。虽然有些零件需要自己设计制造，如齿轮、带轮、蜗杆、蜗轮等，但其主要尺寸参数一般仍要按标准确定，所以设计时准备一些标准件手册是很重要的。对于标准件的使用，应尽量减少品种和规格，这样既可降低成本，又可方便使用和维修。例如，减少螺栓的类型和尺寸，不但便于采购和保管，装卸时也可减少工具，提高工作效率。

非标准件的尺寸，一般要求圆整为标准数或优先数，以方便制造和测量。对于常用的标准数和优先数，要求记忆并熟练使用。但要注意有些根据几何关系和安装要求确定的尺寸不能圆整，如齿轮分度圆直径和齿轮中心距等。

另外，设计中还应尽量减少零件材料的牌号和种类，能用同一牌号的材料应尽量统一，例如钢材零件在满足使用要求的情况下尽可能都选用同型号的。

四、学习掌握工程设计的方法

在机械系统设计时，零部件的尺寸不可能完全由理论计算确定，很多情况下没有公式可供参考，此时就要运用类比和初估的工程设计方法。设计时应结合具体结构、加工和装配工艺，并综合经济性和使用条件全面考虑。最常见的如机体和箱体的壁厚、齿轮轮缘、带轮轮毂、螺栓直径等尺寸，设计时都可根据具体情况进行类比确定，没有特殊要求时，一般不需进行计算。希望通过课程设计的训练，使学生初步掌握工程设计的方法，从而提高工作能力和效率。

第三节　机械系统设计中的重点知识结构

一、机械制图

机械系统设计要求设计者具有扎实的机械制图基本知识。良好的机械制图基础，不仅使设计者能正确表达自己的设计思想，而且也便于设计者与他人讨论交流。在设计过程中，要正确运用机械制图的各种表达方式，不清楚的地方要及时复习教科书。机电一体化系统设计课程设计的目的之一，就是使学生在机械结构设计和机械制图上得到进一步的锻炼和提高，并将欠缺的知识补上。

二、机械设计与机械零件基础知识

具备良好的机械设计和机械零件知识是课程设计的基础。任何一台机电设备都是由各种各样的机械零部件组合而成的，其中标准零部件尤其重要。因此，在设计过程中，要及时复习标准零部件的计算、选择方法及其视图表达方式。其中齿轮、带与带轮、蜗杆、蜗轮、滚动轴承等是重点内容。

三、传动与导向元件

进给伺服机构对机械传动精度和工作平稳性都有较高要求，在确定部件结构和传动方式时，通常都会提出低摩擦、低惯量、高刚度、无间隙和工艺性好的要求，所以应尽量采用低摩擦的传动和导向元件，如滚珠丝杠副、直线滚动导轨副等。进给传动机构中应尽量消除间隙，比如采用双片齿轮错齿消隙就是非常有效的方法。另外，近年来同步带传动在机电设备中的应用也越来越多。由于这些内容学生在前期课程中接触较少，因此本书在第三章给予了详细介绍。而对于常用的机械零件，如齿轮、滚动轴承、普通带传动等，可以直接参考教科书或《机械设计手册》。

四、零部件加工工艺性和装配工艺性

图样上绘制的零部件应充分考虑加工的工艺性和装配的工艺性。既要加工方便，又要装卸方便。主要尺寸参数应尽量圆整，符合国家有关标准，尤其在应用 CAD 绘图标注尺寸时更应注意。特别需要指出的是，结构设计中各个零部件应能方便地安装和拆卸，要留有足够的装配空间；同时，轴、齿轮、轴承都应有合理的轴向和径向定位，而且要避免出现超静定现象。这些都是在设计中经常出现的问题，希望引起大家的重视。

第四节　控制系统设计中需要注意的问题

一、及时复习前期课程

控制系统的设计，将涉及微机原理与接口、单片机原理、检测与传感器、控制工程基础等多门课程。设计中遇到问题时，应及时复习相关的知识。对于微机控制系统中一些重要的基本概念，应该非常清楚。例如计算机控制和接口设计中的 AB、DB、CB 三总线概念，这是芯片相互正确连接的基础，设计时要牢记各芯片是在同一类总线之间进行连接的，决不可把一个芯片的 AB 类引脚连接到另一个芯片的 DB 类引脚上。设计时如果发现自己在基本概念上存在问题，应该下大力气立刻予以弥补，决不能草率了事。

二、重视电子技术基础知识

在进行电气原理图设计时，设计者会深切感受到电子技术基础知识的重要性。各种大规模数字集成芯片是计算机系统的基础，而每一个芯片则是由各种基本数字逻辑单元组成的。没有良好的数字电路知识，在设计时将无从下手。相比较而言，虽然模拟电路在设计时应用较少，但它却是数字电路的基础，而且在学习难度上要大于数字电路，所以也应予以足够的重视。具备良好的电子技术基础知识，是顺利进行机电一体化系统设计的基本保障。

三、尽量选用模块化电路

目前，控制系统的硬件电路普遍采用模块化设计方法。在综合分析研究的基础上，本书第五章详细介绍了机电一体化控制系统中经常使用的几种典型模块化电路，其中大部分电路作者都在实践中应用过。本书的重点是电路的应用设计，而对涉及的基本理论不做过多叙

述，读者可参阅其他有关教材。在设计时，对常用的一些器件和芯片，建议记住其型号和作用，这在今后的工作中非常有用。对于图样中出现的电阻、电容等器件，其参数的选择也很重要，要经常考虑一下，这个器件为什么取这个数值？这样下次再遇到类似问题时，便可迎刃而解。

第五节　注意现代设计手段和网络资源的运用

尽量应用各种现代设计手段，可大大提高工作效率。绘制机械图时可以采用 AutoCAD 软件，电气原理图的设计建议采用 PROTEL 软件。但由于课程设计时间有限，每个学生的具体情况又不同，所以是否选用计算机辅助设计不做强求，指导教师可根据学生情况灵活掌握。

设计时应充分利用网络资源，这样可以快速获取大量信息。经常浏览一些在机电一体化领域有较高知名度的网站，在那里设计者可以及时了解国内外机电一体化领域的最新动态，并可学到很多实用的工程设计方法。最后需要说明的是，课程设计所用到的主要机械部件和电气零部件产品，在相应的企业网站上都有介绍，需要的技术数据一般在互联网上都能查到。

第三章 机电一体化系统机械部件设计

在进行机电一体化系统机械部件设计时，通常首先要确定系统的负载，对运动部件的惯量进行计算，由此确定驱动电动机，完成传动元件及导向元件的设计计算。数控机床是典型的机电一体化产品，其伺服进给机构的设计计算必然要涉及切削力，因此本章首先对车削力、铣削力和钻削力的计算方法进行了简要介绍，并提供了计算各种切削力所必需的公式、数据和表格。对于机电一体化系统中常用的同步带传动、滚珠丝杠副以及直线滚动导轨副，重点介绍其设计计算方法，同时提供了详细的性能参数和安装连接尺寸，以供设计时参考。此外，对机械传动系统中常用的齿轮间隙消除方法、联轴器的结构及选用等，本章也做了简要介绍。

第一节 切削力的分析与计算

一、车削力及车削功率的分析与计算

1. 车削力的分析与计算

车削外圆时的切削力如图 3-1 所示。主切削力 F_c 与切削速度 v_c 的方向一致，且垂直向下，这是计算车床主轴电动机切削功率的依据；背向切削力 F_p 与进给方向（即工件轴线方向）相垂直，对加工精度的影响较大；进给切削力 F_f 与进给方向平行且指向相反。

在上述三个分力中，F_c 值最大，F_p 为（0.15~0.7）F_c，F_f 为（0.1~0.6）F_c。

单位切削面积上的切削力称为单位切削力，用 k_c（N/mm²）表示，即

$$k_c = \frac{F_c}{A_D} = \frac{F_c}{a_p f} = \frac{F_c}{h_D b_D} \tag{3-1}$$

式中　F_c——主切削力，单位为 N；

　　　A_D——切削层基本横截面面积，单位为 mm²；

　　　a_p——背吃刀量，单位为 mm；

　　　f——每转进给量，单位为 mm/r；

　　　h_D——切削层基本厚度，单位为 mm；

　　　b_D——切削层基本宽度，单位为 mm。

若已知单位切削力 k_c，则可通过式（3-1）计算主切削力 F_c。

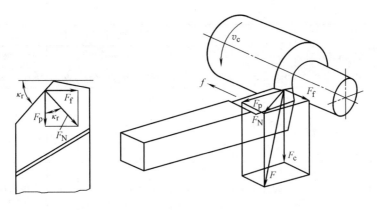

图 3-1　车削力的分析

为了计算方便，在生产实际中，一般常用以下经验公式来估算切削力，即

$$\left.\begin{array}{l}F_c = C_{F_c} a_p^{x_{F_c}} f^{y_{F_c}} v_c^{n_{F_c}} K_{F_c} \\ F_p = C_{F_p} a_p^{x_{F_p}} f^{y_{F_p}} v_c^{n_{F_p}} K_{F_p} \\ F_f = C_{F_f} a_p^{x_{F_f}} f^{y_{F_f}} v_c^{n_{F_f}} K_{F_f}\end{array}\right\} \qquad (3\text{-}2)$$

式中
C_{F_c}、C_{F_p}、C_{F_f}——与被加工材料和切削条件相关的切削力系数，见表 3-1；

x_{F_c}、y_{F_c}、n_{F_c}、x_{F_p}、y_{F_p}、n_{F_p}、x_{F_f}、y_{F_f}、n_{F_f}——分别为三个分力公式中，背吃刀量 a_p、进给量 f 和切削速度 v_c 的指数，见表 3-1；

K_{F_c}、K_{F_p}、K_{F_f}——当实际加工条件与试验公式的试验条件不相符时，各种影响因素对各切削分力的修正系数的乘积，即 $k_{MF} k_{\kappa_r F} k_{\gamma_o F} k_{\lambda_s F} k_{r_\varepsilon F}$，见表 3-2 和表 3-3；

v_c——切削速度，单位为 m/min，常用切削用量的选用见表 3-4。

表 3-1　车削力计算公式中的系数和指数

| 加工材料 | 刀具材料 | 加工形式 | 公式中的指数和系数 |||||||||||
| | | | 主切削力 F_c |||| 背向切削力 F_p |||| 进给切削力 F_f ||||
			C_{F_c}	x_{F_c}	y_{F_c}	n_{F_c}	C_{F_p}	x_{F_p}	y_{F_p}	n_{F_p}	C_{F_f}	x_{F_f}	y_{F_f}	n_{F_f}
结构钢及铸钢抗拉强度 $R_m = 650\text{MPa}$	硬质合金	外圆纵车、横车及镗孔	2795	1.0	0.75	-0.15	1940	0.9	0.6	-0.3	2880	1.0	0.5	-0.4
		切槽、切断	3600	0.72	0.8	0	1390	0.73	0.67	0	—	—	—	—
	高速钢	外圆纵车、横车及镗孔	1770	1.0	0.75	0	1100	0.9	0.75	0	590	1.2	0.65	0
		切槽、切断	2160	1.0	1.0	0	—	—	—	—	—	—	—	—
		成形车削	1855	1.0	0.75	0	—	—	—	—	—	—	—	—

（续）

加工材料	刀具材料	加工形式	公式中的指数和系数											
			主切削力 F_c				背向切削力 F_p				进给切削力 F_f			
			C_{F_c}	x_{F_c}	y_{F_c}	n_{F_c}	C_{F_p}	x_{F_p}	y_{F_p}	n_{F_p}	C_{F_f}	x_{F_f}	y_{F_f}	n_{F_f}
不锈钢 06Cr18Ni11Ti 141HBW	硬质合金	外圆纵车、横车及镗孔	2000	1.0	0.75	0	—	—	—	—	—	—	—	—
灰铸铁 190HBW	硬质合金	外圆纵车、横车及镗孔	900	1.0	0.75	0	530	0.9	0.75	0	450	1.0	0.4	0
	高速钢	外圆纵车、横车及镗孔	1120	1.0	0.75	0	1165	0.9	0.75	0	500	1.2	0.65	0
		切槽、切断	1550	1.0	1.0	0	—							
可锻铸铁 150HBW	硬质合金	外圆纵车、横车及镗孔	795	1.0	0.75	0	420	0.9	0.75	0	375	1.0	0.4	0
	高速钢	外圆纵车、横车及镗孔	980	1.0	0.75	0	865	0.9	0.75	0	390	1.2	0.65	0
		切槽、切断	1375	1.0	1.0	0	—							

注：1. 成形车削深度不大、形状不复杂的轮廓时，切削力减小 10%～15%。

2. 钢和铸铁的力学性能改变时，切削力的修正系数 k_{MF} 可按照表 3-2 进行计算。

3. 车刀的几何参数改变时，切削力的修正系数见表 3-3。

表 3-2　钢和铸铁的强度或硬度改变时切削力的修正系数 k_{MF}

加工材料	结构钢和铸钢	灰铸铁	可锻铸铁
系数 k_{MF}	$k_{MF}=\left(\dfrac{R_m}{650}\right)^{n_F}$	$k_{MF}=\left(\dfrac{HBW}{190}\right)^{n_F}$	$k_{MF}=\left(\dfrac{HBW}{150}\right)^{n_F}$

上列公式中的指数 n_F

加工材料		车削时的切削力						钻孔时的轴向力 F_f 及转矩 M_c		铣削时的圆周力 F_c	
		F_c		F_p		F_f					
		刀具材料（1—硬质合金，2—高速钢）									
		1	2	1	2	1	2	1	2	1	2
		指数 n_F									
结构钢 铸铁	$R_m\leqslant600MPa$	0.75	0.35	1.35	2.0	1.0	1.5	0.75		0.3	
	$R_m>600MPa$		0.75								
灰铸铁、可锻铸铁		0.4	0.55	1.0	1.3	0.8	1.1	0.6		1.0	0.55

表 3-3 加工钢或铸铁刀具几何参数改变时切削力的修正系数

参 数			修 正 系 数			
名 称	数 值	刀具材料	名 称	切 削 力		
				F_c	F_p	F_f
主偏角 $\kappa_r/(°)$	30	硬质合金	$k_{\kappa_r F}$	1.08	1.30	0.78
	45			1.0	1.0	1.0
	60			0.94	0.77	1.11
	75			0.92	0.62	1.13
	90			0.89	0.50	1.17
	30	高速钢		1.08	1.63	0.7
	45			1.0	1.0	1.0
	60			0.98	0.71	1.27
	75			1.03	0.54	1.51
	90			1.08	0.44	1.82
前角 $\gamma_o/(°)$	−15	硬质合金	$k_{\gamma_o F}$	1.25	2.0	2.0
	−10			1.2	1.8	1.8
	0			1.1	1.4	1.4
	10			1.0	1.0	1.0
	20			0.9	0.7	0.7
	12~15	高速钢		1.15	1.6	1.7
	20~25			1.0	1.0	1.0
刃倾角 $\lambda_s/(°)$	5	硬质合金	$k_{\lambda_s F}$	1.0	0.75	1.07
	0				1.0	1.0
	−5				1.25	0.85
	−10				1.5	0.75
	−15				1.7	0.65
刀尖圆弧半径 r_g/mm	0.5	高速钢	$k_{r_g F}$	0.87	0.66	1.0
	1.0			0.93	0.82	
	2.0			1.0	1.0	
	3.0			1.04	1.14	
	5.0			1.1	1.33	

表 3-4 国产焊接和可转位车刀切削用量选用参考表

工件材料	热处理状态	刀 具 材 料	$a_p = 0.3~2mm$ $f = 0.08~0.3mm/r$	$a_p = 2~6mm$ $f = 0.3~0.6mm/r$	$a_p = 6~10mm$ $f = 0.6~1mm/r$
			$v_c/m \cdot min^{-1}$		
碳素钢	正火	YT15 YT30 YT5R YC35 YC45	160~130	110~90	80~60
	调质		130~100	90~70	70~50

（续）

工件材料	热处理状态	刀 具 材 料	$a_p=0.3\sim2mm$ $f=0.08\sim0.3mm/r$	$a_p=2\sim6mm$ $f=0.3\sim0.6mm/r$	$a_p=6\sim10mm$ $f=0.6\sim1mm/r$
			$v_c/m\cdot min^{-1}$		
合金钢	正火	YT30 YT5R YM10	$130\sim110$	$90\sim70$	$70\sim50$
	调质	YW1 YW2 YW3 YC45	$110\sim80$	$70\sim50$	$60\sim40$
不锈钢	正火	YG8 YG6A YG8N YW3 YM051 YM10	$80\sim70$	$70\sim60$	$60\sim50$
淬火钢	>45HRC	YT510 YM051 YM052	>40HRC $50\sim30$	60HRC $30\sim20$	—
高锰钢	$(w_{Mn}=13\%)$	YT5R YW3 YC35 YS30 YM052	$30\sim20$	$20\sim10$	—
高温合金	(GH135)	YM051 YM052 YD15	50	—	—
	(K14)	YS2T YD15	$40\sim30$	—	—
钛合金	—	YS2T YD15	$a_p=1.1mm$ $f=0.1\sim0.3mm/r$	$a_p=2.0mm$ $f=0.1\sim0.3mm/r$	$a_p=3.0mm$ $f=0.1\sim0.3mm/r$
			$65\sim36$	$49\sim28$	$44\sim26$
灰铸铁	(<190HBW)	YG8 YG8N	$120\sim90$	$80\sim60$	$70\sim50$
	(190~225HBW)	YG3X YG6X YG6A	$110\sim80$	$70\sim50$	$60\sim40$
冷硬铸铁	≥45HRC	YG6X YG8M YM053 YD15 YS2 YDS15	$a_p=3\sim6mm,\ f=0.15\sim0.3mm/r$ $15\sim17$		

2. 车削功率的分析与计算

消耗在切削过程中的功率称为切削功率，用 P_c（单位为 kW）表示。因为在背向力 F_p 方向产生的位移极小，可忽略不计，所以可以近似地认为 F_p 不做功，则切削功率 P_c 为主切削力 F_c 和进给切削力 F_f 做功所消耗的功率之和，即

$$P_c=\left(F_c v_c+\frac{F_f n_w f}{1000}\right)\times10^{-3} \tag{3-3}$$

式中　F_c——主切削力，单位为 N；

　　　v_c——切削速度，单位为 m/s；

　　　F_f——进给切削力，单位为 N；

　　　n_w——工件转速，单位为 r/s；

　　　f——进给量，单位为 mm/r。

式（3-3）中括号内第二项是 F_f 消耗的功率，与第一项相比很小（一般小于 1%），可忽略不计，因此可以认为

$$P_c=F_c v_c\times10^{-3} \tag{3-4}$$

根据切削功率选择机床主电动机时，还要考虑机床的传动效率。因此，机床主电动机的功率 P_E 应为

$$P_E\geq P_c/\eta \tag{3-5}$$

式中　η——机床传动效率，一般取 0.70～0.85。

二、铣削力及铣削功率的分析与计算

铣削是被广泛使用的一种切削加工方法，它用于加工平面、台阶面、沟槽、成形表面以及切断等。本节以几种典型铣刀为例，说明铣削力和铣削功率的分析计算方法。

1. 铣削用量、进给运动参数

铣削用量及铣削参数有以下几个方面，如图 3-2 所示。

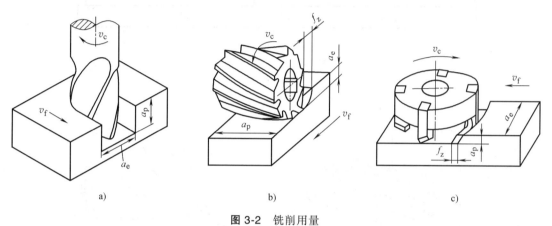

图 3-2　铣削用量

a）立铣　b）圆柱铣削　c）端铣

（1）背吃刀量 a_p　在通过切削刃基点并垂直于工作平面的方向上测量的吃刀量。立铣和端铣时，a_p 为切削层深度；圆柱铣削时，a_p 为被加工表面的宽度。

（2）侧吃刀量 a_e　在平行于工作平面并垂直于切削刃基点的进给运动方向上测量的吃刀量。立铣和端铣时，a_e 为被加工表面的宽度；圆柱铣削时，a_e 为切削层深度。

（3）每齿进给量 f_z　指铣刀每转过一齿相对工件在进给运动方向上的位移量，单位为 mm/z。

（4）每转进给量 f　指铣刀每转一转相对工件在进给运动方向上的位移量，单位为 mm/r。

（5）进给速度 v_f　指铣刀切削刃基点相对工件的进给运动的瞬时速度，单位为 mm/min。

（6）铣刀齿数 z

（7）铣刀直径 d　单位为 mm。

（8）铣刀转速 n　单位为 r/min。

圆柱铣削又分为逆铣和顺铣两种。当铣刀的旋转方向与工件的进给方向相反时称为逆铣，相同时称为顺铣，如图 3-3 所示。

2. 铣削力的分析与计算

铣削加工时，每个铣刀齿所受切削力的大小和方向都在不断变化，为了便于分析，可假定各刀齿上的总切削力 F 作用在某一个刀齿上，如图 3-4 所示。根据需要，可将力 F 分解为以下三个相互垂直的分力：

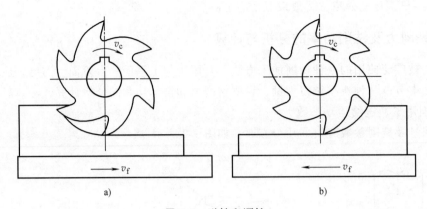

图 3-3　逆铣和顺铣

a）逆铣　b）顺铣

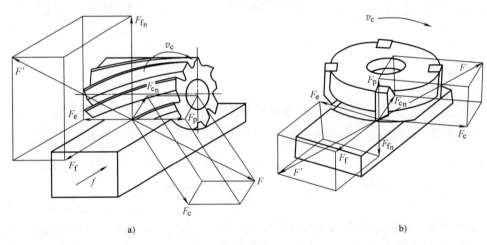

a) b)

图 3-4　铣削力的分析

a）圆柱形铣刀铣削力　b）面铣刀铣削力

（1）主切削力 F_c　总切削力 F 在铣刀主运动方向上的分力，即沿铣刀外圆切线方向上的分力，是主要消耗功率的力。

（2）垂直切削力 F_{c_n}　在工作平面内，总切削力 F 在垂直于主运动方向上的分力，即沿铣刀半径方向的力，它使刀杆产生弯曲。

（3）背向力 F_p　总切削力 F 在垂直于工作平面上的分力，即沿铣刀轴线方向的力。

在设计机床与夹具时，为了方便测量，通常将作用在工件上的总切削力 F'（与 F 大小相等、方向相反），沿机床工作台的运动方向分解为以下三个力：

（1）进给力 F_f　总切削力 F' 在纵向进给方向上的分力。

（2）横向进给力 F_e　总切削力 F' 在横向进给方向上的分力。

（3）垂直进给力 F_{f_n}　总切削力 F' 在垂直进给方向上的分力。

铣削时，各进给力和切削力 F_c 具有一定的比例关系，见表 3-5，如果求出了 F_c，便可计算出 F_f、F_e 和 F_{f_n} 三个分力。

铣刀总切削力的大小为

$$F = \sqrt{F_c^2 + F_{c_n}^2 + F_p^2} = \sqrt{F_f^2 + F_e^2 + F_{f_n}^2} \tag{3-6}$$

表 3-5　各铣削力之间的比值

铣 削 条 件	比　值	对 称 铣 削	不 对 称 铣 削	
			逆　铣	顺　铣
端铣 $a_e = (0.4 \sim 0.8)d/mm$ $f_z = (0.1 \sim 0.2)/mm \cdot z^{-1}$	F_f/F_c	0.30~0.40	0.60~0.90	0.15~0.30
	F_e/F_c	0.85~0.95	0.45~0.70	0.90~1.00
	F_{f_n}/F_c	0.50~0.55	0.50~0.55	0.50~0.55
圆柱铣削 $a_e = 0.05d/mm$ $f_z = (0.1 \sim 0.2)/mm \cdot z^{-1}$	F_f/F_c	—	1.00~1.20	0.80~0.90
	F_{f_n}/F_c		0.20~0.30	0.75~0.80
	F_e/F_c		0.35~0.40	0.35~0.40

与车削相似，圆柱形铣刀和面铣刀的铣削力可按表 3-6 和表 3-7 所列的试验公式进行计算。当加工材料性能不同时，F_c 需要乘上修正系数 k_{MF}，见表 3-2。

表 3-6　高速钢铣刀铣削力的计算公式

加 工 材 料	铣 刀 名 称	铣削力 F_c 计算公式
碳钢、青铜、铝合金、可锻铸铁	面 铣 刀	$F_c = C_F a_e^{1.1} f_z^{0.8} d^{-1.1} a_p^{0.95} z$
	立铣刀、圆柱铣刀	$F_c = C_F a_e^{0.86} f_z^{0.72} d^{-0.86} a_p z$
	三面刃铣刀、锯片铣刀	$F_c = C_F a_e^{0.86} f_z^{0.72} d^{-0.86} a_p z$
灰铸铁	面 铣 刀	$F_c = C_F a_e^{1.1} f_z^{0.76} d^{-1.1} a_p^{0.9} z$
	立铣刀、圆柱铣刀	$F_c = C_F a_e^{0.86} f_z^{0.65} d^{-0.83} a_p z$
	三面刃铣刀、锯片铣刀	$F_c = C_F a_e^{0.83} f_z^{0.65} d^{-0.83} a_p z$

铣削力系数 C_F 　　铣刀名称	碳钢	可锻铸铁	青铜	灰铸铁	镁铝合金
面 铣 刀	808	510	368	510	217
立铣刀、圆柱铣刀	669	294	222	294	196
三面刃铣刀、锯片铣刀	670	294	221	294	196

表 3-7　硬质合金铣刀铣削力的计算公式

铣 刀 类 型	工 件 材 料	铣 削 力 公 式
面 铣 刀	碳　钢	$F_c = 11278 a_e^{1.06} f_z^{0.88} d^{-1.3} a_p^{0.90} n^{-0.18} z$
	灰 铸 铁	$F_c = 539 a_e^{1.0} f_z^{0.74} d^{-1.0} a_p^{0.90} z$
	可锻铸铁	$F_c = 4825 a_e^{1.1} f_z^{0.75} d^{-1.3} a_p^{1.0} n^{-0.20} z$
圆柱铣刀	碳　钢	$F_c = 1000 a_e^{0.88} f_z^{0.75} d^{-0.87} a_p^{1.0} z$
	灰 铸 铁	$F_c = 596 a_e^{0.9} f_z^{0.80} d^{-0.90} a_p^{1.0} z$
三面刃铣刀		$F_c = 2560 a_e^{0.9} f_z^{0.80} d^{-1.1} a_p^{1.1} n^{-0.1} z$
两面刃铣刀	碳　钢	$F_c = 2746 a_e^{0.8} f_z^{0.70} d^{-1.1} a_p^{0.85} z$
立 铣 刀		$F_c = 118 a_e^{0.85} f_z^{0.75} d^{-0.73} a_p^{1.0} n^{0.13} z$

3. 铣削功率的分析与计算

铣削过程中消所耗的功率 P_c 主要按圆周切削力 F_c 和铣削速度 v_c 进行计算，即

$$P_c = F_c v_c \qquad (3\text{-}7)$$

进给运动也消耗一些功率 P_f，一般情况下，$P_f \leqslant 0.15 P_c$，所以总的铣削功率 $P_m = P_c + P_f \leqslant 1.15 P_c$，由此可估算铣床主电动机的功率为

$$P_E \geqslant P_m / \eta \qquad (3\text{-}8)$$

式中　η——铣床传动效率，一般取 $0.70 \sim 0.85$。

三、钻削力及钻削功率的分析与计算

钻孔用的刀具主要是麻花钻，使用麻花钻可加工的孔径范围为 $0.1 \sim 80\text{mm}$。

如图 3-5 所示，钻头切削时，每个切削刃都产生切削力，包括主切削力 F_c、背向切削力 F_p 和轴向力 F_f。当左右切削刃对称时，背向切削力 F_p 相互抵消。图中的 M_c 为切削转矩。

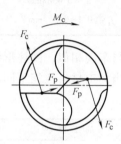

通过试验，得到钻孔时轴向力 F_f、切削转矩 M_c 以及切削功率 P_c 的计算公式分别为

$$F_f = C_F d^{z_F} f^{y_F} k_F \qquad (3\text{-}9)$$

$$M_c = C_M d^{z_M} f^{y_M} k_M \qquad (3\text{-}10)$$

$$P_c = M_c v_c / 30d \qquad (3\text{-}11)$$

式中　F_f——轴向力，单位为 N；

M_c——切削转矩，单位为 N·m；

P_c——切削功率，单位为 kW；

d——钻头直径，单位为 mm；

f——每转进给量，单位为 mm/r；

v_c——切削速度，单位为 m/min；

k_F、k_M——当实际加工条件与建立经验公式的试验条件不相符时，各种影响因素对各切削分力的修正系数的乘积，一般估算时，均可取 1。

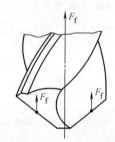

图 3-5　钻削力的分析

上述表达式中的轴向力系数 C_F，转矩系数 C_M，轴向力指数 z_F、y_F，转矩指数 z_M、y_M，可由表 3-8 查得。

表 3-8　钻削时轴向力和转矩表达式中的系数和指数

工件材料	刀具材料	C_F	z_F	y_F	C_M	z_M	y_M
钢 $R_m = 650\text{MPa}$	高速钢	600	1.0	0.7	0.305	2.0	0.8
不锈钢 06Cr18Ni11Ti 141HBW	高速钢	1400	1.0	0.7	0.402	2.0	0.7
灰铸铁 190HBW	高速钢	420	1.0	0.8	0.206	2.0	0.8
	硬质合金	410	1.2	0.75	0.117	2.2	0.8
可锻铸铁 150HBW	高速钢	425	1.0	0.8	0.206	2.0	0.8
	硬质合金	320	1.2	0.75	0.098	2.2	0.8
中等硬度非均质铜合金 100~140HBW	高速钢	310	1.0	0.8	0.117	2.0	0.8

高速钢钻头钻孔时的轴向力 F_f 值也可直接从表3-9中查得。

表 3-9　高速钢钻头钻孔时的轴向力 F_f

钢 R_m = 650MPa

钻头直径 d/mm	进给量 f/mm·r^{-1}											
	0.10	0.13	0.17	0.22	0.28	0.36	0.47	0.60	0.78	1.0	1.3	1.7
	轴向力 F_f/N											
10.2	1240	1480	1770	2120	2520	3000	3580	4280				
12	1480	1770	2120	2520	3000	3580	4280	5120	6090			
14.5	1770	2120	2520	3000	3580	4280	5120	6090	7330	8740		
17.5	2120	2520	3000	3580	4280	5120	6090	7330	8740	10420	12360	
21	2520	3000	3580	4280	5120	6090	7330	8740	10420	12360	14830	17660
25	3000	3580	4280	5120	6090	7330	8740	10420	12360	14830	17660	21190
30	3580	4280	5120	6090	7330	8740	10420	12360	14830	17660	21190	25160
35	4280	5120	6090	7330	8740	10420	12360	14830	17660	21190	25160	30020
42		6090	7330	8740	10420	12360	14830	17660	21190	25160	30020	36200
50		7330	8740	10420	12360	14830	17660	21190	25160	30020	36200	42380
60		8740	10420	12360	14830	17660	21190	25160	30020	36200	42380	51210

灰铸铁 190HBW，可锻铸铁 150HBW

钻头直径 d/mm	进给量 f/mm·r^{-1}											
	0.17	0.21	0.26	0.33	0.41	0.51	0.64	0.8	1.0	1.3	1.6	2.0
	轴向力 F_f/N											
12	1230	1470	1760	2110	2500	2990	3580	4270				
14.5	1470	1760	2110	2500	2990	3580	4270	5100	6080			
17.5	1760	2110	2500	2990	3580	4270	5100	6080	7260	8630		
21	2110	2500	2990	3580	4270	5100	6080	7260	8630	10300	12260	
25	2500	2990	3580	4270	5100	6080	7260	8630	10300	12260	14720	17560
30	2990	3580	4270	5100	6080	7260	8630	10300	12260	14720	17560	21090
35	3580	4270	5100	6080	7260	8630	10300	12260	14720	17560	21090	25020
42					8630	10300	12260	14720	17560	21090	25020	29920
50						12260	14720	17560	21090	25020	29920	35810
60						14720	17560	21090	25020	29920	35810	42680

第二节　齿轮传动副的选用

齿轮传动副是一种应用非常广泛的传动机构，各种机床中的传动装置几乎都离不开齿轮传动。因此，齿轮传动装置的设计是整个机电系统的一个重要组成部分，它的精度直接影响整个系统的精度。本节主要讨论进给伺服系统中的齿轮传动副。

一、齿轮传动概述

齿轮传动装置是转矩、转速和转向的变换器。在机电一体化进给伺服系统中，采用齿轮传动装置的主要目的有两个：一是降速，将伺服电动机的高速、小转矩输出变成克服负载所需的低速、大转矩；二是使滚珠丝杠和工作台的转动惯量在传动系统中所占比例减小，以保证传动精度。

对齿轮传动装置的总体要求是传动精度高、稳定性好、灵敏度高、响应速度快。对于开环伺服系统，传动误差将直接影响工作精度，因此，要尽可能缩短传动链的长度，消除传动间隙，以提高传动精度和传动刚度。

1. 齿轮传动比的计算

如图 3-6 所示，设齿轮传动副的传动比为 i，若为一对齿轮减速传动，则 $i = n_1/n_2 = z_2/z_1$，其中 n_1、z_1 为主动齿轮的转速和齿数，n_2、z_2 为从动齿轮的转速和齿数。

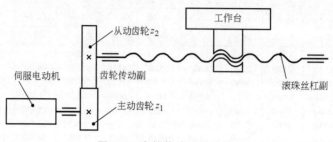

图 3-6 齿轮传动比的计算

假定主动齿轮由步进电动机驱动，其步距角为 α（单位为°/脉冲）。已知脉冲当量为 δ（单位为 mm/脉冲），滚珠丝杠导程为 P_h（单位为 mm），可用下式计算传动比，即

$$i = \frac{\alpha P_h}{360° \delta} \tag{3-12}$$

从步进电动机到滚珠丝杠通常为减速传动，其目的是获得整量化的脉冲当量或将步进电动机的输出转矩进行放大。如果没有这些要求，最好将步进电动机与滚珠丝杠直接相连，这样有利于简化结构、降低噪声和提高精度。对于进给伺服系统，通常传递的转矩不是很大，一般取齿轮模数 $m = 1 \sim 2\text{mm}$；但因为传动精度要求较高，所以齿数 z_1、z_2 不要取得太小。

2. 齿轮传动比的分配原则

常用的齿轮减速装置有一级、二级、三级等传动形式。齿轮的传动比 i 应满足驱动部件与负载之间的位移、转矩、转速的匹配要求。对于多级传动，计算出传动比之后，为了使减速系统结构紧凑、满足动态性能和提高传动精度，常常需要对各级传动比进行合理分配，通常应遵循以下原则：

1）对于要求体积小、重量轻的齿轮传动系统，一般采用"重量最轻原则"。

2）对于要求运动平稳、起停频繁和动态性能好的减速齿轮系，可按"最小等效转动惯量原则"和"总转角误差最小原则"来处理。

3）对于以提高传动精度和减小误差为主的传动齿轮系，可按"总转角误差最小原则"来处理。

4）对于很大的传动比，可选用新型的谐波齿轮传动。

二、齿轮传动间隙的消除措施

进给伺服系统中的减速齿轮，除了本身要求有较高的运动精度和工作平稳性外，还必须尽可能消除齿侧传动间隙，否则，进给运动会产生反向死区，影响传动精度和系统稳定性。常用的齿轮传动间隙消除方法有以下两种。

1. 偏心套调整法

如图 3-7 所示，电动机 2 通过偏心套 1 装在壳体上，通过转动偏心套 1 能够方便地调整两齿轮的中心距，从而达到消除齿侧间隙的目的。该方法结构简单、传动刚度好、能传递较大的转矩，但齿轮磨损后的齿侧间隙不能自动补偿。

2. 双片薄齿轮错齿调整法

如图3-8所示，两个齿数相同的薄片齿轮1、2与另外一个宽齿轮6啮合。薄片齿轮1与轴整体锻造而成，保证了机构的强度。薄片齿轮2套装在轴上，两个薄片齿轮之间可做相对回转运动。每个薄片齿轮上分别连接三个沉头螺钉4、5，并在薄片齿轮2上开有三个较大的通孔。薄片齿轮1上的三个螺钉5从薄片齿轮2上三个大孔中穿过后，再通过拉簧7与薄片齿轮2上的螺钉4相连，螺母3可防止拉簧滑出。由于拉簧7的拉力作用，使薄片齿轮1、2相互之间产生回转，分别与宽齿轮6的两侧贴紧，从而消除了齿侧间隙。

因为这种机构在正向或反向旋转时都只有一个薄片齿轮传递转矩，所以设计时必须保证拉簧7的拉力，使它能克服最大负载转矩。

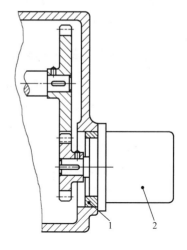

图 3-7　偏心套调整机构

1—偏心套　2—电动机

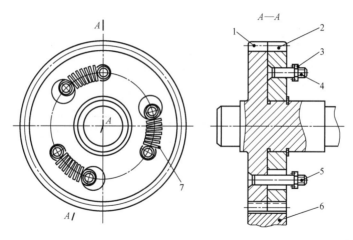

图 3-8　双片薄齿轮错齿调整机构

1、2、6—齿轮　3—螺母　4、5—螺钉　7—拉簧

由于拉簧的作用，该机构啮合时完全消除了齿轮侧隙，从而能够自动补偿。其不足之处是结构较复杂，不宜传递大转矩。在负载不大的齿轮传动装置中，该机构的应用广泛。

第三节　同步带传动副的选型与计算

一、同步带传动的特点

如图3-9所示，同步带内侧的工作面制成齿形，带轮的轮缘表面也制成相应的齿形，带与带轮是靠齿的啮合进行传动的。同步带通常以钢丝绳作为负载心层，由于钢丝绳受载后变形极小，仍能保持带长不变，故带与带轮间不会产生相对滑动，传动比恒定。同步带薄而轻，可用于高速场合，线速度可达40m/s，传动比可达10，效率可达98%。因此，同步带传动的应用日益广泛。相对于其他带传动，其不足之处是制造和安装精度要求较高，中心距要求较严格。

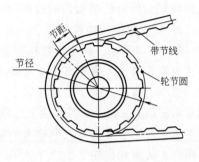

图3-9 同步带传动

二、同步带的规格与参数

同步带按带齿的形状可分为梯形齿和圆弧齿两大类，本节主要介绍梯形齿同步带，其形状如图3-10所示。

1. 同步带的型号与尺寸

同步带的型号见表3-10，其齿形与齿宽尺寸见表3-11。

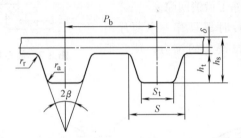 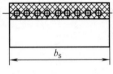

图3-10 梯形齿同步带

表3-10 同步带的型号

型　　号	节距 P_b/mm	基准带宽所传递功率/kW	基准带宽 b_{s0}/mm	说　　明
MXL(最轻型)	2.032	0.0009~0.15	6.4	
XXL(超轻型)	3.175	0.002~0.25	6.4	
XL(特轻型)	5.080	0.004~0.573	9.5	
L(轻型)	9.525	0.05~4.76	25.4	GB/T 11616—2013 GB/T 11362—2008
H(重型)	12.700	0.6~55	76.2	
XH(特重型)	22.225	3~81	101.6	
XXH(最重型)	31.750	7~125	127	

表3-11 同步带的齿形与齿宽尺寸 （GB/T 11616—2013）　　　　（单位：mm）

型号	节距 P_b	齿形角 2β /(°)	齿根厚 S	齿高 h_t	齿根圆角半径 r_r	齿顶圆角半径 r_a	带高 h_s	带　宽　b_s			
MXL	2.032	40	1.14	0.51	0.13		1.14	公称尺寸	3.0	4.8	6.4
								代号	012	019	025
XXL	3.175	50	1.73	0.76	0.2	0.3	1.52	公称尺寸	3.0	4.8	6.4
								代号	012	019	025
XL	5.080		2.57	1.27	0.38		2.3	公称尺寸	6.4	7.9	9.5
								代号	025	031	037

（续）

型号	节距 P_b	齿形角 2β /(°)	齿根厚 S	齿高 h_t	齿根圆角半径 r_r	齿顶圆角半径 r_a	带高 h_s	带　宽　b_s					
L	9.525		4.65	1.91	0.51		3.60	公称尺寸	12.7	19.1	25.4		
								代号	050	075	100		
H	12.700		6.12	2.29	1.02		4.30	公称尺寸	19.1	25.4	38.1	50.8	76.2
		40						代号	075	100	150	200	300
XH	22.225		12.57	6.35	1.57	1.19	11.20	公称尺寸	50.8	76.2	101.6		
								代号	200	300	400		
XXH	31.750		19.05	9.53	2.29	1.52	15.70	公称尺寸	50.8	76.2	101.6	127	
								代号	200	300	400	500	

2. 同步带的主要参数

（1）节距 P_b　带的节距为相邻两齿对应齿间沿节线度量方向所测得的距离。同步带的节距系列见表 3-10。

（2）带宽 b_s　各种型号同步带的标准带宽系列中，最大尺寸的标准带宽为该型号同步带的基本宽度。带宽系列见表 3-11。

（3）节线长 L_P　同步带上通过强力层中心、长度不发生变化的中心线称为节线，节线长为带的基本带长。其公称尺寸与极限偏差见表 3-12 和表 3-13。

表 3-12　同步带的节线长度（XXL）（GB/T 11616—2013）

长度代号	齿数 z_b	节线长 L_P/mm		长度代号	齿数 z_b	节线长 L_P/mm	
		公称尺寸	极限偏差			公称尺寸	极限偏差
50.0	40	127.00		130.0	104	330.20	
60.0	48	152.40		140.0	112	355.60	±0.46
70.0	56	177.80		150.0	120	381.00	
80.0	64	203.20	±0.41	160.0	128	406.40	
90.0	72	228.60		180.0	144	457.20	±0.51
100.0	80	254.00		200.0	160	508.00	
110.0	88	279.40		220.0	176	558.80	±0.61
120.0	96	304.80	±0.46				

注：标记示例 B　40　XXL　3.2

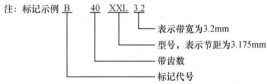

三、带轮的结构和主要参数

1. 带轮的结构

同步带轮有整体式和组合式两种结构。小直径带轮一般做成整体形式，如图 3-11 所示，通常由齿圈 1、挡圈 2 和轮毂 3 组成。中等以上直径带轮常采用组合式结构，如图 3-12 所示，其中图 3-12a 所示为辐板结构，图 3-12b 所示为带锥度锁定套结构。

表 3-13 同步带的节线长度（MXL、XL、L、H、XH、XXH）（GB/T 11616—2013）

长 度 代 号	节线长 L_p/mm		型　号			
			MXL	XL	L	H
	公称尺寸	极限偏差	齿　数 z_b			
36.0	91.44		45			
40.0	101.6		50			
44.0	111.76		55			
48.0	121.92		60			
56.0	142.24		70			
60.0	152.4		75	30		
64.0	162.56	±0.41	80			
70	177.8			35		
72.0	182.88		90			
80.0	203.2		100	40		
88.0	223.52		110			
90	228.6			45		
100.0	254		125	50		
110	279.4			55		
112.0	284.48		140			
120	304.8			60		
124	314.33	±0.46			33	
124.0	314.96		155			
130	330.2			65		
140.0	355.6		175	70		
150	381			75	40	
160.0	406.4		200	80		
170	431.8			85		
180.0	457.2			90		
187	476.25	±0.51			50	
190	482.6			95		
200.0	508		225	100		
210	533.4			105	56	
220.0	558.8		250	110		
225	571.5				60	
230	584.2	±0.61		115		
240	609.6			120	64	48
250	635			125		

（续）

长度代号	节线长 L_p/mm		型　号			
			MXL	XL	L	H
	公称尺寸	极限偏差	齿　数 z_b			
255	647.7				68	
260	660.4			130		
270	685.8	±0.61			72	54
285	723.9				76	
300	762				80	60

长度代号	节线长 L_p/mm		型　号			
			L	H	XH	XXH
	公称尺寸	极限偏差	齿　数 z_b			
322	819.15		86			
330	838.2			66		
345	876.3	±0.66	92			
360	914.4			72		
367	933.45		98			
390	990.6		104	78		
420	1066.8		112	84		
450	1143	±0.76	120	90		
480	1219.2		128	96		
507	1289.05				58	
510	1295.4		136	102		
540	1371.6		144	108		
560	1422.4	±0.81			64	
570	1447.8			114		
600	1524		160	120		
630	1600.2			126	72	
660	1676.4	±0.86		132		
700	1778			140	80	56
750	1905			150		
770	1955.8	±0.91			88	
800	2032			160		64
840	2133.6				96	
850	2159	±0.97		170		
900	2286			180		72
980	2489.2				112	
1000	2540	±1.02		200		80

（续）

长度代号	节线长 L_p/mm		型　号			
			L	H	XH	XXH
	公称尺寸	极限偏差	齿　数　z_b			
1100	2794	±1.17	220			
1120	2844.8	±1.12			128	
1200	3048					96
1250	3175	±1.17	250			
1260	3200.4				144	
1400	3556	±1.22	280	160	112	
1540	3911.6	±1.32		176		
1600	4064					128
1700	4318	±1.37	340			
1750	4445	±1.42		200		
1800	4572					144

注：标记示例 420　L　050

- 宽度代号，表示带宽为12.7mm
- 型号，表示节距为9.525mm
- 长度代号，表示节线长为1066.8mm

　　带轮的两端面常制有挡圈（有双边挡圈和单边挡圈，也有无挡圈的），以防工作时同步带滑落。挡圈的厚度一般取 1~3mm，按带的厚度和长度来选。

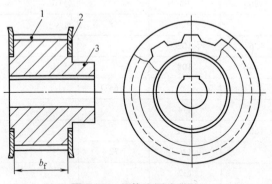

图 3-11　整体式同步带轮

1—齿圈　2—挡圈　3—轮毂

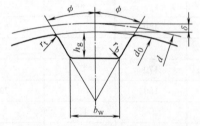

图 3-13　直边带轮齿廓形状

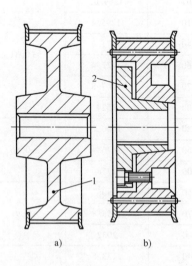

图 3-12　组合式同步带轮

a）辐板结构　b）带锥度锁定套结构

1—辐板　2—锥度锁定套

2. 带轮的主要参数

（1）直边带轮齿廓　直边带轮齿廓形状如图 3-13 所示，其参数见表 3-14。

（2）带轮宽度　带轮的宽度（见图 3-11）可比同步带稍宽一些。无挡圈时，带轮工作宽度比带宽大 3~10 mm；有挡圈时，一般大 1~2 mm。各种型号的标准带轮宽度见表 3-15。

（3）带轮齿数和直径　带轮直径系列见表 3-16。若带轮齿数为 z，则节圆直径

$$d = zP_b/\pi \tag{3-13}$$

带轮齿数不宜过少，否则会使同时啮合的齿数减少，导致带齿承载过大，而且当节距一定时，带轮直径将减小，又使带的弯曲应力增大。故带轮存在最少齿数限制，见表 3-17。

（4）带轮的材料　带轮材料一般采用铸铁或钢，高速、小功率时可采用塑料或轻合金。

表 3-14　直边带轮齿廓参数（GB/T 11361—2008）　　　　（单位：mm）

型　　号	MXL	XXL	XL	L	H	XH	XXH
齿槽底宽 b_w	0.84±0.05	$0.96^{+0.05}_{0}$	1.32±0.05	3.05±0.10	4.19±0.13	7.90±0.15	12.17±0.18
齿槽深 h_g	$0.69^{0}_{-0.05}$	$0.84^{0}_{-0.05}$	$1.65^{0}_{-0.08}$	$2.67^{0}_{-0.10}$	$3.05^{0}_{-0.13}$	$7.14^{0}_{-0.13}$	$10.31^{0}_{-0.13}$
齿槽半角 ϕ	20°±1.5°	25°±1.5°		20°±1.5°			
齿根圆角半径 r_b	0.25	0.35	0.41	1.19	1.60	1.98	3.96
齿顶圆角半径 r_t	$0.13^{+0.05}_{0}$	0.30±0.05	$0.64^{+0.05}_{0}$	$1.17^{+0.13}_{0}$	$1.6^{+0.13}_{0}$	$2.39^{+0.13}_{0}$	$3.18^{+0.13}_{0}$
两倍节顶距 2δ	0.508			0.762	1.372	2.794	3.048
节圆直径 d	$d = zP_b/\pi$						
外圆直径 d_0	$d_0 = d - 2\delta$						

表 3-15　带轮宽度（GB/T 11361—2008）　　　　（单位：mm）

型　　号	轮宽代号	轮宽公称尺寸	有挡圈带轮最小宽度 b_f	无挡圈带轮最小宽度 b_f'
MXL	012	3.2	3.8	5.6
	019	4.8	5.3	7.1
	025	6.4	7.1	8.9
XXL	012	3.2	3.8	5.6
	019	4.8	5.3	7.1
	025	6.4	7.1	8.9
XL	025	6.4	7.1	8.9
	031	7.9	8.6	10.4
	037	9.5	10.4	12.2
L	050	12.7	14.0	17.0
	075	19.1	20.3	23.3
	100	25.4	26.7	29.7
H	075	19.1	20.3	24.8
	100	25.4	26.7	31.2
	150	38.1	39.4	43.9
	200	50.8	52.8	57.3
	300	76.2	79.0	83.5

（续）

型　　号	轮宽代号	轮宽公称尺寸	有挡圈带轮最小宽度 b_f	无挡圈带轮最小宽度 b_f'
XH	200	50.8	56.6	62.6
	300	76.2	83.8	89.8
	400	101.6	110.7	116.7
XXH	200	50.8	56.6	64.1
	300	76.2	83.3	91.3
	400	101.6	110.7	118.2
	500	127.0	137.7	145.2

表 3-16　带轮直径尺寸系列（GB/T 11361—2008）　　　　（单位：mm）

带轮齿数	带轮槽型													
	MXL		XXL		XL		L		H		XH		XXH	
	节径 d	外径 d_0	节径 d	外径 d_0	节径 d	外径 d_0	节径 d	外径 d_0	节径 d	外径 d_0	节径 d	外径 d_0	节径 d	外径 d_0
10	6.47	5.96	10.11	9.60	16.17	15.66								
11	7.11	6.61	11.12	10.61	17.79	17.28								
12	7.76	7.25	12.13	11.62	19.40	18.90	36.38	35.62						
13	8.41	7.90	13.14	12.63	21.02	20.51	39.41	38.65						
14	9.06	8.55	14.15	13.64	22.64	22.13	42.45	41.69	56.60	55.23				
15	9.70	9.19	15.16	14.65	24.26	23.75	45.48	44.72	60.64	59.27				
16	10.35	9.84	16.17	15.66	25.87	25.36	48.51	47.75	64.68	63.31				
17	11.00	10.49	17.18	16.67	27.49	26.98	51.54	50.78	68.72	67.35				
18	11.64	11.13	18.19	17.68	29.11	28.60	54.57	53.81	72.77	71.39	127.34	124.55	181.91	178.86
19	12.29	11.78	19.20	18.69	30.72	30.22	57.61	56.84	76.81	75.44	134.41	131.62	192.02	188.97
20	12.94	12.43	20.21	19.70	32.34	31.83	60.64	59.88	80.85	79.48	141.49	138.69	202.13	199.08
(21)	13.58	13.07	21.22	20.72	33.96	33.45	63.67	62.91	84.89	83.52	148.56	145.77	212.23	209.18
22	14.23	13.72	22.23	21.73	35.57	35.07	66.70	65.94	88.94	87.56	155.64	152.84	222.34	219.29
(23)	14.88	14.37	23.24	22.74	37.19	36.68	69.73	68.97	92.98	91.61	162.71	159.92	232.45	229.40
(24)	15.52	15.02	24.26	23.75	38.81	38.30	72.77	72.00	97.02	95.65	169.79	166.99	242.55	239.50
25	16.17	15.66	25.27	24.76	40.43	39.92	75.80	75.04	101.06	99.69	176.86	174.07	252.66	249.61
(26)	16.82	16.31	26.28	25.77	42.04	41.53	78.83	78.07	105.11	103.73	183.94	181.14	262.76	259.72
(27)	17.46	16.96	27.29	26.78	43.66	43.15	81.86	81.10	109.15	107.78	191.01	188.22	272.87	269.82
28	18.11	17.60	28.30	27.79	45.28	44.77	84.89	84.13	113.19	111.82	198.08	195.29	282.98	279.93
(30)	19.40	18.90	30.32	29.81	48.51	48.00	90.96	90.20	121.28	119.90	212.23	209.44	303.19	300.14
32	20.70	20.19	32.34	31.83	51.74	51.24	97.02	96.26	129.36	127.99	226.38	223.59	323.40	320.35
36	23.29	22.78	36.38	35.87	58.21	57.70	109.15	108.39	145.53	144.16	254.68	251.89	363.83	360.78
40	25.87	25.36	40.43	39.92	64.68	64.17	121.28	120.51	161.70	160.33	282.98	280.18	404.25	401.21

（续）

带轮齿数	带 轮 槽 型													
	MXL		XXL		XL		L		H		XH		XXH	
	节径 d	外径 d_0	节径 d	外径 d_0	节径 d	外径 d_0	节径 d	外径 d_0	节径 d	外径 d_0	节径 d	外径 d_0	节径 d	外径 d_0
48	31.05	30.54	48.51	48.00	77.62	77.11	145.53	144.77	194.04	192.67	339.57	336.78	485.10	482.06
60	38.81	38.30	60.64	60.13	97.02	96.51	181.91	181.15	242.55	241.18	424.47	421.67	606.38	603.33
72	46.57	46.06	72.77	72.26	116.43	115.92	218.30	217.53	291.06	289.69	509.36	506.57	727.66	724.61
84							254.68	253.92	339.57	338.20	594.25	591.46	848.93	845.88
96							291.06	290.30	388.08	386.71	679.15	676.35	970.21	967.16
120							363.83	363.07	485.10	483.73	848.93	846.14	1212.76	1209.71
156									630.64	629.26				

注：括号内的尺寸尽量不采用。

表 3-17 带轮最少许用齿数

小带轮转速 /r·min⁻¹	带轮最少许用齿数						
	MXL	XXL	XL	L	H	XH	XXH
<900			10	12	14	22	22
900~1200	12	12	10	12	16	24	24
1200~1800	14	14	12	14	18	26	26
1800~3600	16	16	12	16	20	30	
3600~4800	18	18	15	18	22		

四、同步带的设计计算

在进行同步带的传动设计时，一般给定的原始数据有：传递的功率 P，主、从动轮的转速 n_1 和 n_2（或传动比 i），传动系统的位置和工作条件等。其设计方法和步骤如下：

1. 确定带的设计功率 P_d

设计功率

$$P_d = K_A P \tag{3-14}$$

式中　K_A——工作情况系数，见表 3-18；

　　　P——传递的功率，单位为 kW。

表 3-18 同步带的工作情况系数

载 荷 性 质		每天工作时间/h		
变化情况	瞬时峰值载荷及额定工作载荷	≤10	10~16	>16
平稳		1.20	1.40	1.50
小	≈150%	1.40	1.60	1.70
较大	≥150%~200%	1.60	1.70	1.85
很大	≥250%~400%	1.70	1.85	2.00
大而频繁	≥250%	1.85	2.00	2.05

注：下列情况应对 K_A 值进行修正：经常正反转或使用张紧轮装置时，K_A 应乘以 1.1；间断性工作时，K_A 应乘以 0.9；增速传动时，K_A 应乘以表 3-19 中的修正系数。

表 3-19　工作情况系数的修正系数

增　速　比	1.25~1.74	1.75~2.49	2.50~3.49	≥3.50
修正系数	1.1	1.2	1.3	1.4

2. 选择带型和节距 P_b

根据 P_d 和 n_1 由图 3-14 选择带型，图中横坐标为带的设计功率 P_d，纵坐标为小带轮的转速 n_1。当所得交点落在两种节距的分界线上时，尽可能选择较小的节距。

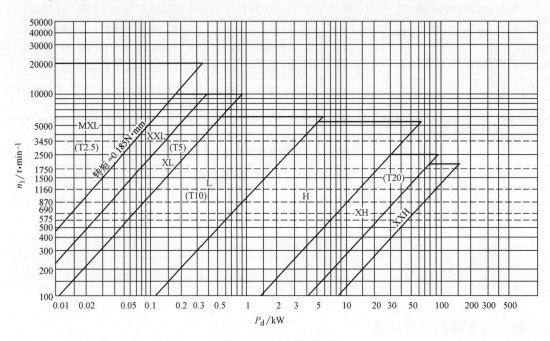

图 3-14　同步带选型图

3. 确定小带轮齿数 z_1 和小带轮节圆直径 d_1

应使 $z_1 \geqslant z_{\min}$，$z_{\min}$ 可由表 3-17 查得。在带速 v 和安装尺寸允许时，z_1 尽可能选用较大值。小带轮节圆直径 $d_1 = \dfrac{P_b z_1}{\pi}$，见表 3-16；小带轮节圆直径初定后应验算带速，若不合适则重取。同步带的速度 v 应满足

$$v = \frac{\pi d_1 n_1}{60 \times 1000} \leqslant v_{\max} \qquad (3\text{-}15)$$

极限带速 $v_{\max}$：MXL、XXL、XL 型，$v_{\max} = 40 \sim 50 \text{m/s}$；L、H 型，$v_{\max} = 35 \sim 40 \text{m/s}$；XH、XXH 型，$v_{\max} = 25 \sim 30 \text{m/s}$。

4. 确定大带轮齿数 z_2 和大带轮节圆直径 d_2

当给定传动比 i 后，大带轮齿数 $z_2 = i z_1$，大带轮节圆直径 $d_2 = i d_1$。计算结果应圆整为整数，并验算圆整后的传动比；若传动比超差，则应重选齿数，直至满足要求。

5. 初选中心距 a_0、带的节线长 L_{0P}、带的齿数 z_b

若中心距 a_0 未给定，则可根据下式进行初选，即

$$0.7(d_1 + d_2) \leqslant a_0 \leqslant 2(d_1 + d_2) \qquad (3\text{-}16)$$

则带的节线长为

$$L_{0P} \approx 2a_0 + \frac{\pi}{2}(d_1 + d_2) + \frac{(d_2 - d_1)^2}{4a_0} \qquad (3\text{-}17)$$

再由节线长 L_{0P} 根据表 3-12 或表 3-13 选取接近的 L_P 标准值，并选择对应的带齿数 z_b。

6. 计算实际中心距 a

设计同步带传动时，应可调整中心距 a，以便获得适当的张紧力。中心距的调整范围见表 3-20。此时，实际中心距

$$a \approx a_0 + \frac{L_P - L_{0P}}{2} \qquad (3\text{-}18)$$

表 3-20　中心距调整范围（GB/T 15531—2008）　　　（单位：mm）

型　　号		MXL	XXL	XL	L	H	XH	XXH
节距 P_b		2.032	3.175	5.080	9.525	12.700	22.225	31.750
内侧调整量	两带轮或大带轮有挡圈		$2.5P_b$		$1.8P_b$		$1.5P_b$	$2.0P_b$
	小带轮有挡圈				$1.3P_b$			
	无挡圈				$0.9P_b$			
外侧调整量					$0.005L_P$			

7. 校验带与小带轮的啮合齿数 z_m

啮合齿数的计算公式为

$$z_m = \text{ent}\left[\frac{z_1}{2} - \frac{P_b z_1}{2\pi^2 a}(z_2 - z_1)\right] \qquad (3\text{-}19)$$

式中，ent (x) 为取整函数。

一般情况下，应保证 $z_m \geq z_{mmin} = 6$。对于 MXL、XXL 和 XL 型，至少应保证 $z_m \geq z_{mmin} = 4$。当 $z_m < z_{mmin}$ 时，可增大 a；或 d_1 不变时，减小节距 P_b。

8. 计算基准额定功率 P_0

基准额定功率 P_0 的计算公式为

$$P_0 = \frac{(T_a - mv^2)v}{1000} \qquad (3\text{-}20)$$

式中　P_0——所选型号同步带在基准宽度下所允许传递的额定功率，单位为 kW；

　　　T_a——基准带宽为 b_{s0} 时的许用工作拉力，单位为 N，见表 3-21；

　　　m——基准带宽为 b_{s0} 时的单位长度的质量，单位为 kg/m，见表 3-21；

　　　v——同步带的线速度，单位为 m/s。

表 3-21　同步带在基准宽度下的许用工作拉力和线密度

带型号	基准带宽 b_{s0}/mm	许用工作拉力 T_a/N	单位长度的质量 m(线密度)/kg·m^{-1}
MXL	6.4	27	0.007
XXL	6.4	31	0.010
XL	9.5	50.17	0.022
L	25.4	247.28	0.095
H	76.2	2100.85	0.448
XH	101.6	4048.90	1.484
XXH	127.0	6398.03	2.473

9. 确定实际所需同步带宽度 b_s

实际所需同步带宽度 b_s 的计算公式为

$$b_s \geqslant b_{s0} \left(\frac{P_d}{K_z P_0} \right)^{1/1.14} \tag{3-21}$$

式中 b_{s0}——选定型号的基准带宽，见表3-21；

$\quad\quad$ K_z——小带轮啮合齿数系数，见表3-22。

由式（3-21）求得最小宽度后，根据表3-11选择最接近的标准带宽 b_s。

表 3-22　小带轮啮合齿数系数

z_m	≥6	5	4	3	2
K_z	1.00	0.80	0.60	0.40	0.20

10. 带的工作能力验算

用式（3-22）来计算同步带的额定功率 P，若结果满足 $P \geqslant P_d$（带的设计功率），则带的工作能力合格。

$$P = \left(K_z K_w T_a - \frac{b_s}{b_{s0}} m v^2 \right) v \times 10^{-3} \tag{3-22}$$

式中 K_z——啮合齿数系数，见表3-22；

$\quad\quad$ K_w——齿宽系数，$K_w = (b_s/b_{s0})^{1.14}$；

$\quad\quad$ T_a——基准带宽为 b_{s0} 时的许用工作拉力，单位为 N，见表3-21；

$\quad\quad$ m——基准带宽为 b_{s0} 时的单位长度的质量，单位为 kg/m，见表3-21；

$\quad\quad$ v——基准同步带的线速度，单位为 m/s。

同步带传动副的选型与计算实例，请参照第六章第一节有关内容。

第四节　滚珠丝杠副的选型与计算

滚珠丝杠副是在丝杠和螺母的滚道之间放入适量的滚珠，使螺纹间产生滚动摩擦。其作用是将旋转运动转变为直线运动或将直线运动转变为旋转运动。丝杠或螺母转动时，带动滚珠沿螺纹滚道滚动，螺母的螺旋槽两端设有滚珠回程引导装置，滚珠通过此装置自动返回其入口，形成循环回路。滚珠丝杠副的外形如图3-15所示。

滚珠丝杠副具有传动效率高、运动平稳、使用寿命长等特性，因而广泛应用于各种工业设备、

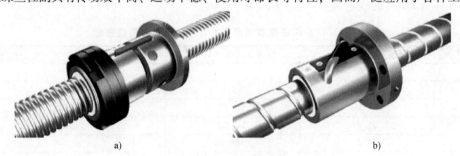

a)　　　　　　　　　　　　　　　　b)

图 3-15　滚珠丝杠副的外形

a) 双螺母型　b) 单螺母型

精密仪器和数控机床等。滚珠丝杠副由专门工厂制造，当型号计算选定后，可以外购或定制。

一、滚珠丝杠副的主要尺寸参数（GB/T 17587.1—2017、GB/T 17587.2—1998）

滚珠丝杠副的主要尺寸参数如图 3-16 所示。

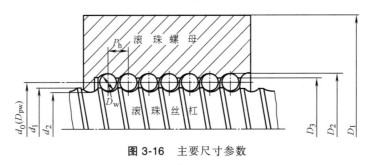

图 3-16　主要尺寸参数

1. 公称直径 d_0

用于滚珠丝杠副标识的尺寸值（无公差）。

2. 节圆直径 D_{pw}

滚珠与滚珠螺母体及滚珠丝杠位于理论接触点时，包络滚珠球心的圆柱面直径。节圆直径通常与滚珠丝杠的公称直径相等，但也有例外。

3. 导程 P_h

滚珠螺母相对滚珠丝杠旋转 $2\pi rad$（一转）时的行程。

4. 公称导程 P_{h0}

通常用作滚珠丝杠副标识的导程值（无公差）。

5. 行程 l

转动滚珠丝杠或滚珠螺母时，滚珠丝杠或滚珠螺母的轴向位移量。

6. 有效行程 l_u

有指定精度要求的行程部分（即机械的工作行程加上滚珠螺母的长度）。

此外，还有丝杠螺纹外径 d_1、丝杠螺纹底径 d_2、螺母体外径 D_1、螺母体螺纹底径 D_2、螺母体螺纹内径 D_3、滚珠直径 D_w、丝杠螺纹全长 l_1 等。

滚珠丝杠副的标准参数组合见表 3-23，其中划下横线的数值为优先级。

二、滚珠丝杠副的标注方法及标准公差等级

1. 标注方法

滚珠丝杠副国家标识符号的内容如图 3-17a 所示。不同生产厂家的标注方法略有不同，一般厂商往往省略 GB 字符，以其产品的结构类型号开头。以山东济宁博特精密丝杠制造有限公司生产的滚珠丝杠副为例，其标注方法如图 3-17b 所示，结构类型见表 3-24。

2. 标准公差等级

根据 GB/T 17587.3—2017，滚珠丝杠副的标准公差被分为 0、1、2、3、4、5、7、10 八个等级，其中最高标准公差为 0 级，最低标准公差为 10 级。不同设备推荐选用的标准公差等级见表 3-25。不同的滚珠丝杠副类型（P 为定位型，T 为传动型），需要进行的检验项目见表 3-26，其每一基准长度的行程偏差和变动量见表 3-27。

表 3-23 滚珠丝杠副标准参数组合 （单位：mm）

公称直径	公称导程														
6	1	2	2.5												
8	1	2	2.5	3											
10	1	2	2.5	3	4	5	6								
12		2	2.5	3	4	5	6	8	10	12					
16		2	2.5	3	4	5	6	8	10	12	16				
20				3	4	5	6	8	10	12	16	20			
25					4	5	6	8	10	12	16	20	25		
32					4	5	6	8	10	12	16	20	25	32	
40						5	6	8	10	12	16	20	25	32	40
50						5	6	8	10	12	16	20	25	32	40
63						5	6	8	10	12	16	20	25	32	40
80							6	8	10	12	16	20	25	32	40
100									10	12	16	20	25	32	40
125									10	12	16	20	25	32	40
160										12	16	20	25	32	40
200										12	16	20	25	32	40

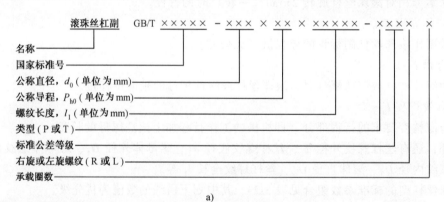

滚珠丝杠副 GB/T ×××× - ××× ×× × ××××× - ×××× ×

名称
国家标准号
公称直径，d_0（单位为 mm）
公称导程，P_{h0}（单位为 mm）
螺纹长度，l_1（单位为 mm）
类型（P 或 T）
标准公差等级
右旋或左旋螺纹（R 或 L）
承载圈数

a)

C D M 50 10 LH -2.5 -P 3

标准公差等级（0，1，2，3，4，5，7，10）
类型（P 为定位型，T 为传动型）
负荷钢球圈数（2.5，3，4，5）
旋向（右旋不标，左旋标 LH）
公称导程
公称直径
结构特征（M 为埋入式，T 为凸出式）
预紧方式（D 为垫片预紧，B 为变位导程预紧）
循环方式（C 为外循环插管式，G 为内循环固定式）

b)

图 3-17 滚珠丝杠副的标注方法

a）国家标识符号 b）企业标注示例

表 3-24 滚珠丝杠副的结构类型

型 号	结 构 类 型
G	内循环固定反向器单螺母
GD	内循环固定反向器双螺母垫片预紧
CM	外循环插管埋入式单螺母
CDM	外循环插管埋入式双螺母垫片预紧
CT	外循环插管凸出式单螺母
CDT	外循环插管凸出式双螺母垫片预紧
CBT	外循环插管凸出式单螺母变位导程预紧

表 3-25 滚珠丝杠副的标准公差等级选择推荐表

主 机 类 型		坐标轴	标 准 公 差 等 级						
			0	1	2/3	4	5	7	10
数控机床	车床	X		0	0	0			
		Z			0	0	0		
	磨床	X		0	0				
		Z		0	0				
	镗床	XY		0	0	0			
		Z			0	0			
		W				0	0		
	坐标镗床	XY	0	0	0				
		Z	0	0	0				
		W	0	0	0				
	铣床	XY			0	0	0		
		Z			0	0	0		
	钻床	XY			0				
		Z				0	0		
	加工中心	XY		0	0	0			
		Z		0	0	0			
		W			0	0			
	切割机床	XY		0	0				
		UV			0	0			
	电火花机床	XY		0	0				
		(Z)			0	0			
	激光加工机床	XY			0	0			
		Z			0	0			
普通、通用机床						0	0	0	0
三坐标测量机			0	0	0				

（续）

主 机 类 型		坐标轴	标 准 公 差 等 级						
			0	1	2/3	4	5	7	10
工业机器人	直角坐标型	装配	0	0	0	0			
		其他				0	0	0	
	垂直多关节型	装配	0	0	0				
		其他			0	0	0		
	圆柱坐标型				0	0	0	0	
数控机械	绘图机	XY		0	0	0			
	冲压机	XY				0	0	0	
一般机械							0	0	0

注：表中"0"表示选中。

表 3-26　行程偏差和变动量的检验项目

每一基准长度的行程偏差和变动量	滚 珠 丝 杠 副 类 型	
	P 型（定位型）	T 型（传动型）
	检验项目	
有效行程 l_u 内行程补偿值 C	用户规定	$C = 0$
目标行程公差 e_p	E1.1	E1.2
有效行程内允许的行程变动量 v_{up}	E2	
300mm 行程内允许的行程变动量 v_{300p}	E3	E3
2πrad 内允许的行程变动量 $v_{2\pi p}$	E4	

表 3-27　行程偏差和变动量

序 号	检验项目	允　　差								
		定位滚珠丝杠副								
		有效行程 l_u /mm	标准公差等级							
			0	1	2	3	4	5	7	10
			$e_p/\mu m$							
E1.1	有效行程 l_u 内平均行程偏差 e_p	≤315	4	6	8	12	16	23		
		>315~400	5	7	9	13	18	25		
		>400~500	6	8	10	15	20	27		
		>500~630	6	9	11	16	22	32		
		>630~800	7	10	13	18	25	36		
		>800~1000	8	11	15	21	29	40		
		>1000~1250	9	13	18	24	34	47		
		>1250~1600	11	15	21	29	40	55		
		>1600~2000		18	25	35	48	65		
		>2000~2500		22	30	41	57	78		
		>2500~3150		26	36	50	69	96		

（续）

序 号	检验项目	允 差							
E2	有效行程 l_u 内行程变动量 v_{up}	有效行程 l_u/mm	标准公差等级						
			0	1	2	3	4	5	7	10
			v_{up}/μm							
		≤315	3.5	6	8	12	16	23		
		>315~400	3.5	6	9	12	18	25		
		>400~500	4	7	9	13	19	26		
		>500~630	4	7	10	14	20	29		
		>630~800	5	8	11	16	22	31		
		>800~1000	6	9	12	17	24	34		
		>1000~1250	6	10	14	19	27	39		
		>1250~1600	7	11	16	22	31	44		
		>1600~2000		13	18	25	36	51		
		>2000~2500		15	21	29	41	59		
		>2500~3150		17	24	34	49	69		
		注:传动滚珠丝杠副的有效行程 l_u 内行程变动量 v_{up} 未规定								
E1.2	有效行程 l_u 内平均行程偏差 e_p	传动滚珠丝杠副							
		$C=0$, $e_p=2\dfrac{l_u}{300}v_{300p}$, v_{300p} 见 E3							
E3	任意 300mm 轴向行程内行程变动量 v_{300p}	定位或传动滚珠丝杠副							
		标准公差等级							
		0	1	2	3	4	5	7	10
		v_{300p}/μm							
		3.5	6	8	12	16	23	52	210
E4	2πrad 内行程变动量 $v_{2\pi p}$	定位滚珠丝杠副							
		标准公差等级							
		0	1	2	3	4	5	7	10
		$v_{2\pi p}$/μm							
		3	4	5	6	7	8		

三、滚珠丝杠副的支承形式

滚珠丝杠副的支承主要用来约束丝杠的轴向窜动，其结构形式可分为四种类型，具体分类及特点见表 3-28。

表 3-28 滚珠丝杠副的支承形式

支承形式	简 图	特 点
双推-自由		1. 刚度、临界转速、压杆稳定性低 2. 设计时尽量使丝杠受拉伸 3. 适用于较短和垂直安装的丝杠
双推-简支		1. 临界转速、压杆稳定性较高 2. 丝杠有热膨胀的余地 3. 适用于较长的卧式安装的丝杠

（续）

支承形式	简 图	特 点
单推-单推		可根据预计温升产生的热膨胀量进行预拉伸
双推-双推		1. 丝杠的轴向刚度高 2. 丝杠一般不会受压，无压杆稳定性问题 3. 可用预拉伸减小因丝杠自重引起的下垂 4. 适用于对刚度和位移精度要求高的场合

四、滚珠丝杠副轴向间隙的调整与预紧

为了提高滚珠丝杠副的传动精度和轴向刚度，安装时需要消除丝杠与螺母之间的传动间隙，并对丝杠-螺母进行预紧。对于单螺母的丝杠副，在出厂前通常采用过盈滚珠预紧或变导程自预紧，丝杠与螺母之间几乎没有间隙，用户使用时不必考虑；对于双螺母的丝杠副，常用垫片调整预紧和螺纹调整预紧两种方式。

1. 垫片调整预紧

图 3-18 所示为两种常用的垫片调整预紧方式，图 3-18a 所示为压紧式，图 3-18b 所示为拉紧式。通过调整垫片 3 的厚度，可使两螺母产生轴向位移，从而达到消除间隙、产生预紧力的目的。该方式的结构紧凑、工作可靠、刚度高，修磨垫片的厚度即可控制预紧量。

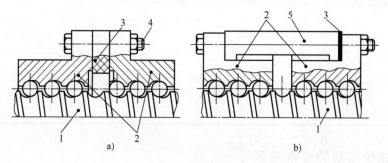

图 3-18 垫片调整预紧方式

a）压紧式 b）拉紧式

1—丝杠 2—螺母 3—垫片 4—螺栓 5—衬套

2. 螺纹调整预紧

如图 3-19a 所示，螺母 3 右端带有凸缘，螺母 4 左端带有螺纹，调整时旋转圆螺母 2，即可消除轴向间隙并产生一定的预紧力，再用圆螺母 1 锁紧防松。预紧后，螺母 3 和螺母 4 中滚珠的受力方向相反，如图 3-19b 所示，从而消除了轴向间隙。这种方式的特点是结构简单、刚性好、预紧可靠，缺点是不能精确定量调整。

五、滚珠丝杠副的计算与选型

1. 最大工作载荷 F_m 的计算

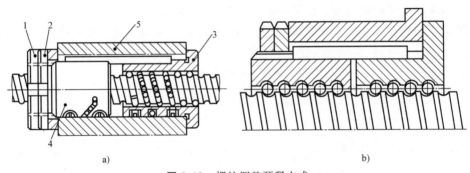

图 3-19　螺纹调整预紧方式

1、2—调整间隙的圆螺母　3、4—丝杠的螺母　5—螺母座

　　最大工作载荷 F_m 是指滚珠丝杠副在驱动工作台时所承受的最大轴向力，也称为进给牵引力。它包括滚珠丝杠副的进给力、移动部件的重力，以及作用在导轨上的切削分力所产生的摩擦力。图 3-20 所示为车削外圆时滑板的受力情况，可以看出，滑板所受载荷与车削力存在以下对应关系：进给方向载荷 $F_x = F_f$，横向载荷 $F_y = F_p$，垂直载荷 $F_z = F_c$。

　　最大工作载荷 F_m 的试验计算公式见表 3-29。

表 3-29　F_m 的试验计算公式及参考系数

导轨类型	试验公式	K	μ
矩形导轨	$F_m = KF_x + \mu(F_z + F_y + G)$	1.1	0.15
燕尾导轨	$F_m = KF_x + \mu(F_z + 2F_y + G)$	1.4	0.2
三角形或综合导轨	$F_m = KF_x + \mu(F_z + G)$	1.15	0.15~0.18

注：上述摩擦因数 μ 均指滑动导轨。对于贴塑导轨，$\mu = 0.03 \sim 0.05$；对于滚动导轨，$\mu = 0.003 \sim 0.005$。

　　表 3-29 中，F_x 为进给方向载荷，F_y 为横向载荷，F_z 为垂直载荷，单位均为 N；G 为移动部件总重力，单位为 N；K 为颠覆力矩影响系数；μ 为导轨的摩擦因数。

　　2. 最大动载荷 F_Q 的计算

　　最大动载荷 F_Q 的计算公式为

$$F_Q = \sqrt[3]{L_0} f_w f_H F_m \qquad (3-23)$$

式中　L_0——滚珠丝杠副的寿命，单位为 $10^6 \mathrm{r}$。$L_0 = 60nT/10^6$（其中 T 为使用寿命，普通机械取 $T = 5000 \sim 10000\mathrm{h}$，数控机床及一般机电设备取 $T = 15000\mathrm{h}$；n 为丝杠的每分钟转数）；

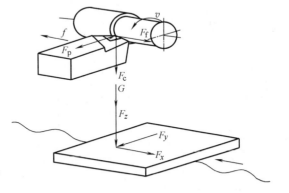

图 3-20　车削加工时滑板的受力分析

　　　　f_w——载荷系数，由表 3-30 查得；

　　　　f_H——硬度系数（大于或等于 58HRC 时，取 1.0；等于 55HRC 时，取 1.11；等于 52.5HRC 时，取 1.35；等于 50HRC 时，取 1.56；等于 45HRC 时，取 2.40）；

　　　　F_m——滚珠丝杠副的最大工作载荷，单位为 N。

　　3. 初选滚珠丝杠副的规格型号

初选滚珠丝杠副的规格时，应使其额定动载荷 $C_a \geqslant F_Q$。

当滚珠丝杠副在静态或低速状态下（$n \leqslant 10\text{r/min}$）长时间承受工作载荷时，还应使其额定静载荷 $C_{0a} \geqslant (2 \sim 3) F_m$。

表 3-30　载荷系数

运　转　状　态	f_w
平稳或轻度冲击	1.0 ~ 1.2
中等冲击	1.2 ~ 1.5
较大冲击或振动	1.5 ~ 2.5

根据额定动载荷 C_a 和额定静载荷 C_{0a}，可从表 3-31 ~ 表 3-33 中选择滚珠丝杠副的规格型号和有关参数。要注意公称直径 d_0 和导程 P_h 应尽量选用优先组合，同时还要满足控制系统和伺服系统对导程的要求。

表 3-31　G、GD 系列滚珠丝杠副尺寸参数　　　　　　　　　（单位：mm）

规格代号	公称直径 d_0	导程 P_h	滚珠直径 D_w	丝杠底径 d_2	丝杠外径 d_1	循环列数 G	循环列数 GD	D_1	D	D_4	L G	L GD	B	h	ϕ_1	ϕ_2	M	C_a	C_{0a}	刚度 K_C G	刚度 K_C GD
1604-3	16	4	2.381	13.1	15.3			28	52	38	37	65	10					4612	8779	140	279
2004-3	20	4	2.381	17.1	19.3	3	3×2	36	60	48	40	72	11	6	5.8	10	M6	5243	11506	174	347
2005-3		5	3.175	16.2							46	80						9309	21569	234	467
2006-3		6	3.5	15.8							52	92						9366	18324	193	385
2504-3	25	4	2.381	22.1	24.2	3	3×2	40	66	53	40	72	11	6	5.8	10	M6	5992	15318	219	437
2504-4						4	4×2				44	78						7674	20423	287	574
2505-3		5	3.175	21.2		3	3×2				46	80						9309	21569	234	467
2505-4						4	4×2				50	90						11921	28759	308	615
2506-3		6	3.969	20.2		3	3×2				52	92						12097	25340	229	458
2506-4						4	4×2				60	108						15493	33787	301	602
3205-3	32	5	3.175	28.2	31.2	3	3×2	50	82	67	46	82	13	7	7	12	M6	10678	29091	297	594
3205-4						4	4×2				52	92						13675	38788	391	781
3206-3		6	3.969	27.2		3	3×2				52	92						14283	35361	300	599
3206-4						4	4×2				60	108						18292	47148	394	788
4005-3	40	5	3.175	36.2	39.2	3	3×2	60	94	75	50	85	15	9	9	15	M8×1	11952	37700	365	729
4005-4						4	4×2				55	95						15307	50267	480	959
4006-3		6	3.969	35.2	39	3	3×2				58	100						15960	45465	366	731

4. 传动效率的计算

滚珠丝杠副的传动效率 η 一般在 0.8 ~ 0.9 之间，其计算公式为

$$\eta = \frac{\tan\lambda}{\tan(\lambda + \varphi)} \tag{3-24}$$

式中　λ——丝杠的螺旋升角，由 $\lambda = \arctan(P_h / \pi d_0)$ 算得；

　　　φ——摩擦角，一般取 $10'$。

5. 刚度的验算

滚珠丝杠副的轴向变形将引起丝杠导程发生变化，从而影响定位精度和运动的平稳性。轴向变形主要包括丝杠的拉伸或压缩变形、丝杠与螺母之间滚道的接触变形等。

表 3-32　CM、CDM 系列滚珠丝杠副尺寸参数　（单位：mm）

规格代号	公称直径 d_0	导程 P_h	滚珠直径 D_w	丝杠底径 d_2	丝杠外径 d_1	循环列数 CM	循环列数 CDM	D_1	D	D_4	L CM	L CDM	B	h	ϕ_1	ϕ_2	油杯螺孔 M	C_a	C_{0a}	K_C CM	K_C CDM
2004-2.5	20	4	2.381	17.1	19.5	1×2.5	1×2.5×2	40	66	53	39	72	11	6	5.8	10	M6	5076	11525	181	338
2004-5						2×2.5	2×2.5×2				55	102						9197	23050	350	655
2005-2.5		5	3.175	16.2		1×2.5	1×2.5×2	45	70	56	40	80						7988	16762	187	373
2005-5						2×2.5	2×2.5×2				62	106						14498	33524	361	722
2504-2.5	25	4	2.381	22.1	24.5	1×2.5	1×2.5×2	50	76	63	39	72	11	6	5.8	10	M6	5587	14538	217	406
2504-5						2×2.5	2×2.5×2				56	102						10140	29076	420	786
2505-2.5		5	3.175	21.2		1×2.5	1×2.5×2				40	80						8888	21216	225	449
2505-5						2×2.5	2×2.5×2				62	108						16132	42432	435	869
2506-2.5		6	3.969	20.2		1×2.5	1×2.5×2				44	86						11939	26192	230	459
2506-5						2×2.5	2×2.5×2				64	123						21670	52385	445	889
3205-2.5	32	5	3.175	28.2	31.5	1×2.5	1×2.5×2	60	90	75	42	80	13	7	7	12	M6	9916	27448	275	549
3205-5						2×2.5	2×2.5×2				62	115						17998	54896	532	1063
3206-2.5		6	3.969	27.2		1×2.5	1×2.5×2				46	87						13428	33987	282	564
3206-5						2×2.5	2×2.5×2				66	125						24373	67974	546	1091
4005-2.5	40	5	3.175	36.2	39.5	1×2.5	1×2.5×2	67	104	85	45	86	15	9	9	15	M6	10890	34568	329	658
4005-5						2×2.5	2×2.5×2				65	123						19766	69136	637	1273
4006-2.5		6	3.969	35.2		1×2.5	1×2.5×2	71	110	90	48	94						14820	42890	338	676

表 3-33　FL、LL 系列滚珠丝杠副尺寸参数　（单位：mm）

序号	规格 $\frac{L×e}{}$	D_w	d_1	L_1	d_3	D	D_3	B	L_2	L_3	平键尺寸 GB/T 1096—2003	小圆螺母 GB/T 812—1988	额定载荷/kN 动载荷 C_a	额定载荷/kN 静载荷 C_{0a}
1	1202	1.5	12.1			21	21	5	51	35	4×4×20	M20×1	2.4	5.6
2	2003					30	42	6	74	47	4×4×28	M30×1.5	4.0	8.9
3	$\frac{2004}{280×230}$			25	14	30	42	6	73	45	4×4×30	M30×1.5	4.9	11.1
4	$\frac{2004}{300×250}$			25	14	30	42	6	73	45	4×4×30	M30×1.5	4.9	11.1
5	$\frac{2004}{330×280}$	2.3812	19.3	25	14	30	42	6	73	45	4×4×30	M30×1.5	4.9	11.1
6	$\frac{2004}{410×330}$			50	17	30	42	6	73	45	4×4×30	M30×1.5	4.9	11.1
7	$\frac{2004}{490×410}$			50	17	30	42	6	73	45	4×4×30	M30×1.5	4.9	11.1

（续）

序 号	规格 $L \times e$	D_w	d_1	L_1	d_3	D	D_3	B	L_2	L_3	平键尺寸 GB/T 1096 —2003	小圆螺母 GB/T 812 —1988	额定载荷/kN	
													动载荷 C_a	静载荷 C_{0a}
8	1605		15.5			30	42	6	73	45	4×4×28	M30×1.5	6.9	14.5
9	2005		19			30	42	8	84	55	4×4×28	M30×1.5	7.4	15.6
10	2505		24			40	55	8	94	64	6×6×40	M40×1.5	8.4	17.08
11	3205	3.5	31			50	72	11.5	117	77	6×6×50	M50×2	9.5	24.6
12	4005		39			60	80	12	124	84	6×6×50	M60×2	10.4	32.8
13	$\dfrac{2506}{750 \times 700}$		24	25	17	45	62	8	95	66	6×6×50	M45×1.5	10.4	22.2
14	$\dfrac{2506}{1020 \times 960}$			30	17	45	62	8	95	66	6×6×50	M45×1.5	10.4	22.2
15	$\dfrac{3206}{1020 \times 960}$		31.8	30	20	50	72	11.5	130	92	6×6×60	M50×2	12.0	27.4
16	$\dfrac{4006}{1200 \times 1130}$	3.9688	38.8	35	25	60	80	10	122	82	6×6×55	M60×2	13.2	37.4
17	$\dfrac{4006}{1500 \times 1430}$			35	25	60	80	10	122	82	6×6×55	M60×2	13.2	37.4
18	$\dfrac{4006}{1700 \times 1630}$			35	25	60	80	10	122	82	6×6×55	M60×2	13.2	37.4
19	$\dfrac{4012}{1250 \times 1180}$	7.1438	38	35	25	65	80	12	176	135	6×6×100	M64×2	28.3	63.5
20	$\dfrac{4012}{1500 \times 1430}$			35	25	65	80	12	176	135	6×6×100	M64×2	28.3	63.5

注：表中"规格"指公称直径与导程。如"2004"，表示 $d_0 = 20\text{mm}$，$P_h = 4\text{mm}$。

（1）丝杠的拉伸或压缩变形量 δ_1 　δ_1 在总变形量中占的比例较大，其计算公式为

$$\delta_1 = \pm \frac{F_m a}{ES} \pm \frac{M a^2}{2\pi IE} \tag{3-25}$$

式中　F_m——丝杠的最大工作载荷，单位为 N；

　　　a——丝杠两端支承间的距离，单位为 mm；

　　　E——丝杠材料的弹性模量，单位为 MPa，钢的 $E = 2.1 \times 10^5 \text{MPa}$；

　　　S——丝杠按底径 d_2 确定的截面面积，单位为 mm^2；

　　　M——转矩，单位为 N·mm；

　　　I——丝杠按底径 d_2 确定的截面惯性矩（$I = \pi d_2^4 / 64$），单位为 mm^4。

式（3-25）中，"+"号用于拉伸，"-"号用于压缩。由于转矩 M 一般较小，式（3-25）中第 2 项在计算时可酌情忽略。

（2）滚珠与螺纹滚道间的接触变形量 δ_2 　δ_2 可从产品型号中查出，或由下列公式计算

无预紧时　　　　　　　$$\delta_2 = 0.0038 \sqrt[3]{\frac{1}{D_w}\left(\frac{F_m}{10Z_\Sigma}\right)^2} \tag{3-26}$$

有预紧时　　　　　　　$$\delta_2 = 0.0013 \frac{F_m}{10\sqrt[3]{D_w F_{YJ} Z_\Sigma^2 / 10}} \tag{3-27}$$

式中　　D_w——滚珠直径，单位为 mm；

　　　　Z_Σ——滚珠总数量，$Z_\Sigma = Z \times$ 圈数 × 列数；

　　　　Z——单圈滚珠数，$Z = \pi d_0 / D_w$（外循环），$Z = (\pi d_0 / D_w) - 3$（内循环）；

　　　　F_{YJ}——预紧力，单位为 N。

当滚珠丝杠副有预紧力，且预紧力达轴向工作载荷的 1/3 时，δ_2 值可减小一半左右。

（3）刚度验算　丝杠的总变形量 $\delta = \delta_1 + \delta_2$。一般总变形量 δ 不应大于机床规定的定位精度的一半；也可由丝杠的标准公差等级，先查出基准长度上允许的行程偏差（参见表 3-26 与表 3-27），再将折算到丝杠总长上的行程偏差与总变形量 δ 进行比较。当 δ 超差时，应选用较大公称直径的滚珠丝杠副。

6. 稳定性的验算

滚珠丝杠属于受轴向力的细长杆，如果轴向负载过大，则可能产生失稳现象。失稳时的临界载荷 F_k 应满足

$$F_k = \frac{f_k \pi^2 EI}{K a^2} \geq F_m \tag{3-28}$$

式中　　F_k——临界载荷，单位为 N；

　　　　f_k——丝杠支承系数，见表 3-34；

　　　　K——压杆稳定安全系数，一般取 2.5 ~ 4，垂直安装时取小值；

　　　　a——滚珠丝杠两端支承间的距离，单位为 mm。

表 3-34　丝杠支承系数

方式	双推—自由	双推—简支	双推—双推	单推—单推
f_k	0.25	2	4	1

六、滚珠丝杠副的安装连接尺寸

1. 内循环 G、GD 系列滚珠丝杠副的安装连接尺寸

图 3-21 所示为济宁博特精密丝杠制造有限公司生产的 G、GD 系列滚珠丝杠副，其安装连接尺寸见表 3-31。其中，代号 1604-3 表示公称直径 $d_0 = 16$ mm，导程 $P_h = 4$ mm，滚珠循环列数为 3。

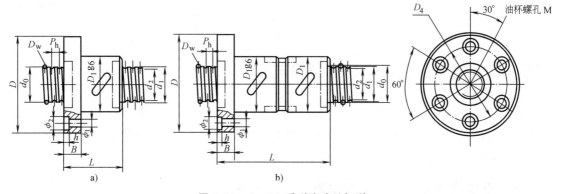

图 3-21　G、GD 系列滚珠丝杠副

a）G 系列　b）GD 系列

2. 外循环 CM、CDM 系列滚珠丝杠副的安装连接尺寸

图 3-22 所示为济宁博特精密丝杠制造有限公司生产的 CM、CDM 系列滚珠丝杠副，其安装连接尺寸见表 3-32。

3. FL、LL 系列滚珠丝杠副的安装连接尺寸

图 3-23 所示为启东润泽机床附件有限公司生产的 FL、LL 系列滚珠丝杠副，其中 FL 为浮动反向器内循环式滚珠丝杠副，LL 为螺旋槽反向器外循环式滚珠丝杠副。两种丝杠副均为双螺母结构，采用螺纹调整预紧，安装连接尺寸完全相同，见表 3-33。

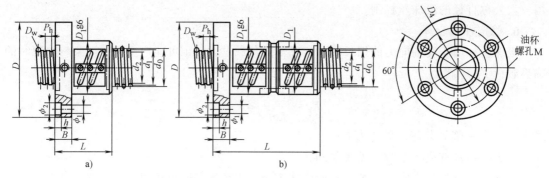

图 3-22　CM、CDM 系列滚珠丝杠副

a）CM 系列　b）CDM 系列

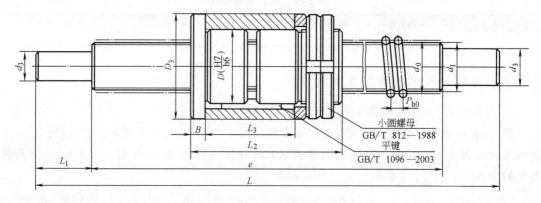

图 3-23　FL、LL 系列滚珠丝杠副

第五节　直线滚动导轨副的选型与计算

直线滚动导轨副具有摩擦因数小、不易爬行、便于安装和预紧、结构紧凑等优点，广泛应用于精密机床、数控机床和测量仪器等。其缺点是抗振性较差、成本较高。直线滚动导轨副的外形如图 3-24 所示。

一、直线滚动导轨副的工作原理与装配方式

直线滚动导轨副由导轨和滑块两部分组成，如图 3-24 和图 3-25 所示。一般滑块中装有

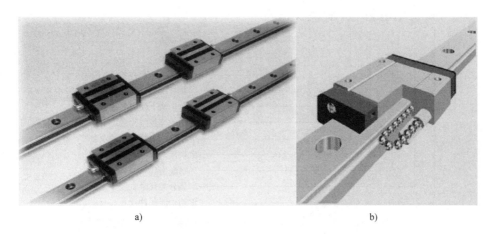

a)   b)

图 3-24　直线滚动导轨副的外形

a）外观　b）内部结构

两组滚珠，当滚珠从工作轨道滚到滑块端部时，会经端面挡板和滑块中的返回轨道返回，在导轨和滑块之间的滚道内循环滚动。

装配时常将两根导轨固定在支承件上，每根导轨上一般有两个滑块，滑块固定在移动件上。若移动件较长，可在一根导轨上安装两个以上的滑块；若移动件较宽，则可选用两根以上的导轨。两根导轨中，一根为基准导轨，另一根为从动导轨。基准导轨上有基准面 A，其上滑块有基准面 B。安装时先固定基准导轨，之后以基准导轨校正从动导轨，达到装配要求时再紧固从动导轨。

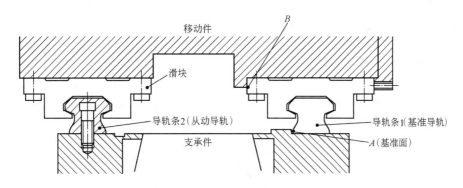

图 3-25　直线滚动导轨副的装配

二、直线滚动导轨副的标注方法及导轨长度系列

1. 标注方法

不同厂家的标注方法略有不同。济宁博特精密丝杠制造有限公司生产的导轨副标注示例如图 3-26 所示。

2. 导轨长度系列

导轨长度系列一般由厂家给出。济宁博特精密丝杠制造有限公司生产的 JSA 型导轨的标准长度系列见表 3-35。

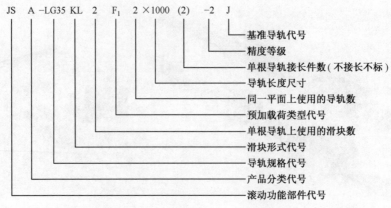

A—4方向等载荷型 　　 KL—宽型螺孔 　　 ZL—窄型螺孔 　　 KT—宽型通孔

图 3-26　直线滚动导轨副的标注示例

表 3-35　JSA 型导轨的标准长度系列　　　　（单位：mm）

导轨副型号	导轨长度系列										
JSA-LG15	280	340	400	460	520	580	640	700	760	820	940
JSA-LG20	340	400	520	580	640	760	820	940	1000	1120	1240
JSA-LG25	460	640	800	1000	1240	1360	1480	1600	1840	1960	3000
JSA-LG35	520	600	840	1000	1080	1240	1480	1720	2200	2440	3000
JSA-LG45	550	650	750	850	950	1250	1450	1850	2050	2550	3000
JSA-LG55	660	780	900	1020	1260	1380	1500	1980	2220	2700	3000
JSA-LG65	820	970	1120	1270	1420	1570	1720	2020	2320	2770	3000

三、直线滚动导轨副的计算与选型

1. 工作载荷的计算

工作载荷是影响导轨副使用寿命的重要因素。对于水平布置的十字工作台，多采用双导轨、四滑块的支承形式。常见的工作台受力情况如图 3-27 所示。任一滑块所受到的工作载荷可由以下公式进行计算。

$$F_1 = \frac{F+G}{4} - \frac{F}{4}\left(\frac{L_1-L_2}{L_1+L_2} + \frac{L_3-L_4}{L_3+L_4}\right) \tag{3-29}$$

$$F_2 = \frac{F+G}{4} + \frac{F}{4}\left(\frac{L_1-L_2}{L_1+L_2} - \frac{L_3-L_4}{L_3+L_4}\right) \tag{3-30}$$

$$F_3 = \frac{F+G}{4} - \frac{F}{4}\left(\frac{L_1-L_2}{L_1+L_2} - \frac{L_3-L_4}{L_3+L_4}\right) \tag{3-31}$$

$$F_4 = \frac{F+G}{4} + \frac{F}{4}\left(\frac{L_1-L_2}{L_1+L_2} + \frac{L_3-L_4}{L_3+L_4}\right) \tag{3-32}$$

式中　$F_1 \sim F_4$——滑块上的工作载荷，单位为 kN；

F——垂直于工作台面的外加载荷，单位为 kN；

G——工作台的重力，单位为 kN；

$L_1 \sim L_4$——距离尺寸，单位为 mm。

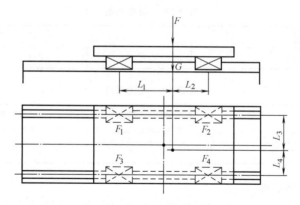

图 3-27　工作台受力示意图

2. 距离额定寿命的计算

直线滚动导轨副的寿命计算，是以在一定载荷下行走一定距离后，90% 的支承不发生点蚀为依据。这个载荷称为额定动载荷 C_a，该行走距离称为距离额定寿命，用 L 表示。滚动体不同时，距离额定寿命的计算公式也不同。

滚动体为球时

$$L=\left(\frac{f_{\mathrm{H}} f_{\mathrm{T}} f_{\mathrm{C}} f_{\mathrm{R}}}{f_{\mathrm{W}}} \frac{C_{\mathrm{a}}}{F}\right)^{3} \times 50 \tag{3-33}$$

滚动体为滚子时

$$L=\left(\frac{f_{\mathrm{H}} f_{\mathrm{T}} f_{\mathrm{C}} f_{\mathrm{R}}}{f_{\mathrm{W}}} \frac{C_{\mathrm{a}}}{F}\right)^{\frac{10}{3}} \times 100 \tag{3-34}$$

式中　L——距离额定寿命，单位为 km；

　　　C_a——额定动载荷，单位为 kN；

　　　F——滑块上的工作载荷，单位为 kN；

　　　f_H——硬度系数，见表 3-36；

　　　f_T——温度系数，见表 3-37；

　　　f_C——接触系数，见表 3-38；

　　　f_R——精度系数，见表 3-39；

　　　f_W——载荷系数，见表 3-40。

表 3-36　硬度系数

滚道硬度（HRC）	50	55	58 ~ 64
f_H	0.53	0.8	1.0

表 3-37　温度系数

工作温度/℃	<100	100 ~ 150	150 ~ 200	200 ~ 250
f_T	1.00	0.90	0.73	0.60

表 3-38　接触系数

每根导轨上的滑块数	1	2	3	4	5
f_C	1.00	0.81	0.72	0.66	0.61

表 3-39　精度系数

精度等级	2	3	4	5
f_R	1.0	1.0	0.9	0.9

表 3-40　载荷系数

工况	无外部冲击或振动的低速场合，速度小于 15m/min	无明显冲击或振动的中速场合，速度为 15~60m/min	有外部冲击或振动的高速场合，速度大于 60m/min
f_W	1~1.5	1.5~2	2~3.5

3. 小时额定寿命的计算

根据距离额定寿命，可以计算出导轨副的小时额定寿命，计算公式为

$$L_h = \frac{L \times 10^3}{2nS \times 60} \tag{3-35}$$

式中　　L_h——小时额定寿命，单位为 h；

　　　　L——距离额定寿命，单位为 km；

　　　　S——移动件行程长度，单位为 m；

　　　　n——移动件每分钟往复次数。

4. 产品选型

从产品样本中选定导轨副的型号后，可根据给定的额定动载荷计算出导轨副的距离额定寿命和小时额定寿命。常见球导轨的距离期望寿命为 50km，滚子导轨为 100km。若所得结果大于导轨的预期寿命，则初选的型号满足设计要求。当然，也可先给出导轨副的期望寿命，再反推出额定动载荷，据此选择合适的型号。

当滚动导轨的工作速度较低、静载荷较大时，选型时还应考虑相应的额定静载荷 C_{0a} 不小于工作静载荷的两倍。

四、直线滚动导轨副的安装连接尺寸

直线滚动导轨副的安装连接尺寸一般由厂家提供。以济宁博特公司的产品为例，图 3-28 所示为 JSA-KL 型直线滚动导轨副，其尺寸参数见表 3-41；图 3-29 所示为 JSA-ZL 型直线滚动导轨副，其尺寸参数见表 3-42。

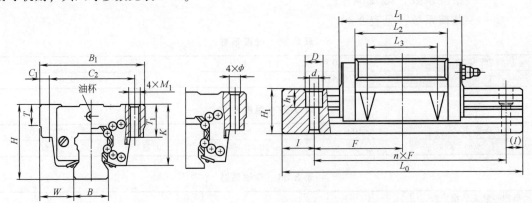

图 3-28　JSA-KL 型直线滚动导轨副

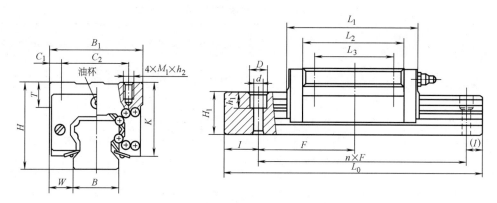

图 3-29　JSA-ZL 型直线滚动导轨副

表 3-41　JSA-KL 型直线滚动导轨副尺寸参数　　　（单位：mm）

型　号	装配后组合尺寸		导　轨　尺　寸						滑　块　尺　寸			
	H	W	B	H_1	I	F	L_{0max}	$d \times D \times h_1$	B_1	K	T	T_1
JSA-LG15	24	15.5	16	15	20	60	1500	$4.5 \times 7.5 \times 5.3$	47	19.4	7	11
JSA-LG20	30	21.5	20	18	20	60	1500	$6 \times 9.5 \times 8.5$	63	24	10	14
JSA-LG25	36	23.5	23	22	20	60	3000	$7 \times 11 \times 9$	70	29.5	12	16
JSA-LG35	48	33	34	29	20	80	3000	$9 \times 14 \times 12$	100	39	13	21
JSA-LG45	62 (60)	37.5	45	38	25	100 (105)	3000	$14 \times 20 \times 17$	120	51	15	25
JSA-LG55	70	43.5	53	44	30	120	3000	$16 \times 23 \times 20$	140	57	20	29
JSA-LG65	90	53.5	63	53	35	150	3000	$18 \times 26 \times 22$	170	76	23	37

型　号	滑　块　尺　寸							额定载荷/kN		额定静力矩/N·m		
	C_1	C_2	L_1	L_2	L_3	ϕ	M_1	C_a	C_{0a}	M_A	M_B	M_C
JSA-LG15	4.5	38	65	40.5	30	6	M5	7.94	9.5	55	55	88
								7.6	12.3	61	61	98
JSA-LG20	5	53	78	50	40	7	M6	11.5	14.5	92.4	92.4	154
			94	66				13.6	20.3	121.8	121.8	203
JSA-LG25	6.5	57	90	59	45	7	M8	17.7	22.6	150	150	246
			109	78				20.7	34.9	245	245	402
JSA-LG35	9	82	116	81.3	62	11	M10	35.1	47.2	488	488	790
			139.3	105				40	64.8	681	681	1102
JSA-LG45	10	100	135	102	80	13	M12	42.5	71	848	848	1448
			163	130				64.4	102	1345	1345	2297
JSA-LG55	12	116	161	118	95	14	M14	79.4	101	1547	1547	2580
			199	156				92.2	142.5	2264	2264	3376
JSA-LG65	14	142	195	147	110	16	M16	115	163	3237	3237	4860
			255	207				148	224	4200	4200	6760

注：1. 表中 M_A、M_B、M_C 指滑块的额定静力矩值。

　　2. 表中 L_{0max} 为单根导轨的最大长度。

表 3-42　JSA-ZL 型直线滚动导轨副尺寸参数　　　　　（单位：mm）

型　号	装配后组合尺寸		导　轨　尺　寸						滑　块　尺　寸			
	H	W	B	H_1	I	F	L_{0max}	d×D×h_1	B_1	K	T	C_1
JSA-LG15	28	9.0	15	15	20	60	1500	4.5×7.5×5.3	34	23.4	6	4
JSA-LG20	30	12	20	18	20	60	1500	6×9.5×8.5	44	25	8	6
JSA-LG25	40	12.5	23	22	20	60	3000	7×11×9	48	33.5	8	6.5
JSA-LG35	55	18	34	29	20	80	3000	9×14×12	70	47	10	10
JSA-LG45	70	20.5	45	38	25	100 (105)	3000	14×20×17	86	60	15	13
JSA-LG55	80	23.5	53	44	30	120	3000	16×23×20	100	67	18	12.5
JSA-LG65	90	31.5	63	53	35	150	3000	18×26×22	126	76	20	25

型　号	滑　块　尺　寸						额定载荷/kN		额定静力矩/N·m		
	C_2	L_1	L_2	L_3	h_2	M_1	C_a	C_{0a}	M_A	M_B	M_C
JSA-LG15	26	65	40.5	26	5	M4	7.94	9.5	55	55	88
							7.6	12.3	61	61	98
JSA-LG20	32	78	50	36	6	M5	11.5	14.5	92	92	154
		94	66	50			13.6	20.3	121.8	121.8	203
JSA-LG25	35	90	59	35	8	M6	17.7	22.6	150	150	246
		109	78	50			20.7	34.9	245	245	402
JSA-LG35	50	116	81.3	50	12	M8	32.5	47.2	488	488	790
		139.3	105	72			40	64.8	681	681	1102
JSA-LG45	60	135	102	60	17	M10	42.5	71	848	848	1448
		163	130	80			64.4	102	1345	1345	2297
JSA-LG55	75	161	118	75	18	M12	79.4	101	1547	1547	2580
		199	156	95			92.2	142.5	2264	2264	3376
JSA-LG65	76	195	147	70	20	M16	115	163	3237	3237	4860
		255	207	120			144	219	4200	4200	6760

注：1. 表中 M_A、M_B、M_C 指滑块的额定静力矩值。

　　2. 表中 L_{0max} 为单根导轨的最大长度。

第六节　谐波减速器的选用

　　谐波减速器是一种谐波齿轮传动装置，是在行星齿轮传动原理基础上发展起来的一种新型减速器，它依靠柔性零件产生弹性机械波来传递动力和运动。

一、谐波减速器的基本结构

　　谐波减速器由三个基本构件组成：带有内齿圈的刚性齿轮（刚轮）、带有外齿圈的柔性齿轮（柔轮）和波发生器。其组成和外观结构如图 3-30 所示。

（1）刚轮　是一个在圆周上加工有连接孔的刚性内齿圈，其齿数比柔轮略多（一般多2个或4个）。

（2）柔轮　是一个可产生较大变形的薄壁金属弹性体，弹性体与刚轮啮合部位为薄壁外齿圈。

（3）波发生器　一般由凸轮和滚珠轴承构成。其内侧是一个椭圆形的凸轮，凸轮的外圆上套有一个能产生弹性变形的薄壁滚珠轴承，轴承内圈固定在凸轮上，呈椭圆形，外圈与柔轮内侧接触。

图 3-30　谐波减速器的组成和外观结构

二、谐波减速器的变速原理

谐波减速器在工作时，通常采用波发生器主动、刚轮固定、柔轮输出的形式。当位于薄壁柔轮中的波发生器转动时，由于波发生器为椭圆形，在椭圆的长轴位置处，柔轮受到挤压产生变形，导致柔轮和刚轮的轮齿啮合发生如下变化：

1）在波发生器长轴两端处的柔轮轮齿与刚轮轮齿完全啮合，在波发生器短轴两端处的柔轮轮齿与刚轮轮齿完全脱开。

2）在椭圆长轴两侧，柔轮轮齿与刚轮轮齿处于不完全啮合状态。在波发生器长轴旋转的正方向一侧，称为啮入区；在长轴旋转的反方向一侧，称为啮出区。

3）由于波发生器的连续转动，使得"啮入→完全啮合→啮出→完全脱开"这四种情况依次变化，循环往复。假如柔轮比刚轮的齿数少两个，当波发生器转动一周时，柔轮向相反方向转过两个齿的角度，从而实现了较大的减速比。

谐波减速器的变速过程如图 3-31 所示。传动比 i 的计算公式为

$$i = -\frac{z_r}{z_g - z_r} \tag{3-36}$$

式中　z_g——刚轮的齿数；

　　　z_r——柔轮的齿数。

式（3-36）等号右侧的负号表示输入与输出的旋转方向相反。

三、谐波减速器的主要特点

与其他传统机械传动装置相比，谐波减速器具有以下特点：

1）承载能力强，传动精度高。谐波减速器使用多齿同时啮合，可起到减小单位面积载

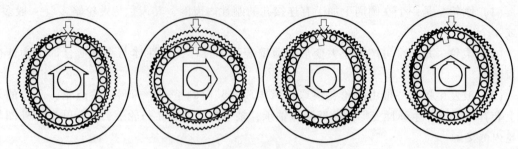

图 3-31　谐波减速器的变速过程

荷、均化误差的作用，因此比传统齿轮传动精度高四倍左右。

2）传动比大，传动效率高。谐波减速器的推荐传动比为 50~160，可选择范围为 30~320，正常传动效率为 0.65~0.96（与减速比、负载、温度等有关）。

3）结构简单，体积小，质量小，使用寿命长。谐波减速器的体积、质量只有传统齿轮传动的 1/3 左右。在传动过程中，柔轮齿做均匀的径向移动，齿间相对滑移速度小，另外轮齿单位面积所受的载荷小，因此轮齿的磨损小，使用寿命可长达 7000~10000h。

4）传动平稳，无冲击，噪声小。通过特殊的齿形设计，使得柔轮和刚轮的啮合、退出过程实现连续的渐进、渐出，啮合时的齿面滑移速度小，且没有突变。

5）安装调整方便。刚轮、柔轮、波发生器三者同轴安装，用户可以根据需要自由选择变速方式和安装形式。

四、谐波减速器的主要参数

谐波减速器的主要参数有减速比、额定输出转矩、允许最高转速、平均输入转速以及传动精度等。在设计和选型时，还需要进一步考虑起/制动转矩、瞬间最大转矩、使用寿命、强度、刚度以及效率等参数。

1. 转矩

转矩主要有额定输出转矩、加减速转矩和瞬间最大转矩。

（1）额定输出转矩　指在输入转速为 2000r/min 的情况下连续工作时，减速器所允许的最大负载转矩。

（2）加减速转矩　指在正常加减速时，减速器短时间允许的最大负载转矩。

（3）瞬间最大转矩　指工作出现异常时，为保证减速器不损坏，瞬间允许的负载转矩极限值。

2. 使用寿命

使用寿命通常有额定寿命、平均寿命。实际使用寿命还与实际工作时的负载转矩、输入转速有关。

（1）额定寿命　指在正常工作时，其中有 10% 产品出现损坏的理论使用寿命。

（2）平均寿命　指在正常工作时，其中有 50% 产品出现损坏的理论使用寿命。

3. 强度

强度是指柔轮的耐冲击能力。由于在工作过程中，柔轮需要进行持续不断的弹性变形，如果存在超过加减速转矩的负载冲击，将使其疲劳加剧、使用寿命缩短；一旦冲击负载超过瞬间最大转矩，将导致减速器损坏。因此，柔轮的疲劳强度与冲击次数、冲击负载持续时间有关。

4. 刚度与反向间隙

刚度是表征谐波减速器弹性变形误差的参数，通过滞后量和弹性系数表示。滞后量是减速器的反向间隙，它与减速器的规格、传动比等因素有关。

5. 传动精度

根据刚轮固定、波发生器输入、柔轮输出时，在任意360°输出范围内，其实际输出转角与理论输出转角之间的最大误差来衡量传动精度。

6. 效率

传动效率与传动比、输入转速、负载转矩、工作温度以及润滑条件等因素有关。在通常情况下，传动效率是在输入转速为1000r/min、输出转矩为额定值、工作温度为20℃、使用规定润滑方式下所得到的值。

五、谐波减速器产品简介

日本 Harmonic Drive Systems（哈默纳科）公司是世界上规模最大的谐波减速器生产企业，其产品类型包括部件型、单元型、简易单元型、齿轮箱型以及微型五大系列，部分产品还根据柔轮形状分为水杯形、礼帽形、薄饼形等不同的结构类别。其主要产品包括 CS 系列、CSS 系列、CSF 系列、CSG 系列及 CSD 系列等。

第七节　联轴器的选用

联轴器是一种常用的机械传动装置，主要用来连接轴与轴（或连接轴与其他回转零件），以传递运动和转矩。此外，联轴器还具有补偿两轴相对位移、缓冲和减振，以及安全防护等功能。由于制造及安装误差等的影响，通常可根据对各种相对位移有无补偿能力，将联轴器分为刚性联轴器（无补偿能力）和挠性联轴器（有补偿能力）两类。

一、刚性套筒式联轴器

图 3-32 所示为套筒式联轴器的几种结构。套筒式联轴器结构简单、径向尺寸小，但装拆困难，且要求两轴轴线严格对中，故其使用受到一定限制。其中，图 3-32a 所示的结构简单，但锥销防松不太可靠；图 3-32b 所示的结构加工、安装均容易，但消除周向间隙不可靠；图3-32c 所示的结构完全靠摩擦力传递转矩，因而结构简单，安装容易，

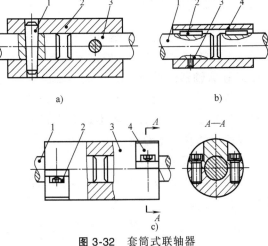

图 3-32　套筒式联轴器

a）锥销连接式：1—圆锥销　2—套筒　3—轴

b）键连接式：1—轴　2—键　3—紧定螺钉　4—套筒

c）螺栓紧固连接式：1—轴　2—内六角螺栓

3—套筒　4—压块

但传递转矩不大。

二、挠性联轴器

图 3-33 所示的无键连接挠性联轴器，是机床进给传动中广泛采用的一种无间隙传动联轴器。它不仅可简化连接结构，降低噪声，而且对消除传动间隙、提高传动刚度都有利，主要用于传递较大转矩的场合。

当传递小转矩时，如电动机与光电编码器之间的连接，可选用小型的联轴器。如长春光机数显技术有限责任公司生产的小型挠性联轴器，其参数见表 3-43。

表 3-43 小型挠性联轴器

型　号	A23	A26
外形尺寸/mm	4×M3 φ23 d 32	φ26 d 50
轴径 d/mm	3~14	8~18
允许最高转速/r·min⁻¹	25000	
允许转矩/N·m	0.5	0.5
允许安装误差/(°)	≤1(不同轴度≤0.1mm)	
传递力矩/N·cm	5~50	10~80
质量/g	50	75

三、联轴器的选用

一般联轴器的选用依据是其工作条件和结构形式。在选型时，主要考虑以下几点：

1. 选择联轴器的类型

根据传递的转矩大小和转速高低，以及对缓冲和振动的要求，参考各类联轴器的特点，选择适用的联轴器类型。

2. 计算联轴器的转矩

传动轴上的公称转矩 T（单位为 N·m）计算公式为

$$T = 9550 \frac{P}{n} \qquad (3\text{-}37)$$

式中　P——传递的功率，单位为 kW；

n——轴的转速，单位为 r/min。

实际计算时，应将公称转矩 T 乘以工作情况系数 K_A，得到计算转矩 $T_{ca} = K_A T$。工作情

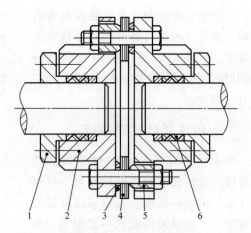

图 3-33 挠性联轴器

1—压圈 2—联轴器具 3、5—球面垫圈 4—柔性片 6—锥环

况系数 K_A 见表 3-44。

表 3-44 工作情况系数 K_A

原 动 机	K_A					
	工 作 机					
	Ⅰ类	Ⅱ类	Ⅲ类	Ⅳ类	Ⅴ类	Ⅵ类
电动机、汽轮机	1.3	1.5	1.7	1.9	2.3	3.1
四缸及四缸以上的内燃机	1.5	1.7	1.9	2.1	2.5	3.3
双缸内燃机	1.8	2.0	2.2	2.4	2.8	3.6
单缸内燃机	2.2	2.4	2.6	2.8	3.2	4.0

注：工作机分类如下：

Ⅰ类——转矩变化很小的机械，如发电机、小型通风机、小型离心泵。

Ⅱ类——转矩变化小的机械，如透平压缩机、木工机床、运输机。

Ⅲ类——转矩变化中等的机械，如搅拌机、增压泵、有飞轮的压缩机、压力机。

Ⅳ类——转矩变化和冲击载荷中等的机械，如织布机、水泥搅拌机、拖拉机。

Ⅴ类——转矩变化和冲击载荷大的机械，如造纸机械、挖掘机、起重机、碎石机。

Ⅵ类——转矩变化大并有极强烈冲击载荷的机械，如压延机、无飞轮的活塞泵、重型初轧机。

3. 确定联轴器的型号

根据计算转矩 T_{ca} 及所选的联轴器类型，在联轴器的标准中按照

$$T_{ca} \leqslant [T] \tag{3-38}$$

的条件确定联轴器的型号。式中，$[T]$ 为所选型号联轴器的许用转矩。

4. 校核最高转速

联轴器工作过程中的最高转速 n，不应超过其允许的最高转速 n_{max}，即

$$n \leqslant n_{max}$$

5. 协调轴孔直径

多数情况下，每一型号联轴器适用的轴的直径均有一个范围，被连接两轴的直径应当在此范围之内。

另外，还要根据所选联轴器允许的轴的相对位移偏差，规定部件相应的安装精度。使用有非金属弹性元件的联轴器时，还应注意联轴器所在部位的工作温度不要超过该材料允许的最高温度。

第四章 机电一体化系统进给伺服系统设计

进给伺服系统在机电一体化产品中得到了广泛的应用，它是机电一体化系统设计的重要内容。在第六章所举卧式车床数控化改造和X-Y数控工作台的实例中，进给伺服系统的设计都占有很大比例。本章主要内容包括：进给伺服系统的组成、分类和选用原则，传动系统等效转动惯量与等效负载转矩的计算，脉冲当量与传动比的确定，步进电动机的性能参数选择，步进电动机的负载计算与型号选择，步进电动机的控制与驱动，增量式旋转编码器和直线光栅的选用，交流伺服电动机和驱动器的选用等。

第一节　概述

机电一体化设备的进给伺服系统，大多以运动部件的位置和速度作为控制量。对于数控机床来说，进给伺服系统的主要任务是，接收插补装置生成的进给脉冲指令，经过一定的信号变换及功率放大后，驱动执行元件（伺服电动机，包括交、直流伺服电动机和步进电动机等），从而控制机床工作台或者切削刀具的运动。

一、进给伺服系统的组成

进给伺服系统一般包括位置控制模块、速度控制模块、伺服电动机、被控对象、速度检测装置以及位置检测装置等。

二、进给伺服系统的分类

1. 按调节理论分类

（1）开环伺服系统　如图4-1所示，这类系统的驱动元件主要是步进电动机或电液脉冲马达。系统工作时，驱动元件将数字脉冲转换成角度位移，转过的角度正比于指令脉冲的个数，转动的速度取决于指令脉冲的频率。系统中无位置反馈，也没有位置检测元件。

图 4-1　开环伺服系统的结构

开环伺服系统的结构简单，控制容易，稳定性好，但精度较低，低速有振动，高速转矩小；一般用于轻载或负载变化不大的场合，比如经济型数控机床上。

（2）闭环伺服系统　如图4-2所示，这类系统是误差控制伺服系统，驱动元件为交流或直流伺服电动机，电动机带有速度反馈装置，被控对象装有位移测量元件。

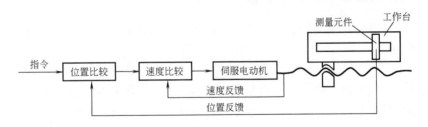

图 4-2　闭环伺服系统的结构

由于闭环伺服系统是反馈控制，测量元件精度很高，因此系统传动链的误差、环内各元件的误差以及运动中造成的随机误差都可以得到补偿，从而大大提高了跟随精度和定位精度。

（3）半闭环伺服系统　如图4-3所示，这类系统的位置检测元件不是直接安装在进给系统的最终运动部件上，而是经过中间机械传动部件的位置转换，称为间接测量。半闭环系统的驱动元件既可以采用交流或直流伺服电动机，也可以采用步进电动机。该类系统的传动链有一部分处在位置环以外，环外的位置误差不能得到系统的补偿，因而半闭环系统的精度低于闭环系统，但调试比闭环系统方便，所以仍有广泛的应用。

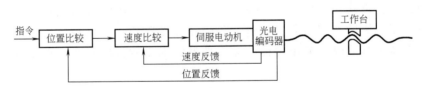

图 4-3　半闭环伺服系统的结构

2. 按使用的驱动元件分类

（1）步进伺服系统　驱动元件为步进电动机。常用于开环/半闭环位置伺服系统，控制简单，性价比高，维修方便。其缺点是低速有振动，高速输出转矩小，控制精度偏低。

（2）直流伺服系统　驱动元件为小惯量直流伺服电动机或永磁直流伺服电动机。小惯量直流伺服电动机最大限度地减小了电枢的转动惯量，所以能获得较好的快速性；永磁直流伺服电动机能在较大的负载转矩下长时间工作，电动机的转子惯量大，可与丝杠直接相连。

（3）交流伺服系统　驱动元件为交流异步伺服电动机或交流永磁同步伺服电动机。该类系统可以实现位置、速度、转矩和加速度等的控制。

3. 按进给驱动和主轴驱动分类

（1）进给伺服系统　进给伺服系统是指一般概念的伺服系统，它包括速度控制环和位置控制环。进给伺服系统完成各坐标轴的进给运动，具有定位和轮廓跟踪的功能，是机电一体化设备中要求较高的伺服控制系统。

（2）主轴伺服系统　严格来说，一般的主轴控制只是一个速度控制系统，主要实现主轴的旋转运动，给切削过程提供所需的转矩和功率，并且保证任意转速的调节，完成在转速范围内的无级变速。在数控机床中，具有C轴控制的主轴与进给伺服系统一样，为一般概念的位置伺服控制系统。

三、对进给伺服系统的基本要求

机电一体化设备对其进给伺服系统主要有以下基本要求：

1. 工作精度

为了保证加工出高精度的零件，伺服系统必须具有足够高的精度，包括定位精度和零件综合加工精度。定位精度是指工作台由某点移至另一点时，指令值与实际移动距离的最大误差值。综合加工精度是指最后加工出来的工件尺寸与所要求尺寸之间的误差值。在数控机床上，数控装置的精度可以做得很高（比如选取很小的脉冲当量），完全可以满足机床的精度要求。此时，机床本身的精度，尤其是伺服传动链和伺服执行机构的精度就成了影响机床工作精度的主要因素。

2. 调速性能

伺服系统在承担全部工作负载的条件下，应具有宽的调速范围，以适应各种工况的需要。比如高性能的数控机床，工作进给速度范围可达 3~6000mm/min（调速范围 1∶2000）；为了完成精密定位，低速进给速度可小到 0.1mm/min；为了缩短辅助时间，快速移动速度可高达 15m/min。

3. 负载能力

在足够宽的调速范围内，承担全部工作负载，这是对伺服系统的又一个要求。对于数控机床来说，工作负载主要有三个方面：加工条件下工作进给必须克服的切削负载；执行件运动时需要克服的摩擦负载；加速过程中需要克服的惯性负载。需要注意的是，这些负载在整个调速范围内和工作过程中并不是恒定不变的，伺服系统必须适应外加负载的变化。

4. 响应速度

一方面，在伺服系统处于频繁的起动、制动、加速、减速等过程中，为了提高生产效率、保证产品加工质量，要求加、减速时间尽量短（一般电动机由零速升到最高速，或从最高速降到零速，时间应控制在几百毫秒以内，甚至少于几十毫秒）；另一方面，当负载突变时，过渡过程恢复时间也要短而且无振荡，这样才能获得光滑的加工表面。

5. 稳定性

稳定性是伺服系统能否正常工作的前提，特别是在低速进给情况下不产生爬行，并能适应外加负载的变化而不发生共振。稳定性与系统的惯性、刚性、阻尼以及增益等都有关系。适当选择各项参数达到最佳的工作性能，是伺服系统设计的目标。

四、常用的伺服电动机

伺服电动机是指能够精确地控制转速与转角的一类电动机，它在机电一体化进给伺服系统中是执行元件。常用的伺服电动机分为四大类：①直流伺服电动机；②交流伺服电动机；③步进电动机；④直接驱动电动机。

直流伺服电动机、交流伺服电动机和直接驱动电动机均采用位置闭环控制，一般用于要求精度高、速度快的伺服系统；步进电动机主要用于开环控制，一般用于精度、速度要求不高，成本较低的伺服系统中。

第二节　机械系统运动参数的计算

一、机电传动系统的运动方程式

图 4-4 所示为一单轴机电传动系统，电动机产生的转矩 T_M 用来克服负载转矩 T_L，从而带动生产机械产生运动。当 $T_M = T_L$ 时，系统匀速转动；当 $T_M \neq T_L$ 时，角速度 ω 就会发生变化，产生加速或减速。角速度变化的大小与传动系统的转动惯量 J 有关，用单轴机电传动系统的运动方程式表示，即

$$T_M - T_L = J \frac{\mathrm{d}\omega}{\mathrm{d}t} \tag{4-1}$$

式中　T_M——电动机的电磁转矩，单位为 N·m；

T_L——负载转矩，单位为 N·m；

J——折算到电动机转轴上的转动惯量，单位为 $\mathrm{kg \cdot m^2}$；

ω——电动机转子的角速度，单位为 rad/s。

二、机电传动系统等效转动惯量的计算

机电传动系统的转动惯量是一种惯性负载，在选用电动机时必须加以考虑。由于机电传动系统的各传动部件并不都与电动机同轴安装，因此存在各传动部件的转动惯量向电动机转轴折算的问题，需要求得机电传动系统总的等效转动惯量。

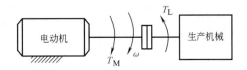

图 4-4　单轴机电传动系统

根据理论力学中转动惯量的定义，圆柱体的转动惯量计算公式为

$$J = \frac{\pi L \rho R^4}{2} = \frac{m_j D^2}{8} \tag{4-2}$$

式中　ρ——材料密度，单位为 $\mathrm{kg/cm^3}$；

m_j——圆柱体质量，单位为 kg；

D——圆柱体直径，单位为 cm；

L——圆柱体长度，单位为 cm。

常用部件转动惯量的计算见表 4-1。其中，电动机转子的转动惯量 J_m 可由产品资料查得。

表 4-1　常用部件转动惯量的计算

种类说明	计算公式	简图	符号的意义
圆柱体的转动惯量（如齿轮、联轴器、丝杠、轴等）	$J = \dfrac{m_j D^2}{8}$		m_j——圆柱体质量（kg） D——圆柱体直径（cm） L——圆柱体长度或厚度（cm）

（续）

种类 说明	计算公式	简　图	符号的意义
丝杠折算到电动机轴上的转动惯量	$J=\left(\dfrac{z_1}{z_2}\right)^2 J_s$	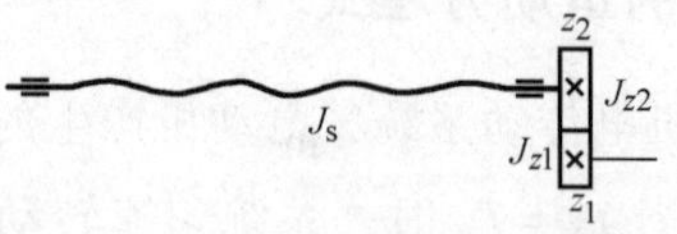	J_s—滚珠丝杠的转动惯量（kg·cm²） z_1、z_2—主动齿轮及从动齿轮的齿数
工作台折算到丝杠上的转动惯量	$J=\left(\dfrac{P_h}{2\pi}\right)^2 m_i$	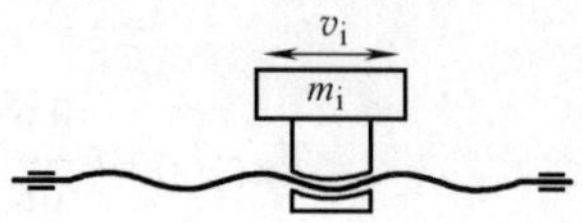	m_i—工作台的质量(kg) P_h—滚珠丝杠的导程（cm）
一对齿轮传动时，传动系统折算到电动机轴上的总转动惯量	$J=J_m+J_{z1}+\left(\dfrac{z_1}{z_2}\right)^2 \times$ $\left[(J_{z2}+J_s)+m_i\left(\dfrac{P_h}{2\pi}\right)^2\right]$	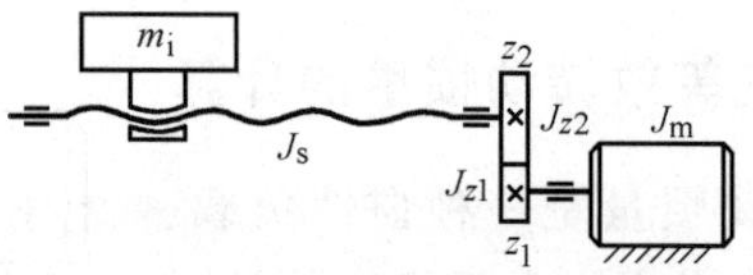	J_{z1}—齿轮 z_1 的转动惯量（kg·cm²） J_{z2}—齿轮 z_2 的转动惯量（kg·cm²） J_m—电动机转子的转动惯量（kg·cm²） J_s—滚珠丝杠的转动惯量（kg·cm²） P_h—滚珠丝杠的导程（cm）
两对齿轮传动时，传动系统折算到电动机轴上的总转动惯量	$J=J_m+J_{z1}+\left(\dfrac{z_1}{z_2}\right)^2 \times$ $(J_{z2}+J_{z3})+$ $\left[J_{z4}+J_s+m_i\left(\dfrac{P_h}{2\pi}\right)^2\right]\times$ $\left(\dfrac{z_1 z_3}{z_2 z_4}\right)$	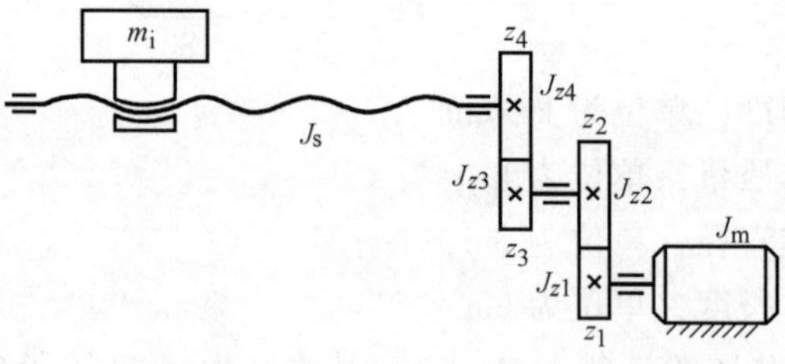	J_{z1}—齿轮 z_1 的转动惯量（kg·cm²） J_{z2}—齿轮 z_2 的转动惯量（kg·cm²） J_{z3}—齿轮 z_3 的转动惯量（kg·cm²） J_{z4}—齿轮 z_4 的转动惯量（kg·cm²）

三、传动系统等效负载转矩的计算

传动系统等效负载转矩 T_{eq} 可根据静态时功率守恒原则进行计算。下面以机床工作台的进给伺服系统为例，说明等效负载转矩的计算方法。如图 4-5 所示，当系统匀速运动时，考虑进给切削力 F_f 和因部件重力 G 而产生的摩擦，则所需的负载功率为

$$P_L' = (F_f+G\mu)v_i = (F_f+G\mu)P_h n_s \tag{4-3}$$

式中　F_f——运动部件所受的进给切削力，单位为 N；

G——工作台运动部件的总重力，单位为 N；

v_i——运动部件的移动速度，单位为 m/s；

μ——导轨的摩擦因数；

P_h——滚珠丝杠的导程，单位为 m；

n_s——滚珠丝杠的转速，单位为 r/s。

折算到电动机轴上的负载功率为

$$P_M = T_{eq}\omega_m = T_{eq}\times 2\pi n_m \qquad (4\text{-}4)$$

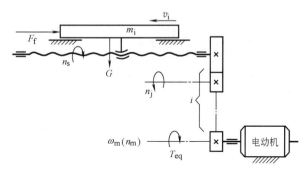

式中 T_{eq}——折算到电动机轴上的等效负载转矩，单位为 N·m；

n_m——电动机转速，单位为 r/s。

图 4-5 传动系统等效负载转矩折算

考虑传动机构在传递功率的过程中有损耗，这个损耗可以用传动效率 η 来表示，即

$$\eta = \frac{P_L'}{P_M} = \frac{(F_f + G\mu)P_h n_s}{2\pi T_{eq} n_m} = \frac{(F_f + G\mu)P_h}{2\pi T_{eq} i} \qquad (4\text{-}5)$$

式中 i——传动机构的传动比，$i = n_m/n_s$。

由式（4-5）可得折算到电动机轴上的等效负载转矩为

$$T_{eq} = \frac{(F_f + G\mu)P_h}{2\pi\eta i} \qquad (4\text{-}6)$$

四、传动系统脉冲当量和传动比的确定

1. 脉冲当量的确定

在进行机电一体化系统设计时，一般应根据伺服进给系统所要求的定位精度来确定脉冲当量。考虑传动系统存在误差，脉冲当量通常要小于定位精度值。例如，对卧式车床进行数控化改造时，横向的定位精度一般确定为 ±0.01mm，纵向的定位精度定为 ±0.02mm，那么横向的脉冲当量就应该取 0.005mm/脉冲，纵向的脉冲当量应该取 0.01mm/脉冲。

2. 传动比的确定

当系统需要采用减速传动时，传动比的计算参见第三章第二节。

第三节 步进电动机及其选择

一、步进电动机的特点

步进电动机也称为脉冲电动机，它是一种将电脉冲信号转换成机械角位移（或线位移）的执行元件。步进电动机输出的角位移（或线位移）与输入的脉冲个数成正比，在时间上与输入脉冲同步。因此，只要控制输入脉冲的数量、频率和电动机绕组的通电顺序，便可获得所需的转角、转速以及转动方向。当无脉冲输入时，在绕组电流的激励下，步进电动机可

以锁相。

步进电动机结构简单、制造容易、价格低廉。它的转子转动惯量小、动态响应快、易于起停，正反转和无级变速也容易实现。其缺点主要是低频时有振荡、速度不够均匀、在高速时输出转矩减小。

步进电动机作为中、小功率的伺服电动机，目前在机电一体化传动系统中的应用非常广泛。

二、步进电动机的分类

步进电动机的种类很多，按其运动方式可分为旋转式步进电动机和直线式步进电动机；按其输出转矩的大小可分为快速步进电动机（小转矩）和功率步进电动机（低转速）；按其励磁绕组的相数可分为两相步进电动机、三相步进电动机、四相步进电动机、五相步进电动机和六相步进电动机；按其工作原理可分为反应式（磁阻式）步进电动机、永磁式步进电动机和混合式（永磁感应式）步进电动机。

1. 反应式步进电动机

反应式（磁阻式）步进电动机的定子和转子不含永久磁铁，定子上绕有一定数量的绕组线圈，线圈轮流通电时，便产生一个旋转的磁场，吸引转子一步一步地转动。绕组线圈一旦断电，磁场即消失，所以反应式步进电动机掉电后不自锁。此类电动机结构简单、材料成本低、驱动容易，定子和转子加工方便，步距角可以做得较小，但动态性能差一些，容易出现低频振荡现象，电动机温升较高。

2. 永磁式步进电动机

永磁式步进电动机的转子由永久磁钢制成，定子上的绕组线圈在换相通电时，不需要太大的电流，绕组断电时具有自锁能力。这种电动机的特点是动态性能好、输出转矩大、驱动电流小、电动机不易发热，但制造成本较高。由于转子受磁钢加工的限制，因而步距角较大，与之配套的驱动电源一般要求具有细分功能。

3. 混合式步进电动机

混合式（永磁感应式）步进电动机的转子上嵌有永久磁钢，可以说是永磁型，但是从定子和转子的导磁体来看，又和反应式相似，所以是永磁式和反应式相结合的一种形式，故称为混合式。该类电动机的特点是输出转矩大、动态性能好、步距角小、驱动电源电流小、功耗低，但结构稍复杂，成本相对较高。因为混合式步进电动机的性价比较高，所以目前得到了广泛的应用。

三、步进电动机的参数及其选择

如何正确选用步进电动机是一项重要的工作，它需要与系统总体设计相协调。

1. 步距角的选择

步距角是在一个电脉冲信号的作用下，步进电动机转过的机械角位移。它与步进电动机的相数 m、转子齿数 z 以及绕组的通电方式有关。步进电动机步距角 α 的计算公式为

$$\alpha = 360° / (zmK) \tag{4-7}$$

式中　　m——步进电动机绕组相数；

　　　　z——步进电动机转子齿数；

K——绕组通电方式。单拍时，$K=1$；双拍时，$K=2$。

常见的步距角有 0.36°、0.45°、0.6°、0.72°、0.75°、0.9°、1.2°、1.5°、1.8°等。步进电动机一旦选定，其步距角就固定不变了，要想改变，只能通过驱动电源的细分功能来实现。

2. 转矩的选择

（1）最大静转矩（保持转矩）T_{jmax}　最大静转矩是指步进电动机在通电状态下，使转子离开平衡位置时的极限转矩值，它反映了步进电动机承受外加转矩的特性。最大静转矩也叫保持转矩，是步进电动机最重要的参数之一。例如，一台步进电动机的转矩是 12N·m，在没有特别说明的情况下，通常就是指该电动机的最大静转矩为 12N·m。在步进电动机的产品样本中，均可查到最大静转矩或保持转矩（在额定电流和规定的通电方式下）。

（2）起动转矩 T_q　步进电动机的起动转矩是指步进电动机单相绕组励磁时所能带动的极限负载转矩。它可以通过最大静转矩 T_{jmax} 进行折算，见表 4-2。

表 4-2　步进电动机的起动转矩与最大静转矩的关系（T_q/T_{jmax}）

电动机相数	3		4		5	
运行拍数	3	6	4	8	5	10
起动转矩/最大静转矩	0.5	0.866	0.707	0.707	0.809	0.951

（3）矩频特性　步进电动机的输出转矩与运行频率有关。一般来说，随着运行频率的升高，输出转矩逐渐下降。输出转矩与频率的关系称为矩频特性。步进电动机的矩频特性有两种，一种是起动矩频特性，另一种是运行矩频特性。在图 4-6 中，虚线为步进电动机的起动矩频特性，实线为运行矩频特性。

从图 4-6 中可以看出，对于给定的负载转矩 T_L，电动机在小于 f_s 的频率范围内可以不失步地直接起动；在 $f_s \sim f_e$ 之间可以连续运行，但不能直接起动；当频率超过 f_e 时，步进电动机就会失步或堵转。

（4）定位转矩　系统如果断电，允许被控对象处于自由位置，则可选用反应式步进电动机；如果不允许被控对象处于自由状态，则应选用永磁式或混合式步进电动机，这两种电动机在断电状态下均有一定的定位转矩。

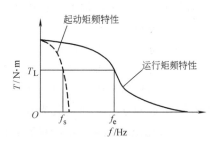

图 4-6　步进电动机的矩频特性

总之，步进电动机转矩的选择要根据总的负载转矩 T_L，兼顾起动转矩、运行转矩和定位转矩。起动转矩可以根据最大静转矩按表 4-2 进行折算，也可以从起动矩频特性曲线上获取；运行转矩是动态的，需要从运行矩频特性曲线中获得；定位转矩则是选择反应式、永磁式或者混合式步进电动机的因素之一。

应当注意的是，步进电动机的输出转矩不仅与电动机本身的最大静转矩和矩频特性有关，而且还与驱动电源有很大的关系。

3. 起动频率的选择

步进电动机不同于一般的电动机，它的起动概念和不失步联系在一起。厂家提供的步进电动机起动频率，是指步进电动机空载时的极限起动频率。电动机带载后，起动频率要下降。起动频率主要取决于负载的转动惯量，两者之间的关系可以用起动惯频特性曲线来描述。用户可以根据厂家提供的起动惯频特性曲线来决定带载时的起动频率。

图 4-7 所示为某电动机在给定驱动条件下的起动惯频特性曲线，根据此曲线可以找出在 $0.02\mathrm{kg \cdot cm^2}$ 的负载转动惯量下，电动机从静止状态起动不失步的极限频率大约为 300 步/s。

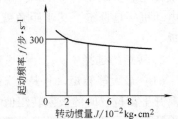

图 4-7 步进电动机的起动惯频特性

4. 连续运行频率的选择

步进电动机起动后，不失步地连续升速，所能达到的最高频率，称为连续运行频率。产品样本所提供的极限运行频率，是指电动机在空载时的最高运行频率。带载后的连续运行频率需要根据负载转矩的大小，从矩频特性曲线上查找。在图 4-6 中，当负载转矩为 T_L 时，所对应的带载连续运行频率为 f_e。

四、步进电动机的计算与选型

对于步进电动机的计算与选型，通常按照以下几个步骤：

1）根据机械系统结构，求得加在步进电动机转轴上的总转动惯量 J_eq。

2）计算不同工况下加在步进电动机转轴上的等效负载转矩 T_eq。

3）取其中最大的等效负载转矩，作为确定步进电动机最大静转矩的依据。

4）根据运行矩频特性、起动惯频特性等，对初选的步进电动机进行校核。

1. 步进电动机转轴上总转动惯量 J_eq 的计算

加在步进电动机转轴上的总转动惯量 J_eq 是进给伺服系统的主要参数之一，它对选择电动机具有重要意义。J_eq 主要包括电动机转子的转动惯量、减速装置与滚珠丝杠以及移动部件等折算到电动机转轴上的转动惯量等。J_eq 的具体计算方法如表 4-1 所示。

2. 步进电动机转轴上等效负载转矩 T_eq 的计算

步进电动机转轴所承受的负载转矩在不同工况下是不同的。通常考虑两种情况：一种情况是快速空载起动（工作负载为 0），另一种情况是承受最大工作负载。下面分别进行讨论。

（1）快速空载起动时电动机转轴所承受的负载转矩 T_eq1（单位为 N·m）

$$T_\mathrm{eq1} = T_\mathrm{a\,max} + T_\mathrm{f} + T_0 \tag{4-8}$$

式中　$T_\mathrm{a\,max}$——快速空载起动时折算到电动机转轴上的最大加速转矩，单位为 N·m；

　　　T_f——移动部件运动时折算到电动机转轴上的摩擦转矩，单位为 N·m；

　　　T_0——滚珠丝杠预紧后折算到电动机转轴上的附加摩擦转矩，单位为 N·m。

具体计算过程如下：

1）快速空载起动时折算到电动机转轴上的最大加速转矩

$$T_\mathrm{a\,max} = J_\mathrm{eq}\varepsilon = \frac{2\pi J_\mathrm{eq} n_\mathrm{m}}{60 t_\mathrm{a}} \tag{4-9}$$

式中　J_eq——步进电动机转轴上的总转动惯量，单位为 $\mathrm{kg \cdot m^2}$；

　　　ε——电动机转轴的角加速度，单位为 $\mathrm{rad/s^2}$；

　　　n_m——电动机的转速，单位为 r/min；

t_a——电动机加速所用的时间，单位为 s，一般在 0.1~1s 之间选取。

2）移动部件运动时折算到电动机转轴上的摩擦转矩

$$T_f = \frac{F_f P_h}{2\pi\eta i} \tag{4-10}$$

式中　F_f——导轨的摩擦力，单位为 N；

　　　P_h——滚珠丝杠导程，单位为 m；

　　　η——传动链总效率，一般取 $\eta = 0.7~0.85$；

　　　i——总传动比，$i = n_m/n_s$，其中 n_m 为电动机转速，n_s 为丝杠转速。

式（4-10）中导轨的摩擦力

$$F_f = \mu(F_c + G) \tag{4-11}$$

式中　μ——导轨的摩擦因数（滑动导轨取 0.15~0.18，滚动导轨取 0.003~0.005）；

　　　F_c——垂直方向的工作负载，车削时为 F_c，立铣时为 F_z，单位为 N，空载时 $F_c = 0$；

　　　G——运动部件的总重力，单位为 N。

3）滚珠丝杠预紧后折算到电动机转轴上的附加摩擦转矩

$$T_0 = \frac{F_{YJ} P_h}{2\pi\eta i}(1 - \eta_0^2) \tag{4-12}$$

式中　F_{YJ}——滚珠丝杠的预紧力，一般取滚珠丝杠工作载荷 F_m 的 1/3，单位为 N；

　　　η_0——滚珠丝杠未预紧时的传动效率，一般取 $\eta_0 \geq 0.9$。

由于滚珠丝杠副的传动效率很高，因此由式（4-12）算出的 T_0 值很小，在式（4-8）中与 T_{amax} 和 T_f 比起来，通常可以忽略不计。

（2）最大工作负载状态下电动机转轴所承受的负载转矩

$$T_{eq2} = T_t + T_f + T_0 \tag{4-13}$$

式中，T_f 和 T_0 分别按式（4-10）和式（4-12）进行计算，而折算到电动机转轴上的最大工作负载转矩 T_t

$$T_t = \frac{F_m P_h}{2\pi\eta i} \tag{4-14}$$

式中　F_m——进给方向最大工作载荷，单位为 N。具体计算方法见第三章第四节的有关内容。

经过上述计算后，可知加在步进电动机转轴上的最大等效负载转矩

$$T_{eq} = \max\{T_{eq1}, T_{eq2}\} \tag{4-15}$$

3. 步进电动机的初选

将上述计算所得的 T_{eq} 乘上一个系数 K，用 KT_{eq} 的值来初选步进电动机的最大静转矩，其中 K 称为安全系数。因为在工厂应用中，当电网电压降低时，步进电动机的输出转矩会下降，可能造成丢步，甚至堵转。所以，在选择步进电动机的最大静转矩时，需要考虑安全系数 K，对于开环控制，K 一般应在 2.5~4 之间选取。

此后，对于初选好的步进电动机，还需要按以下步骤进行校核。

4. 步进电动机的性能校核

（1）最快工作进给速度时电动机输出转矩的校核　由最快工作进给速度 v_{maxf}（单位为 mm/min）和系统脉冲当量 δ（单位为 mm/脉冲），可计算出电动机对应的运行频率

$$f_{\text{maxf}} = \frac{v_{\text{maxf}}}{60\delta} \tag{4-16}$$

从初选的步进电动机的矩频特性曲线上，找出运行频率 f_{maxf} 所对应的输出转矩 T_{maxf}，检查 T_{maxf} 是否大于最大工作负载转矩 T_{eq2}。若是，则满足要求；否则，需要重新选择电动机。

（2）最快空载移动时电动机输出转矩校核　由最快空载移动速度 v_{max}（单位为 mm/min）和系统脉冲当量 δ（单位为 mm/脉冲），仿照式（4-16），计算出电动机对应的运行频率 f_{max}，再从矩频特性曲线上找出 f_{max} 所对应的输出转矩 T_{max}。检查 T_{max} 是否大于快速空载起动时的负载转矩 T_{eq1}。若是，则满足要求；否则，需要重新选择电动机。

（3）最快空载移动时电动机运行频率校核　由最快空载移动速度 v_{max}（单位为 mm/min）和系统脉冲当量 δ（单位为 mm/脉冲），计算出电动机对应的运行频率 f_{max}。检查 f_{max} 有没有超出所选电动机的极限空载运行频率。

（4）起动频率的校核　步进电动机的起动频率是随其轴上负载转动惯量的增加而下降的（见图 4-7），所以需要根据初选出的步进电动机的起动惯频特性曲线，找出电动机转轴上总转动惯量 J_{eq} 所对应的起动频率 f_{L}。当产品资料不提供惯频特性曲线时，也可以通过下式对 f_{L} 进行估算，即

$$f_{\text{L}} = \frac{f_{\text{q}}}{\sqrt{1 + J_{\text{eq}}/J_{\text{m}}}} \tag{4-17}$$

式中　f_{q}——电动机空载起动频率，单位为 Hz，可由产品资料查得；

　　　J_{eq}——加在步进电动机转轴上的总转动惯量，单位为 kg·m^2；

　　　J_{m}——步进电动机转子转动惯量，单位为 kg·m^2。

由式（4-17）可知，步进电动机克服惯性负载的起动频率 f_{L} 肯定低于空载起动频率 f_{q}。要想保证步进电动机起动时不失步，任何时候的起动频率都必须低于 f_{L}。

■ 五、步进电动机的产品实例

1. 型号标注

通常，各厂家对步进电动机的型号标注有所不同，但也有共同点。常见的标注方法如下：

　　　×××BF×××　　　　如 110BF003

　　　×××BC×××　　　　如 130BC3100A

　　　×××BY×××　　　　如 90BY004

　　　×××BYG×××　　　如 110BYG3502

标注中的"B"表示步进电动机，"F"表示反应式，"C"表示磁阻式，"Y"表示永磁式，"YG"表示永磁感应式。前面的一组符号为数字（2~3 位），表示电动机的外径（单位为 mm），后面的一组字符通常表示励磁绕组的相数或其他代号。下面以常州宝马前杨电机电器有限公司的产品为例，介绍步进电动机的各项参数。

2. 反应式/磁阻式步进电动机

（1）技术参数　反应式/磁阻式步进电动机的技术参数见表 4-3。

表 4-3　反应式/磁阻式步进电动机的技术参数

型　号	相数	步距角 /(°)	电压/V	电流/A	最大静转矩 /N·m	空载起动频率 /Hz	空载运行频率 /Hz	转动惯量 /kg·cm²	外形图
36BF003	3	1.5/3	27	1.5	0.078	3100	27000	0.008	图 4-8
45BF003	3	1.5/3	27	2.5	0.196	3000	27000	0.015	图 4-8
55BF003	3	1.5/3	27	3	0.666	1800	18000	0.060	图 4-8
55BF009	4	0.9/1.8	27	3	0.748	2500	24000	0.075	图 4-8
70BF003	3	1.5/3	27	3	0.784	1600	16000	0.145	图 4-9
75BF003	3	1.5/3	30	4	0.882	1250	12500	0.156	图 4-9
75BC340A	3	1.5/3	30	4	0.88	1900	19000	0.16	图 4-9
75BC380A	3	0.75/1.5	30	4	0.98	2200	22000	0.2	图 4-9
90BF003	3	1.5/3	60	5	1.96	1500	15000	0.6	图 4-10
95BC340A	3	1.5/3	60~110	6	3.92	1500	15000	1.5	图 4-10
110BC3100	3	0.6/1.2	80~300	6	9.8	1500	15000	7	图 4-10
110BF003	3	0.75/1.5	80~300	6	7.84	1400	14000	5.5	图 4-10
110BC380F	3	0.75/1.5	80~300	6	11.76	1200	12000	9	图 4-10

（2）外形与安装尺寸　表 4-3 中所列步进电动机的外形与安装尺寸如图 4-8、图 4-9、图 4-10 所示以及见表 4-4。图中，ϕd 与 ϕD_1 均为配合尺寸。

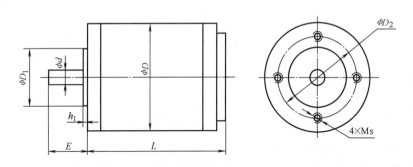

图 4-8　步进电动机的外形与安装尺寸（一）

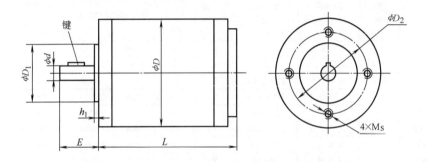

图 4-9　步进电动机的外形与安装尺寸（二）

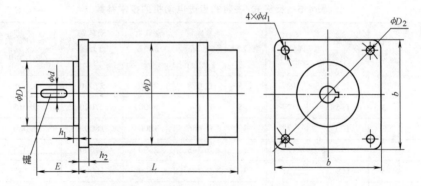

图 4-10 步进电动机的外形与安装尺寸（三）

表 4-4 反应式/磁阻式步进电动机的安装尺寸 （单位：mm）

型 号	ϕD	ϕD_1	h_1	h_2	ϕd	E	b	L	ϕd_1	ϕD_2	键	Ms
36BF003	36	22	2.5		4	14.5		41		27		
45BF003	45	25	2.5		4	14.5		58		33		4×M3
55BF003	55	32	2.5		6	20.5		70		40	无键	
55BF009	55	32	2.5		6	20.5		70		40		
70BF003	70	45	3		8	25		63		54		4×M4
75BF003	75	31	2		8	18		77		68		
75BC340A	75	31	2		8	25		77		68	半圆键 2×ϕ10	3×M4
75BC380A	75	31	2		8	25		53		68		
90BF003	90	70	3	6	9	27	92	145	6.6	107	半圆键 3×ϕ10	
95BC340A	95	70	2	6	12	27	96	165	6.6	107	平键 4×20	
110BC3100	110	85	4	8	14	35	112	186	9	132	无键	无
110BF003	110	85	4	8	14	29	112	186	9	132	平键 4×20	
110BC380F	110	85	4	8	14	35	112	226	9	132	平键 4×20	

3. 永磁感应式步进电动机

（1）技术参数 永磁感应式步进电动机的技术参数见表 4-5 。

表 4-5 永磁感应式步进电动机的技术参数

型 号	相数	步距角 /(°)	电压 /V	电流 /A	最大静转矩 /N·m	空载起动频率 /Hz	空载运行频率 /Hz	转动惯量 /kg·cm²	外形图
90BYG2502	2/4	0.9/1.8	100	4	6	1800	20000	4	图 4-11
90BYG2602	2/4	0.75/1.5	100	4	6	1800	20000	4	
110BYG2502	2/4	0.9/1.8	120~310	5	20	1800	20000	15	
110BYG2602	2/4	0.75/1.5	120~310	5	20	1800	20000	15	图 4-12
110BYG3502	3	0.6/1.2	120~310	3	16	2700	30000	15	
130BYG2502	2/4	0.9/1.8	120~310	7	40	1500	15000	48	
130BYG3502	3	0.6/1.2	80~325	6	37	1500	15000	48	
110BYG5802	5	0.225/0.45	120~310	5	16	1800	20000	15	
130BYG5501	5	0.36/0.72	120~310	5	20	1800	20000	33	

（2）外形与安装尺寸　表 4-5 中所列步进电动机的外形与安装尺寸如图 4-11、图 4-12 所示以及见表 4-6。

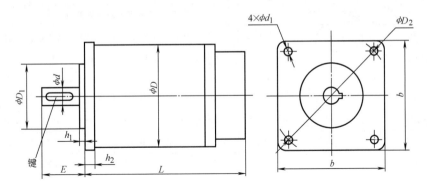

图 4-11　步进电动机的外形与安装尺寸（四）

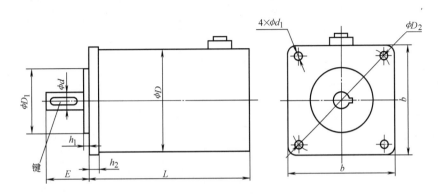

图 4-12　步进电动机的外形与安装尺寸（五）

表 4-6　永磁感应式步进电动机的安装尺寸　　　　　　（单位：mm）

型　号	ϕD	ϕD_1	h_1	h_2	ϕd	E	b	L	键	ϕD_2	ϕd_1
90BYG2502	90	70	3	8	14	25	92	134	半圆键 4×ϕ16	107	6.6
90BYG2602	90	70	3	8	14	25	92	134	半圆键 4×ϕ16	107	6.6
110BYG2502	110	85	4	8	16	35	112	182	半圆键 4×ϕ9	132	9
110BYG2602	110	85	4	8	16	35	112	184	半圆键 4×ϕ9	132	9
110BYG3502	110	85	4	8	19	35	112	182	平键 6×30	132	9
130BYG2502	130	100	5	10	19	45	132	230	平键 5×25	155	11
130BYG3502	130	100	5	10	19	45	132	230	平键 5×25	155	11
110BYG5802	110	56	4	8	16	35	112	189	平键 5×25	132	9
130BYG5501	130	100	5	10	19	45	132	165	平键 5×25	155	11

4．矩频特性

表 4-3 与表 4-5 中所列步进电动机的运行矩频特性见表 4-7。

表 4-7 步进电动机的运行矩频特性（对应表 4-3 与表 4-5）

电动机型号	运行频率/Hz	100	500	1000	2000	4000	6000	8000	10000
	运行步距角/(°)	不同频率下的输出转矩/N·m							
36BF003	1.5	0.055	0.050	0.038	0.035	0.030	0.020	0.015	0.010
45BF003	1.5	0.120	0.100	0.070	0.060	0.040	0.030	0.020	0.010
55BF003	1.5	0.40	0.40	0.30	0.25	0.20	0.15	0.10	0.05
55BF009	0.9	0.45	0.45	0.34	0.28	0.22	0.17	0.11	0.06
70BF003	1.5	0.47	0.40	0.23	0.20	0.18	0.15	0.10	0.05
75BF003	1.5	0.55	0.55	0.50	0.45	0.40	0.30	0.20	0.10
75BC340A	1.5	0.40	0.40	0.36	0.30	0.25	0.20	0.15	0.10
75BC380A	0.75	0.72	0.72	0.70	0.60	0.45	0.35	0.25	0.15
90BF003	1.5	1.80	1.70	1.60	1.50	1.30	1.10	0.70	0.35
95BC340A	1.5	3.60	3.40	3.20	3.00	2.60	2.20	1.40	0.70
110BC3100	0.6	9.00	8.00	5.50	4.40	3.30	2.50	2.00	1.50
110BF003	0.75	6.25	5.80	4.80	4.00	3.20	2.44	1.70	0.84
110BC380F	0.75	9.60	8.80	7.50	6.60	5.40	4.40	2.40	1.00
90BYG2502	0.9	5.80	5.78	5.60	5.00	4.60	3.35	2.60	1.80
90BYG2602	0.75	5.80	5.78	5.60	5.00	4.60	3.35	2.60	1.80
110BYG2502	0.9	19.00	18.00	15.00	14.00	12.00	10.00	8.00	6.00
110BYG2602	0.75	19.00	18.00	15.00	14.00	12.00	10.00	8.00	6.00
110BYG3502	0.6	15.80	15.70	15.00	14.00	12.00	10.00	8.00	6.00
130BYG2502	0.9	38.00	37.00	34.00	29.00	24.00	20.00	16.00	12.00
130BYG3502	0.6	35.20	35.00	31.50	26.80	22.20	18.50	15.00	11.00
110BYG5802	0.45	15.50	15.40	15.00	14.00	12.00	10.00	7.00	4.00
130BYG5501	0.72	19.60	19.00	17.20	16.50	13.80	10.20	7.00	5.80

第四节 步进电动机的控制与驱动

步进电动机的控制与驱动流程如图 4-13 所示，主要包括脉冲信号发生器、环形脉冲分配器和功率驱动电路三大部分。

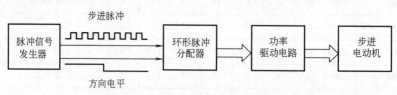

图 4-13 步进电动机的控制与驱动流程

（1）脉冲信号发生器 这是一个频率从几赫兹到几万赫兹连续可调的变频信号源，可用微机来产生，也可以用专门的硬件电路产生。脉冲信号发生器能够精确输出脉冲的数量和频率，因而能够准确地控制步进电动机的转角和转速。

（2）环形脉冲分配器 步进电动机的各相绕组必须按一定的顺序通电才能正常工作。这种使电动机绕组的通电顺序按一定规律变化的部分称为脉冲分配器（又称为环形脉冲分配器）。

（3）功率驱动电路 经环形脉冲分配器输出的信号，驱动功率很小，而步进电动机绕组的励磁需要相当大的电流，所以还需进行功率放大才能驱动步进电动机。另外，为了防止干扰，分配器送出的脉冲还需要进行光电隔离。

一、步进电动机的速度控制

控制步进电动机的转动需要三个要素：方向、转角和转速。对于含有硬件环形分配器的驱动电源，方向取决于控制器送出的方向电平的高或低，转角取决于控制器送出的步进脉冲的个数，而转速则取决于控制器发出的步进脉冲的频率。在步进电动机的控制中，方向和转角控制简单，而转速控制则比较复杂。由于步进电动机的转速正比于控制脉冲的频率，因此对步进电动机脉冲频率的调节，实质上就是对步进电动机速度的调节。

1. 步进脉冲的调频方法

步进脉冲的调频方法有两种，分别是软件延时和硬件定时。

（1）软件延时 通过调用标准的延时子程序来实现。假定控制器为 AT89S52 单片机，晶振频率为 12MHz，那么可以编制一个标准的延时子程序。设延时时间存于（0EH）、（0DH）双字节中，（0EH）为高 8 位，（0DH）为低 8 位，单位为 μs，则源程序清单如下：

```
DELAY:   MOV    A, 0DH        ; 先取低 8 位
         JZ     DEL6
         CLR    C
         RRC    A
         JZ     DEL6
         DJNZ   0E0H, $       ; 低 8 位（0DH）的延时时间
DEL6:    MOV    A, 0EH        ; 再取高 8 位
         JZ     DEL5
DEL4:    CALL   D252          ; 调用 252μs 延时子程序，耗时（2+252）μs
                                =254μs
         DJNZ   0EH, DEL4     ; 2μs，循环（0EH）次 × 256μs，即高 8 位
                                （0EH）的延时时间
DEL5:    RET                  ; 延时子程序结束
D252:    MOV    R0, #53H      ; 循环次数 53H，即 83 次
D253:    NOP                  ; 1μs
         DJNZ   R0, D253      ; 2μs，循环 83 次×3μs=249μs
         RET                  ; 2μs
```

该子程序的入口为（0EH）、（0DH）两个字节。若需要 20000μs 的延时，则给（0EH）、（0DH）两个字节赋值 4E20H，执行下面的程序即可：

```
         MOV    0EH, #4EH     ; 20000 的 HEX 码为 4E20
```

```
        MOV      0DH，#20H
        CALL     DELAY          ；调用标准延时子程序 DELAY
```

若要控制步进电动机走 100 步，每两步之间延时 20000μs，则汇编程序为：

```
        MOV      0FH，#100D      ；准备走 100 步
CONTI：  CALL     I_STEP         ；电动机走 1 步（调用电动机的脉冲分配子程序
                                   I_STEP）
        MOV      0EH，#4EH       ；20000 的 HEX 码为 4E20
        MOV      0DH，#20H
        CALL     DELAY          ；相邻步之间的延时（决定电动机的转速）
        DJNZ     0FH，CONTI      ；循环次数减 1 后，若不为 0 则继续，循环
                                   100 次
```

采用软件延时法实现速度调节，程序简单，思路清晰，不占用其他硬件资源；缺点是在控制电动机转动的过程中，CPU 不能做其他事。

（2）硬件定时　假定控制器仍为 AT89S52 单片机，晶振频率为 12MHz，将 T0 作为定时器使用，设定 T0 工作在模式 1（16 位定时器/计数器），要求它能定时地发出步进脉冲，其定时中断产生的脉冲序列的周期（即步进电动机的脉冲间隔）假定为 20000μs，则可算出 T0 所对应的定时常数为 B1E0H，CPU 相应的程序如下：

```
主程序：  MOV      TMOD，#01H      ；设 T0 取工作模式 1
        MOV      TH0，#0B1H      ；装入定时常数高 8 位
        MOV      TL0，#0E0H      ；装入定时常数低 8 位
        SETB     TR0            ；起动 T0 定时
        SETB     ET0            ；允许 T0 中断
        SETB     EA             ；允许 CPU 中断
        …                       ；T0 定时到时，CPU 执行中断服务子程序之后，
                                   继续执行主程序

中断服务子程序：
        CLR      ET0            ；关 T0 中断
        CALL     I_STEP         ；控制电动机走 1 步（调用电动机的脉冲分配子
                                   程序 I_STEP）
        RETI                    ；T0 中断返回
```

使用中，只要改变 T0 的定时常数，就可实现步进电动机的调速。这种方法既需要硬件（T0 定时器），又需要软件来确定脉冲序列的频率，所以是一种软硬件相结合的方法，缺点是占用了一个定时器。在比较复杂的控制系统中常采用这种定时中断的方法，可以提高 CPU 的利用率。

2. 步进电动机的升降频方法

（1）升降频的必要性　当步进电动机的运行频率低于它本身的起动频率时，步进电动机可以用运行频率直接起动，并以该频率连续运行；需要停止的时候，可以从运行频率直接降到零速，无需升降频控制。当步进电动机的运行频率 $f_b > f_a$（f_a 为步进电动机有载起动时的起动频率）时，若直接用 f_b 起动，由于频率太高，步进电动机会丢步，甚至停转；同样，

在 f_b 下突然停止，步进电动机会超程。因此，当步进电动机在运行频率 f_b 下工作时，就需要采用升降频控制，以使步进电动机从起动频率 f_a 开始，逐渐加速升到运行频率 f_b，然后进入匀速运行，停止前的降频可以看作是升频的逆过程。

（2）升降频的方法　步进电动机常用的升降频控制方法有以下三种：

1）直线升降频。如图 4-14 所示，这种方法是以恒定的加速度进行升降的，平稳性好，适用在速度变化较大的快速定位方式中。其加速时间虽然长，但软件实现比较简单。

2）指数曲线升降频。如图 4-15 所示，这种方法是从步进电动机的运行矩频特性出发，根据转矩随频率的变化规律推导出来的，它符合步进电动机加减速过程的运动规律，能充分利用步进电动机的有效转矩，快速响应好，升降时间短。

3）抛物线升降频。如图 4-16 所示，抛物线升降频将直线升降频和指数曲线升降频融为一体，充分利用步进电动机低速时的有效转矩，使升降速的时间大大缩短，同时又具有较强的跟踪能力，这是一种比较好的方法。

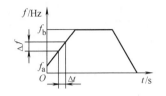

图 4-14　直线升降频

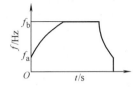

图 4-15　指数曲线升降频

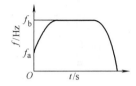

图 4-16　抛物线升降频

（3）升降频的软件实现　步进电动机在升降频过程中，相邻脉冲时间间隔的软件确定有以下两种方法：

1）递增/递减一定值。如直线升降频，相邻脉冲频率的差值 $\Delta f = |f_i - f_{i-1}|$ 相等，其对应的时间增量 Δt 也是相等的。时间的计算若采用软件延时的方法，可先设置一个基本的延时单元 T_e，不同频率的脉冲序列可采用 T_e 的不同倍数产生。设起动时所用频率对应的时间常数为 Nt_e，以后逐次递减 Δt（设 $\Delta t = mt_e$），直到等于运行频率 f_b 所对应的时间（RT_e）为止。这种方法编程简单，节省内存。时间计算也可采用定时中断的方法，将定时常数逐次递增/递减一定值，以实现升降频控制。因其定时不是连续的，所以升降速曲线不是一条直线，而是折线，但可近似看成直线。

2）查表法。由步进电动机的矩频特性（见图 4-17）可知，转矩 T 是频率 f 的函数，它随着 f 的上升而下降，所以它呈软的特性。当频率较低时，转矩 T 较大，对应的角加速度 $d\omega/dt$ 也较大，所以升频的脉冲频率增加率 df/dt 应该取得大一些；当频率较高时，T 较小，$d\omega/dt$ 也较小，此时 df/dt 应取小一些，否则会由于无足够的转矩而失步。因此，在步进电动机的升频过程中，应遵循"先快后慢"的原则。按此要求，从开始升频到升至 f_b 之间，按最佳升频要求的频率取出 f_1、f_2、$\cdots$、f_n，并将它们所对应的脉冲间隔时间 t_1、t_2、$\cdots$、t_n，依次存于内存的一个数据区，见表 4-8（称阶梯频率表）。

考虑步进电动机的惯性作用，在升速过程中，如果速率变化太大，电动机响应将跟不上频率的变化，出现失步现象。因此，每改变一次频率，要求电动机持续运行一定步数（称阶梯步长），使步进电动机慢慢适应变化的频率，从而进入稳定的运行状态。根据最佳升降频控制规律，可推出步进电动机的"频率-步长"关系曲线，如图 4-18 所示。这样，升频时除需将阶梯频率表存于内存的一个数据区，还需建立另一个数据区，用来存放阶梯步长

（见表4-9）。在升频过程中，可用查表的方法，分别得到 $f_i(t_i)$ 所对应的 ΔL_i，以实现升降频控制。软件上的具体做法是，将 $f_i(t_i)$ 和 ΔL_i 在 EPROM 中交替存放（见表4-10），程序执行时按顺序取数，每次取出一个频率和该频率对应的步长。

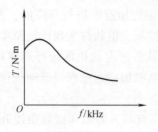

图 4-17　步进电动机的矩频特性曲线　　　　图 4-18　频率-步长曲线

表 4-8　阶梯频率表

序　号	频率 （时间）	备　注
K_1	$f_a(t_a)$	最低频率
K_1+1	$f_1(t_1)$	升　降
K_1+2	$f_2(t_2)$	频　频
⋮	⋮	
K_1+n	$f_n(t_n)$	最高频率

表 4-9　阶梯步长表

序　号	步长 （脉冲）
K_2	ΔL_a
K_2+1	ΔL_1
K_2+2	ΔL_2
⋮	⋮
K_2+n	ΔL_n

表 4-10　频率-步长表

K	$f_a(t_a)$
$K+1$	ΔL_a
$K+2$	$f_1(t_1)$
$K+3$	ΔL_1
$K+4$	$f_2(t_2)$
$K+5$	ΔL_2
⋮	⋮

详细的步进电动机升降频软件流程如图4-19所示。

二、步进电动机的脉冲分配

环形分配器是步进电动机驱动系统中的一个重要组成部分，通常分为硬件环分和软件环分两种。硬件环分由数字逻辑电路构成，一般放在驱动器的内部，其优点是分配脉冲速度快，不占用 CPU 的时间，缺点是不易实现变拍驱动，增加的硬件电路降低了驱动器的可靠性。软件环分由控制系统用软件编程来实现，易于实现变拍驱动，节省了硬件电路，提高了系统的可靠性。

1. 硬件环分

硬件环分的种类很多，通常由专用集成芯片或通用可编程序逻辑器件组成。CH250 是三相反应式步进电动机环形分配器的专用芯片，其引脚配置与三相六拍工作时的接线如图4-20所示。

CH250 主要引脚的作用如下：

A、B、C——三相输出端。

R、R^*——确定初始励磁相。若为"10"，则为 A 相；若为"01"，则为 A、B 相。环形分配器工作时应为"00"状态。

CL、EN——进给脉冲输入端。若 EN=1，则进给脉冲接 CL，脉冲的上升沿使环形分配器工作；若 CL=0，则进给脉冲接 EN，脉冲的下降沿使环形分配器工作。不符合上述规定

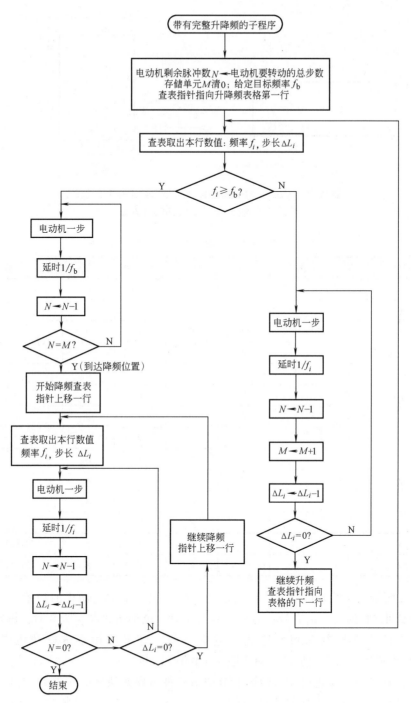

图 4-19 升降频的软件流程

时，环形分配器的状态锁定（保持）。

J_{3r}、J_{3L}、J_{6r}、J_{6L}——分别为三拍、六拍工作方式的控制端。

U_D、U_S——电源端。

CH250 的工作状态见表 4-11。

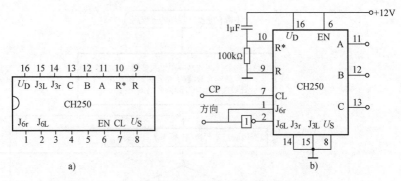

图 4-20　CH250 的引脚配置与三相六拍工作时的接线

a) 管脚配置　b) 三相六拍接线方式

表 4-11　CH250 的工作状态

R	R*	CL	EN	J_{3r}	J_{3L}	J_{6r}	J_{6L}	功　　能	
0	0	↑	1	1	0	0	0	双三拍	正转
		↑	1	0	1	0	0		反转
		↑	1	0	0	1	0	六拍(1-2 相)	正转
		↑	1	0	0	0	1		反转
		0	↓	1	0	0	0	双三拍	正转
		0	↓	0	1	0	0		反转
		0	↓	0	0	1	0	六拍(1-2 相)	正转
		0	↓	0	0	0	1		反转
		↓	1	×	×	×	×	不变	
		×	0	×	×	×	×		
		0	↑	×	×	×	×		
		1	×	×	×	×	×		
1	0	×	×	×	×	×	×	初始时,A 相励磁	
0	1	×	×	×	×	×	×	初始时,A、B 相励磁	

　　图 4-20b 所示的接线可以实现三相六拍的工作方式；步进电动机的初始励磁绕组为 A、B 相；进给脉冲 CP 的上升沿有效；方向信号为 1 时，电动机正转，为 0 时，电动机反转。

　　CH250 专门用来控制三相反应式步进电动机，对于两相步进电动机常用 L297 和 PMM8713 专用芯片，而五相步进电动机则用 PMM8714 等。

　　采用硬件环分时，步进电动机的通电节拍由硬件电路来决定，编制软件时可以不考虑。控制器与硬件环分电路的连接只需两根信号线：一根方向线，一根脉冲线（或者一根正转脉冲线，一根反转脉冲线）。如图 4-21 所示，假定控制器为 AT89S52 单片机，晶振频率为 12MHz，P1.0 为输出方向信号，P1.1 为输出脉冲信号，则控制步进电动机走步的程序如下：

　　(1) 电动机正转 100 步

```
          MOV     0FH, #100D      ; 准备走 100 步
CONT1:    SETB    P1.0            ; 正转时 P1.0=1
```

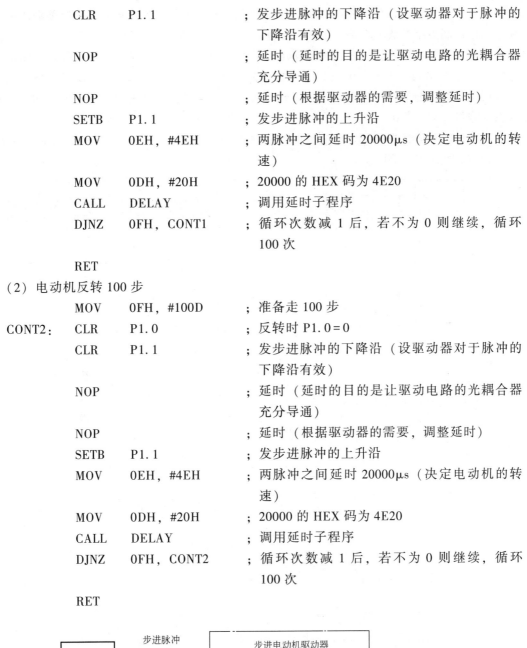

CLR	P1.1	; 发步进脉冲的下降沿（设驱动器对于脉冲的下降沿有效）
NOP		; 延时（延时的目的是让驱动电路的光耦合器充分导通）
NOP		; 延时（根据驱动器的需要，调整延时）
SETB	P1.1	; 发步进脉冲的上升沿
MOV	0EH，#4EH	; 两脉冲之间延时 20000μs（决定电动机的转速）
MOV	0DH，#20H	; 20000 的 HEX 码为 4E20
CALL	DELAY	; 调用延时子程序
DJNZ	0FH，CONT1	; 循环次数减 1 后，若不为 0 则继续，循环 100 次
RET		

（2）电动机反转 100 步

	MOV	0FH，#100D	; 准备走 100 步
CONT2：	CLR	P1.0	; 反转时 P1.0＝0
	CLR	P1.1	; 发步进脉冲的下降沿（设驱动器对于脉冲的下降沿有效）
	NOP		; 延时（延时的目的是让驱动电路的光耦合器充分导通）
	NOP		; 延时（根据驱动器的需要，调整延时）
	SETB	P1.1	; 发步进脉冲的上升沿
	MOV	0EH，#4EH	; 两脉冲之间延时 20000μs（决定电动机的转速）
	MOV	0DH，#20H	; 20000 的 HEX 码为 4E20
	CALL	DELAY	; 调用延时子程序
	DJNZ	0FH，CONT2	; 循环次数减 1 后，若不为 0 则继续，循环 100 次
	RET		

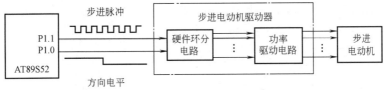

图 4-21 硬件环分的脉冲分配

2. 软件环分

现以某经济型车床数控系统为例来介绍步进电动机的软件脉冲分配。如图 4-22 所示，该系统基于 AT89S52 单片机，利用扩展的可编程序接口芯片 8255A 的 PB 口送出步进脉冲信号，经过驱动放大后，分别控制 X 轴、Z 轴两个三相六拍反应式步进电动机励磁绕组的通电顺序，以控制刀架在 X、Z 两个方向的运动。

软件分配脉冲采用查表法，按正向运转的通电顺序（见图4-23），列出各相绕组的脉冲分配表（见表4-12，表中"0"表示通电）。每个电动机设置一个指针寄存器，初始化时使指针指向分配表的表首。步进电动机需要正向运行一步时，指针下移一行，同时输出该行的状态，当指针超出分配表表尾时自动回到表首；步进电动机反向运行时，指针上移一行，并输出该行的脉冲值，当指针超出表首时又自动回到表尾。脉冲分配子程序框图如图4-24所示（以 Z 向电动机为例）。

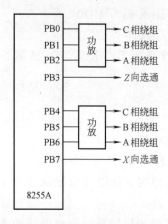

图 4-22　软件环分时的绕组通电布置

表 4-12　步进电动机绕组通电顺序表

地址	指针	代码	电动机绕组通电顺序			
			选通信号	A	B	C
MOTB+1	1	0BH	1	0	1	1
MOTB+2	2	09H	1	0	0	1
MOTB+3	3	0DH	1	1	0	1
MOTB+4	4	0CH	1	1	0	0
MOTB+5	5	0EH	1	1	1	0
MOTB+6	6	0AH	1	0	1	0

图 4-23　正、反转时的绕组通电顺序（三相六拍方式）

a）正转　b）反转

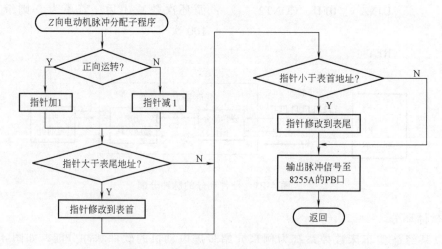

图 4-24　Z 向电动机脉冲分配子程序框图

设 R6、R7 分别为 X、Z 向电动机的指针寄存器，正常情况下 R6 与 R7 的取值应在 1~6 之间（六拍之一），则 Z 向电动机脉冲分配的具体程序如下（采用 MCS-51 汇编语言）：

```
BDZ1P: INC    R7              ; Z 向电动机正转一步（若 DEC R7，则反转一步）
OTZ:   CJNE   R7, #07H, AA0
       MOV    R7, #01H        ; 指针超出分配表的表尾（R7=#07H）时，自动回
                                到表首（R7=#01H）

       JMP    AA1
AA0:   CJNE   R7, #00H, AA1
       MOV    R7, #06H        ; 指针超出分配表的表首（R7=#00H）时，自动回
                                到表尾（R7=#06H）
AA1:   MOV    DPTR, #MOTB     ; 16 位数据指针指向脉冲分配表的首地址
       MOV    A, R7           ; Z 向指针送给 A
       MOVC   A, @A+DPTR      ; 查表取出 Z 向电动机绕组通电状态，存于 A
       MOV    B, A            ; 再送寄存器 B 中暂存
       MOV    A, R6           ; 取 X 向指针送给 A
       MOVC   A, @A+DPTR      ; 查表取出 X 向电动机绕组通电状态，送给 A
       SWAP   A               ; 将 A 的高 4 位与低 4 位交换，之后，低 4 位全为 0
       ADD    A, B            ; A 与 B 相加后，A 的高 4 位为 X 通电状态，低 4
                                位为 Z 通电状态
       ANL    A, #11110111B   ; 将 A 的 D₃ 位置 0，选择 Z 向电动机输出，X 向保
                                持原有通电状态
       MOV    DPTR, #2FFDH    ; 8255A 的 PB 口地址
       MOVX   @DPTR, A        ; 同时输出 X、Z 向电动机绕组通电状态至 8255A
                                的 PB 口
       RET                    ; X 向电动机转子保持不动，Z 向电动机转子转过
                                一拍
MOTB:  DB     0FH             ; 不用（地址：MOTB+0）
       DB     0BH             ; A 相通电（地址：MOTB+1）
       DB     09H             ; AB 相通电（地址：MOTB+2）
       DB     0DH             ; B 相通电（地址：MOTB+3）
       DB     0CH             ; BC 相通电（地址：MOTB+4）
       DB     0EH             ; C 相通电（地址：MOTB+5）
       DB     0AH             ; CA 相通电（地址：MOTB+6）
```

设 Z 向电动机连续运转 100 步，则走步程序为：

```
       MOV    0FH, #100D      ; 100 步
CONT3: CALL   BDZ1P           ; Z 向电动机走一步（调用上述的脉冲分配子程
                                序）
       MOV    0EH, #4EH       ; 两脉冲之间延时 20000μs（决定电动机的转速）
       MOV    0DH, #20H       ; 20000 的 HEX 码为 4E20
```

```
        CALL    DELAY       ；相邻步之间的延时（决定电动机的转速）
        DJNZ    0FH, CONT3  ；循环次数减 1 后，若不为 0 则继续，循环 100 次
        RET
```

X 向电动机的脉冲分配程序与走步程序同 Z 向相似，在此不再赘述。

从上面的分析可以看出，采用软件来分配步进电动机的走步脉冲时，对于每台电动机，控制系统硬件电路需要的输出口数目取决于步进电动机的相数，至于节拍的分配方式（大步或小步），则要根据使用要求来决定。由于采用了软件环分，只需改变部分程序，即可实现变拍驱动。

三、步进电动机的驱动电源

从计算机输出口或从环形分配器输出的脉冲信号，电流只有几个毫安，不能直接驱动步进电动机。因此，需要一个功率放大器将脉冲电流进行放大，这个功率放大器就叫步进电动机的驱动电源，也称步进电动机驱动器。步进电动机的运行性能与步进电动机和驱动电源两者密切相关，设计或选择性能良好的驱动电源，对于充分发挥步进电动机的性能是十分重要的。

1. 驱动电源的设计

步进电动机所使用的驱动电源有电压型和电流型两种。电压型又分为单电压型、双电压型和调频调压型；电流型又分为恒流型、斩波型以及电流细分型。每一种驱动电源都有它的适用范围。单电压型结构简单，但脉冲波形差、输出功率低，主要用于驱动低转速的小型步进电动机。调频调压型适用于所有电动机，它既解决了低频振荡问题，也保证了高频运行时的输出转矩，但这种电路比较复杂，成本也较高。

下面针对三相反应式步进电动机，介绍一种高低压自动切换、恒流斩波型驱动电源的设计（由合肥科林数控科技有限责任公司生产）。

（1）对三相反应式驱动电源的基本要求

1）在低速运行时，由于一个步距持续的时间较长（某一相或两相通电），故希望绕组电流波形的上升沿及下降沿尽量平缓，以避免低速运转时的低频振荡。

2）为使步进电动机在高速运行时具有足够的转矩，必须使得绕组电流波形的上升沿尽可能地陡峭，使绕组电流在较短的时间内达到额定值，这样才能保证步进电动机的矩频特性曲线在高频段是平坦的，提高其截止频率。

3）步进电动机在工作过程中的转矩应该稳定而且足够大，绕组电流维持在额定值附近，不应有过大的波动。

为实现上述目标，本驱动电源采用高、低压电源自动切换和恒流斩波的驱动方式。鉴于被控对象的电压、电流大小及现有器件的技术经济指标，功率器件采用 N 沟道增强型硅栅——VMOS 场效应晶体管（如 IRFP250N）。与常用的双极型器件相比，VMOS 管的主要优点在于无二次击穿的困扰，器件的工作区域得到充分利用，同时极高的输入阻抗使得控制电路容易做得简单可靠。

（2）三相反应式驱动电源的工作原理

1）高、低压供电及切换控制。在图 4-25 中，右上角的插座 J2 来自带中心抽头的功率变压器（见图 5-7）。16V 的交流电压经二极管 VDL1、VDL2 整流后，送到三端稳压器 7815

进行稳压，输出+15V 的电压 V_{CC}，供给驱动器中有关 IC 集成块使用。130V 以及 32V 的交流电压，分别经二极管 VDH1、VDH6 和 VDM1、VDM2、VDM5、VDM6 整流后，输出两组共地的直流电源，一组为高压 U_g，另一组为低压 U_d。在 U_g 与 U_d 之间，接一双向晶闸管 TRIAC（BTA26），其门极受一光电耦合器 IC4（MOC3041）的控制。

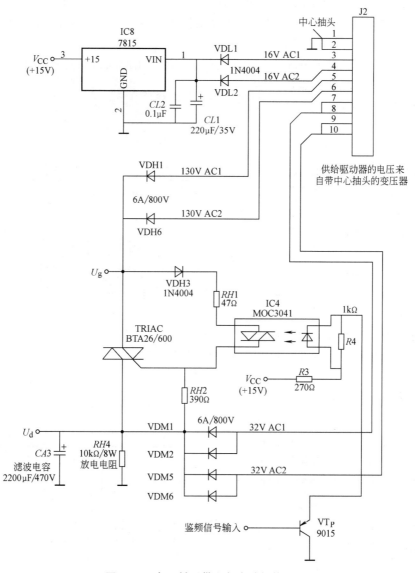

图 4-25　高、低压供电与自动切换原理

在图 4-26 中，集成块 IC5（4023）、IC6（4027）和 IC7（4538）组成鉴频电路，对由控制系统输入的脉冲信号 Q_A 的频率进行判断。当 Q_A 的频率 f_A 低于某值 f_0 时，IC5（4023）触发器不翻转，图 4-25 中底部的晶体管 VT_P（9015）截止、IC4（MOC3041）截止、TRIAC（BTA26）截止，步进电动机各绕组由低压 U_d 供电，此时步进电动机运行于低速状态；当 Q_A 的频率 f_A 高于某值 f_0 时，IC5 触发器翻转，导致图 4-25 中底部的晶体管 VT_P 导通、IC4 导通、TRIAC 导通，二极管 VDM1、VDM2、VDM5 与 VDM6 截止，此时 U_d 点的电压升为高

压，电动机绕组由高压供电，运行于高速状态。在鉴频电路中，临界频率 f_0 由电阻 $R1$、$R2$ 与电容 $C1$、$C2$ 决定。当控制系统采用软件环分，实行三相六拍的脉冲分配方式时，步进电动机的运行频率 f（单位为脉冲/s）为 Q_A 信号频率 f_A 的 6 倍，即 $f = 6f_A$。选择合适的 $R1$、$R2$ 以及 $C1$、$C2$，即可获得需要的临界频率 f_0，使得当 $f \geqslant 6f_0$（也即 $f_A \geqslant f_0$）时，系统控制电动机高速运转，此时，驱动器的高压开启，加在绕组的电流大，保证转子输出足够的转矩；当 $f < 6f_0$（也即 $f_A < f_0$）时，系统控制电动机低速运转，此时，高压截止，低压供电，绕组电流小，低频振荡小，电动机转动平稳。

在图 4-25 中，二极管 VDH3（1N4004）阻止 IC4 输出给双向晶闸管 TRIAC 的逆向触发电流，以保证双向晶闸管不能逆向导通。U_g 点始终是 100Hz 的正向脉动电压，而 U_d 点为经电容滤波后的直流电压，供给电动机绕组使用。

2）绕组电流的恒流斩波控制。VMOS 场效应晶体管为电压型控制器件，当栅极电压高于其阈值电压 V_{gs}（th）时，VMOS 管导通；而栅极电压低于 V_{gs}（th）时，VMOS 管关断。由于 VMOS 管的栅-源极间相当于一个小电容，因此对栅极驱动的要求，就是应保证栅极能迅速地充、放电，尽可能缩短通过线性区的时间，以降低损耗。导通时，栅压应该足够高，以确保导通电阻小；截止时，栅压应该足够低，以确保其完全截止。

如图 4-27 所示，对于绕组电压高端的 VMOS 管（VTM1），其源极的电压在导通时约等于 U_d 点电压，而在截止时由于绕组续流约等于零。因此 VTM1 的栅极电压也必须随之浮动，为此，用二极管 VD1（BYT56M）、电容 $C1$（47μF/50V）组成充电电路。每当 VTM1 截止时，由 +15V 经 VD1、$C1$ 和绕组给 $C1$ 充电至近似等于 +15V。当 VTM1 导通时，其源极电压约等于 U_d，而电容 $C1$ 的正端约等于 $U_d + 15V$。由于电阻 $R7 = 100k\Omega$，而 VMOS 管栅极只吸收电容的充电电流，所以 $C1$ 的放电电流很小。

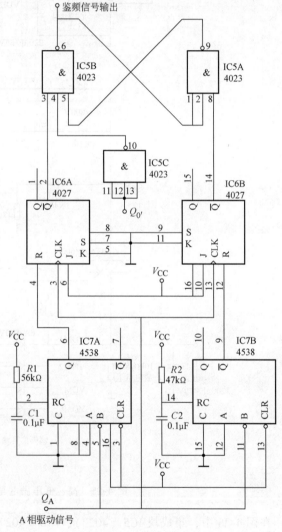

图 4-26　鉴频电路原理

在图 4-27 中，VTM1 导通时，绕组两端的电压为 U_d，绕组内电流增长。当电流值达到上斩波点时，在取样电阻 $R15$ 上的电压高于参考电压（IC3 比较器 LM339 正输入端的比较电压），使 LM339 比较器翻转，IC1 与非门 4093 输出变为高电平，光电耦合器 IC2A 关断，VTM1 关断，绕组电流经 VMOS 管（VTM2）、二极管 VD2（BY329）续流而逐渐降低，当降至下斩波点时，比较器又输出高电平，使 IC1 的输出又变为低，VTM1 又导通。如此反复，绕组电流就围绕在额定电流附近上下波动，如图 4-28 和图 4-29 所示。其波动范围的大小取决于电阻 R9 的值。

图 4-27 所示为三相反应式步进电动机 A 相绕组的驱动电路，对于 B、C 两相，电路完全相同。

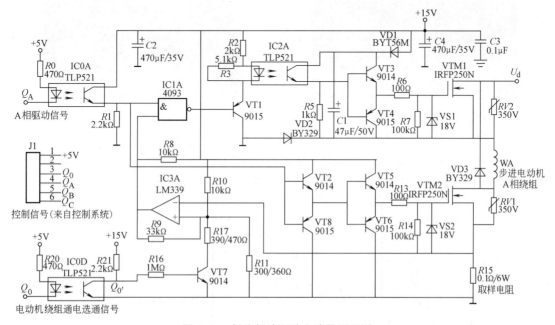

图 4-27　恒流斩波驱动电路的原理图

3）锁相电流的设定。在图 4-27 中，Q_0 为电动机绕组通电的选通信号。当需要电动机运行时，控制系统输出 Q_0 为低电平，经 IC0D 光电耦合器 TLP521 隔离后，使 VT7 晶体管 9014 截止。IC3 比较器 LM339 的正输入端电压由 $R10$ 和 $R11$ 的分压比决定。当电动机停止运行，也即电动机锁相时，控制系统输出 Q_0 为高电平，IC0D 光电耦合器截止，晶体管 VT7 导通。IC3 比较器正输入端的电阻值由 $R11$ 降为 $R11R17/（R11+R17）$，使得锁相电流降低，这样便达到了既保持足够的锁定转矩，又降低发热、提高功效的目的。

4）功率 VMOS 管的保护。$RV1$ 和 $RV2$ 为压敏电阻，用于吸收 VMOS 管漏-源极之间的浪涌电压。VS1 和 VS2 为稳压管，用于保护 VMOS 管的栅极。

5）绕组的电流波形。图 4-28 和图 4-29 所示为电动机在不同转速下绕组电流的实测波形。可以看出，电动机以不同转速旋转时，通过绕组的电流基本保持在 6.5A 左右（该电流可以根据需要进行调整），从而使得电动机在不同转速下输出的转矩基本不变，这就是恒流电路的作用结果。同时，在图 4-28 和图 4-29 中也清楚地显示了斩波的效果。

2. 细分型驱动电源的设计

为了制造方便、降低成本，步进电动机的步距角通常都比较大。要想获得小的转角有两种方法，一是采用减速传动，二是采用细分电源。前者结构复杂、费用高，减速比不能随意更改；后者采用细分电路，成本低、实现容易，既能获得小的步距角，又可改善电动机的低频振荡，还可选择设定步距角的大小。以下介绍一种高性能的步进电动机驱动电源——可变细分型驱动电源。该电源主要针对结构简单、材料费用低、制造方便、使用广泛的三相反应式步进电动机。

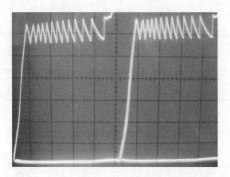

图 4-28 低速时恒流斩波绕组电流波形
图中横坐标为 1ms/div，纵坐标为 1A/div

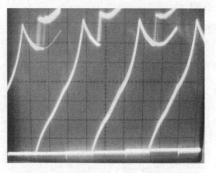

图 4-29 中高速时绕组电流波形
图中横坐标为 0.1ms/div，纵坐标为 1A/div

（1）可变细分型驱动电源的结构 图 4-30 所示为可变细分型驱动电源的结构框图，整个驱动电源由电源板、控制板和功放板三部分组成。

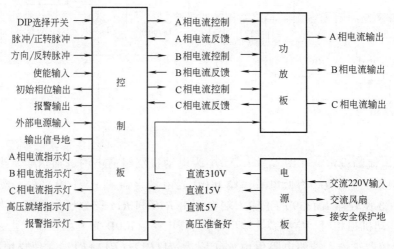

图 4-30 可变细分型驱动电源的结构框图

电源板的功能是将外部输入的 220V 交流电源进行整流、滤波和稳压，输出三路直流电压：一路是经过稳压的 5V 电源，供给控制板使用；一路是经过稳压的 15V 电源，供给功放板的前级使用；另一路是 310V 高压（无稳压），供给功放板的后级驱动 MOSFET 管使用。

控制板的功能是根据驱动电源上 DIP 选择开关的位置，以及外部输入信号的状态，向功放板提供电流控制信号，包括电动机的相电流顺序控制、微步距（细分）电流控制、恒流斩波控制、自动限流控制等，板上还设有可以对外输出的初始相位信号和故障报警信号。

功放板的功能是将由控制板送来的控制信号（15V 小电流），变成高电压（310V）大电流（最大 10A），注入步进电动机的绕组，并将绕组的电流取样后反馈至控制板，从而形成恒流斩波控制。

（2）可变细分型驱动电源的工作原理　三相反应式步进电动机的定子放置有 3 个互成 120°的绕组线圈，3 个线圈分别称为 A 相、B 相和 C 相。当三相都无电流时，电动机转子处于自由状态，用手可以转动；当给某一相绕组通电时，电动机转子产生保持转矩，手力不能直接将转子转动；当轮流给三相绕组通电时，转子即开始转动。驱动电源对三相绕组的供电顺序有两种方式：正转时，A→AB→B→BC→C→CA→A…；反转时，A→AC→C→CB→B→BA→A…。不管是正转还是反转，供电顺序经 6 个状态之后进行循环，从上一个状态转入下一个状态，电动机将转过半个步距角。步距角的大小由步进电动机的型号所决定，绕组通电状态的转换受外部输入驱动电源的脉冲与方向信号所控制。例如，驱动电源的 DIP 选择开关设定细分数为 1，选择单脉冲方式，使能输入端输入有效的低电平，外部电源输入端输入高电平，此时，从脉冲输入端每输入一个步进脉冲，电动机将转过半个步距角。在这种情况下，驱动电源不进行细分控制，对应每一个步进脉冲，电动机的相电流是以全值增加（从 0 到最大值）或以全值减小（从最大值到 0）。

当驱动电源设定在 5 细分时，外部每输入一个脉冲，电动机将转过半个步距角的 1/5，相电流就以全值的 1/5 进行递增或递减，供电顺序经过 30 个状态之后进行循环。

当驱动电源设定在 10 细分时，外部每输入一个脉冲，电动机将转过半个步距角的 1/10，相电流就以全值的 1/10 进行递增或递减，供电顺序经过 60 个状态之后进行循环。

当驱动电源的细分数设定在其他状态时，情况依此类推。

细分控制的原理框图如图 4-31 所示。选用 AT89S52 单片机作为控制器（24MHz 晶振），CNC 主机送来的步进脉冲信号与方向信号，以及通过 DIP 开关在驱动电源上所设定的细分数编码，均由 AT89S52 单片机接收。进行细分驱动时，AT89S52 按照设定的细分数进行计算，分别通过 3 片 8 位的数-模（D-A）转换器 DAC0832，输出低电压的细分波形，再经驱动电路（恒流斩波型）放大后，分别送到三相绕组，形成电动机绕组的细分电流波形，如图 4-32 和图 4-33 所示。图中 DIP 开关设定为 10 细分状态，电动机不管在低速运转还是在高速运转，其绕组的电流波形均能显示出 10 个细分的电流台阶，图中绕组电流的峰值为 6.5A。输出到电动机绕组的电流峰值，可以根据不同的电动机在驱动电源内进行调节。

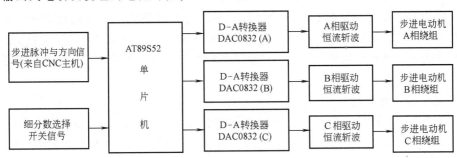

图 4-31　细分控制的原理框图

（3）可变细分型驱动电源的特点　以上介绍的高性能可变细分型驱动电源，可以选择设定细分数，用来驱动三相反应式步进电动机，从而获得多种微步距，低速振荡小、不易失步，高速电压高、输出转矩大。这种电源前级的细分电路可以移植到其他类型的步进电动机上。

3. 驱动电源的选择

步进电动机的驱动电源是一种成熟的通用产品，有时为了缩短机电一体化系统的设计周期，可以从市场上直接购得。在选择步进电动机的驱动电源时，主要应该考虑以下几个问题：

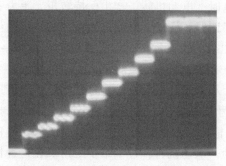

图 4-32　10 细分状态低速运转时绕组电流波形

图中横坐标为 1ms/div，纵坐标为 1A/div

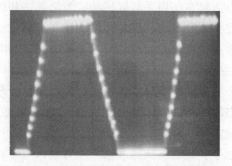

图 4-33　10 细分状态高速运转时绕组电流波形

图中横坐标为 0.1ms/div，纵坐标为 1A/div

（1）驱动电动机的类型　步进电动机分为永磁式、反应式、混合式三种，每种电动机又有不同的相数，必须清楚所选择的驱动电源用来驱动哪种类型的步进电动机。

（2）输出电流　输出电流的大小，是步进电动机驱动电源最重要的参数。通常，所选择的驱动电源的最大电流要大于电动机的额定电流，一般在 1~10A 之间。

（3）输出电压　输出电压的高低是判断驱动器升速能力的标志，一般在 DC24~310V 之间。

（4）输入电压　有些驱动电源直接使用 220V 交流的市电，但有些驱动电源需要市电经过变压器降压后供电，还有的驱动电源需要变压后的两个独立绕组供电，甚至有些驱动电源需要供给它直流电源。因此，在选择驱动电源时，要考虑驱动电源本身的供电问题。

（5）有无细分功能　如果需要小的转角或者要求步进电动机的转动非常平稳，那么所选择的驱动电源最好带有细分功能。需要注意，有些细分电源对抑制电动机的低频振荡有帮助，但可能会影响微步距的精度。

（6）有无环分　驱动电源是否带环分电路，与之配套的控制器分配脉冲的方式就会不同。

（7）控制信号的定义　带有环分电路时，驱动电源接受的信号有两种形式：方向、脉冲或正转脉冲、反转脉冲。不带环分电路时，环形分配通常用软件来实现，这时驱动电源的控制信号取决于电动机的相数。另外，还要清楚控制器送出的信号线，在驱动电源端的接线方式是共阴还是共阳。

4. 驱动电源产品举例

对应于表 4-3 所列反应式步进电动机，推荐相应的驱动电源产品见表 4-13。

对应于表 4-5 所列永磁感应式（混合式）步进电动机，推荐相应的驱动电源产品见表 4-14。

表 4-13　反应式步进电动机驱动电源技术参数

型　号	相数	输入电压	相电流	分配方式	适 用 电 动 机
BD36Na	3	20V AC	0.5~3A	三相六拍	36BF003/55BF003/75BF003/75BC380A 等
BD36Nb	3	20~40V AC	1.5~5A	三相六拍	75BC340A/90BF003 等
BD36Nc	3	110~220V AC	4/6A	三相六拍	110BC3100/110BF003/110BC380F 等

（续）

型　号	相数	输入电压	相电流	分配方式	适用电动机
BD36Fa	3	20V AC	0.5~3A	1/2/4/5/8/ 10/20/40 细分	36BF003/45BF003/55BF003 70BF003/75BC380A 等
BD36Fb	3	20~40V AC	1.5~5A		75BF003/75BC340A/90BF003 等
BD36Fc	3	110~220V AC	4/6/7/8A		95BC340A/110BC3100/ 110BF003/110BC380F 等

注：本表数据摘自常州宝马前杨电机电器有限公司产品技术手册。

表 4-14　混合式步进电动机驱动电源技术参数

型　号	相数	输入电压	相电流	分配方式	适用电动机
BD28Nb	2	20~100V AC	2~4A	二相八拍	90BYG2502/90BYG2602 等
BD28Nc	2	110~220V AC	4/6/8A	二相八拍	110BYG2502/110BYG2602/130BYG2502 等
BD28Fb	2	20~100V AC	2~4A	1/2/4/5/8/ 10/20/40 细分	90BYG2502/90BYG2602 等
BD28Fc	2	110~220V AC	3/4/6/8A		110BYG2502/110BYG2602/130BYG2502 等
BD3A	3	220V AC	3/5/7A		110BYG3502/130BYG3502 等
BD5A	5	220V AC	4/6/8A	五相十拍/二十拍	110BYG5802/130BYG5501 等

注：本表数据摘自常州宝马前杨电机电器有限公司产品技术手册。

　　步进电动机与 BD36Nc 型驱动电源的接线如图 4-34 所示。

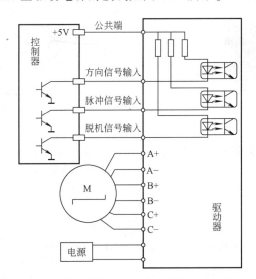

图 4-34　步进电动机与 BD36Nc 型驱动电源的接线

第五节　增量式旋转编码器与直线光栅

　　在机电一体化系统中，常常需要检测运动部件的位移和速度。检测角位移和角速度常用的传感器是增量式旋转编码器，检测线位移和线速度常用的则是直线光栅。这两种位移检测装置本身就是 A-D 转换器，它们与控制系统的接口简单方便。本节主要介绍这两种位移传感器的结构特点、工作原理、选用方法及其输出信号的处理方式。

一、增量式旋转编码器

1. 结构及工作原理

增量式旋转编码器是一种光学式位置检测元件，主要用以测量转角与转速，输出信号为电脉冲，其外形如图 4-35 所示。增量式旋转编码器最初的结构是一种光电盘，如图 4-36 所示。在一个圆盘的圆周上分成相等的透明与不透明部分（构成主栅），圆盘与工作轴 1 一起旋转。此外还有一个固定不动的圆形薄片（分度栅 7）与圆盘（主栅 8）平行放置，分度栅开有 A、B、Z 三组狭缝。其中，狭缝 A、B 用于辨向，彼此错开 1/4 栅距（主栅上相邻两线的间距为一个栅距）；狭缝 Z 用作零位。工作轴转动时，感光元件接收到的光通量会时大时小地连续变化（近似于正弦信号），经放大、整形电路变换后输出方波信号，如图 4-37 所示。其中 A、B 两路方波的相位差为 90°，若定义 A 相超前于 B 相时工作轴为正转，则 B 相超前于 A 相时工作轴就为反转。Z 相是零位脉冲（每转一个），通常用作测量基准。

在实际应用中，从编码器输出的 A、B 相信号经辨向和倍频后，变成代表位移的测量脉冲被引入位置控制电路进行位置调节；或经频率-电压变换器转变成正比于频率的电压，作为速度反馈信号送给速度控制单元进行速度调节。

图 4-35 增量式旋转编码器的外形

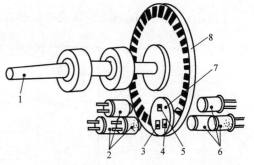

图 4-36 增量式旋转编码器的工作原理

1—工作轴 2—光源 3—狭缝 A 4—狭缝 B
5—狭缝 Z 6—感光元件 7—分度栅
8—主栅（圆盘）

2. 产品的选用

增量式旋转编码器有很多种，型号规格各有不同。其选型时应注意以下问题：

1）机械安装尺寸：包括定位止口、轴径、安装孔、电缆出线、安装空间等。

2）分辨力：编码器工作时每转输出的脉冲数。

3）电气接口：常见编码器的输出方式有互补输出、电压输出、集电极开路输出、长线驱动器输出等，其输出方式与接口电路应匹配。

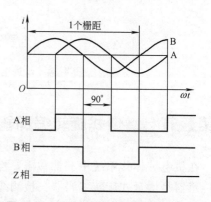

图 4-37 增量式旋转编码器的输出信号

以下介绍的是长春光机数显技术有限责任公司生产的增量式旋转编码器，生产同类产品的企业还有无锡瑞普科技有限公司等。

（1）型号及技术参数 型号标注方式如图 4-38 所示。

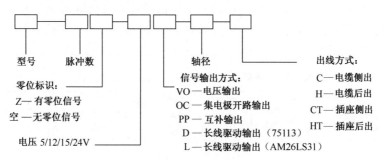

图 4-38 编码器的型号标注方式

例如，ZLF-1024Z-05VO-15-CT 表示 1024 线、有零位信号、电压 5V、电压输出、轴径 ϕ15mm、插座侧出的编码器。

增量式旋转编码器的基本技术参数见表 4-15。

表 4-15 增量式旋转编码器的基本技术参数

类别	型号	轴径/mm	脉冲数	输出信号	电压及输出方式	出线方式	允许最高机械转速/r·min⁻¹	起动转矩/N·m	使用温度/℃
经济型	ZLE	ϕ3.125 ϕ5 ϕ6 ϕ7.5	50~5400				5000	3×10^{-3}	
坚固型	ZLF	ϕ15			05VO 05OC			5×10^{-2}	
通用型	ZLG	ϕ10 ϕ8 ϕ6			05D 05L 12VO			3×10^{-2}	
轴头开口型	ZLM-F				12OC 12PP 15VO	C H CT HT		3×10^{-3}	0~55
微型	ZBJ	ϕ6	50~10800		15OC 15PP		6000	1.5×10^{-3}	
特殊型	ZL120	ϕ12			24VO 24OC 24PP			5×10^{-2}	
	ZL100	ϕ12						5×10^{-2}	
	ZL57	ϕ8						3×10^{-3}	
	ZLT	ϕ8						3×10^{-3}	
空心型	ZLK-A	ϕ8~ϕ12						10×10^{-3}	
	ZLK-B	ϕ8~ϕ15						5×10^{-3}	

（2）信号输出方式 增量式旋转编码器的电信号输出参数见表 4-16。

1）电压输出。输出端直接输出高低脉冲电压，应用最为简单。

2）集电极开路输出。集电极开路器件为灌电流输出。在关断状态时，输出悬空；在导通状态时，输出连到公共端。因此，集电极开路输出需要一个灌电流输入接口，一般为 24V。这种方式常用于 PLC 中，端子连接如图 4-39 所示。

3）长线驱动输出。即把一路信号转成两路差分信号，接收端读取差分信号的差值，再将其还原。一旦有干扰，两路差分信号同时升降，由于接收端读取的是差值，因此抗干扰能力较强。一般的长线驱动器有 AM26LS31（发送器）和 AM26LS32（接收器），两者的芯片引脚分别如图 4-40 与图 4-41 所示。AM26LS31 的四对输出端对应 AM26LS32 的 4 对输入端。

表 4-16　增量式旋转编码器的电信号输出参数

输出方式	电 路 图	表达方式	电源电压 /V	消耗电流 /mA	输出电压/V V_{oh}	输出电压/V V_{ol}	上升下降时间 /μs	最高响应频率 /kHz	最大电缆长度 /m
电压输出		05VO	5±0.25	≤120	≥4.0	≤0.4	≤1	350	
		12VO	12±1.2	≤120	≥9.6	≤0.5	≤1	350	
		15VO	15±1.5	≤120	≥12	≤0.5	≤1	350	30
		24VO	24±2.4	≤150	≥21	≤0.45	≤2	350	
集电极开路输出		05OC	5±0.25	≤120			≤1	350	
		12OC	12±1.2	≤120			≤1	350	
		15OC	15±1.5	≤120			≤1	350	30
		24OC	24±2.4	≤150			≤2	350	
长线驱动输出		05D	5±0.25	≤120	≥2.5	≤0.5	≤0.2	350	
		05L	5±0.25	≤120	≥2.5	≤0.5	≤0.2	350	50
互补输出		12PP	12±1.2	≤150	≥9.6	≤1.0	≤1	350	
		15PP	15±1.5	≤150	≥12	≤1.0	≤1	350	30
		24PP	24±2.4	≤180	≥21	≤2.8	≤2	350	

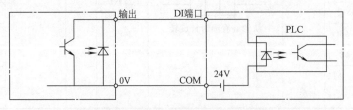

图 4-39　集电极开路输出与 PLC 连接

（3）信号接线　信号接线参考产品技术手册。这里给出九芯插头输出信号接线，见表 4-17。

（4）安装尺寸　ZLE 型增量式旋转编码器的安装尺寸如图 4-42 所示。

表 4-17　九芯插头输出信号接线

插头号	1	2	3	4	5	6	7	8	9
信号	A	$\overline{A}$	V_{CC}	0V	B	$\overline{B}$	Z	$\overline{Z}$	屏蔽
颜色	绿	棕	红	黑	蓝	黄	白	灰	紫

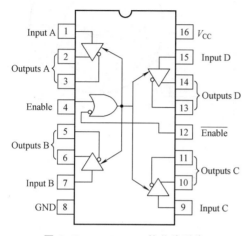

图 4-40　AM26LS31 的芯片引脚

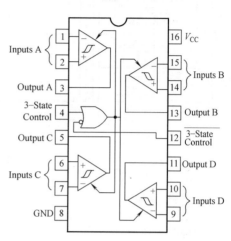

图 4-41　AM26LS32 的芯片引脚

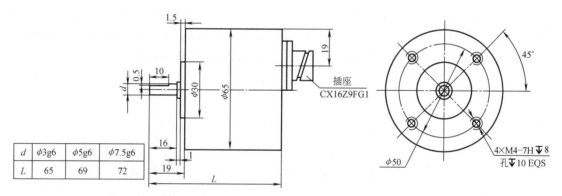

图 4-42　ZLE 型增量式旋转编码器的安装尺寸

ZLF 型增量式旋转编码器的安装尺寸如图 4-43 所示。

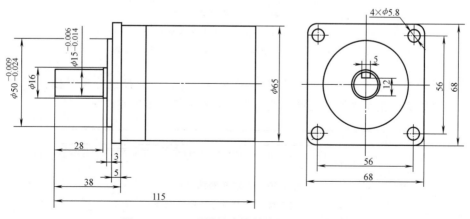

图 4-43　ZLF 型增量式旋转编码器的安装尺寸

ZLG 型增量式旋转编码器的安装尺寸如图 4-44 所示。

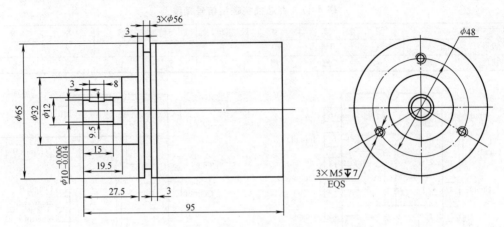

图 4-44 ZLG 型增量式旋转编码器的安装尺寸

二、直线光栅

1. 结构及工作原理

直线光栅主要用来测量直线位移，具有测量精度高、响应速度快、信号处理方便等优点。直线光栅分为透射式和反射式两类，如图 4-45 所示。透射式光栅是在透明的光学玻璃上刻制平行且等间隔的密集线纹，利用光的透射现象形成光栅；反射式光栅是在不透明的金属材料上刻制平行等距的密集线纹，利用光的全反射或漫反射形成光栅。

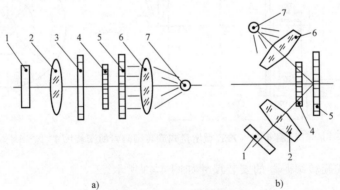

图 4-45 直线光栅的结构

a）透射式光栅 b）反射式光栅

1—光电元件 2、6—透镜 3—狭缝 4—指示光栅 5—标尺光栅 7—光源

直线光栅的外形如图 4-46 所示。其中，长的一根称为主光栅或标尺光栅，短的一根称为读数头，读数头由指示光栅、光源、透镜和光电元件等封装组成。

图 4-46 直线光栅的外形

1—标尺光栅 2—读数头 3—电缆线

下面以莫尔条纹式透射光栅为例介绍其工作原理。如图 4-47 所示，光栅尺上相邻两条线纹间的距离称为栅距或节距 ω。安装时，应保证标尺光栅与指示光栅相距 0.05~0.1mm 的间隙，并使两者的线纹相互倾斜一个很小的角度 θ。当光源照射时，在线纹的相交处出现莫尔条纹，两条莫尔条纹间的距离称为纹距 W。已知节距为 ω，则有近似公式：$W=\omega/\theta$。θ 通常很小，这样 W 就较大。当标尺光栅向右或向左移动一个节距 ω 时，莫尔条纹就向上或向下移动一个纹距 W。

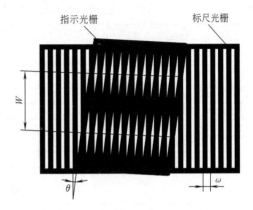

标尺光栅右移时，莫尔条纹上移；
标尺光栅左移时，莫尔条纹下移
图 4-47　光栅莫尔条纹的形成

莫尔条纹在移动一个纹距 W 的过程中，其光强的变化近似正弦波形，通过光电元件可将光强变化转变成电信号。若仅用一个光电元件，只能产生一个正弦波信号用作计数，还不能分辨运动的方向。为了辨别光栅移动的方向，需沿着莫尔条纹的移动方向间隔 1/4 纹距布置 A、B 两个光电元件，由于莫尔条纹通过两个光电元件的时间不同，A、B 两个输出信号将有 90°或 1/4 周期的相位差（见图 4-51），它们经过放大整形与电子判向后，即可作为直线位移的计数脉冲。

与旋转编码器相同，直线光栅也有零位信号，且根据需要可以设置多个零位标志。

2. 产品的选用

以下介绍的是长春光机数显技术有限责任公司生产的直线光栅。

（1）型号及技术参数　型号标注方式如图 4-48 所示。

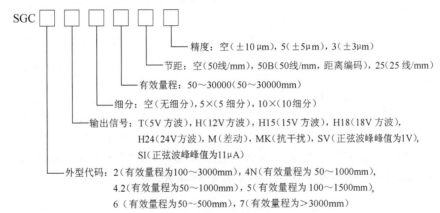

图 4-48　直线光栅的型号标注方式

例如：SGC5H241200 表示电压 24V、方波输出、有效量程 1200mm、节距 50 线/mm、精度为 $\pm10\mu m$ 的直线光栅。

直线光栅的基本技术参数见表 4-18。

（2）信号输出方式　直线光栅的信号输出方式有电压输出、驱动器输出和电流输出三种。其中，电压输出的信号为 TTL 方波信号和 HTL 方波信号，驱动器输出的信号为 RS-422

信号，电流输出的信号为正弦信号。这里介绍电压输出方式。直线光栅的电信号输出参数见表 4-19。

表 4-18　直线光栅的基本技术参数

型　号	SGC-2	SGC-4N	SGC-4.2	SGC-5	SGC-6	SGC-7
输出信号	TTL　HTL　RS-422　1Vpp　11μApp					
有效量程/mm	$100\sim3000$	$50\sim1000$		$100\sim1500$	$50\sim500$	>3000
零位参考点	每 50mm 一个，每 200mm 一个，距离编码					
节距/mm	0.02(50 线/mm),0.04(25 线/mm)					
精度/μm	$\pm10,\pm5,\pm3(20℃\ 1000mm)$					
响应速度/m·min^{-1}	60,120,150					
工作温度/℃	$0\sim50$					
存贮温度/℃	$-40\sim55$					

表 4-19　直线光栅的电信号输出参数

输出方式	TTL 信号	HTL 信号
波形图		
输出信号	A、B 两路脉冲,相位差 90° $V_{OH}\geq2.4V$,$V_{OL}\leq0.4V$	A、B 两路脉冲,相位差 90° $V_{OH}\geq10.4V$,$V_{OL}\leq0.4V$
电源电压	$5(1\pm5\%)V$,100mA	$12(1\pm5\%)V$,150mA（15V/18V/24V）
最大电缆长度/m	20	30
信号周期/μm	40,20,4,2,0.4	
输出方式		
插头形式	YC-18-7,七芯,9PD 九芯	

（3）信号接线　使用直线光栅时，具体的接线应参考产品技术手册上的接线表。这里给出七芯和九芯两种插头的接线定义，分别见表 4-20 和表 4-21。

表 4-20　七芯插头的接线定义（TTL、HTL）

插 头 号	1	2	3	4	5	6	7
颜色	黑	空	蓝	绿	红	黄	屏蔽
信号	0V	NC	A	B	V_{CC}	Z	Shield

表 4-21　九芯插头的接线定义（TTL、HTL）

插 头 号	1	2	3	4	5	6	7	8	9
颜色	红	黑	蓝	绿	黄	空	屏蔽	屏蔽	空
信号	V_{CC}	0V	A	B	Z	NC	Shield	Shield	NC

（4）驱动器与接收器 光栅侧的信号输出与信号接收是在驱动器与接收器之间进行传输的。驱动器与接收器的匹配见表 4-22。

表 4-22 驱动器与接收器匹配

差动 TTL 信号输出所用驱动器	代 码	用户端接收器
75113	D	75115
AM26LS31	L	AM26LS32
MC3487	M	MC3486

（5）外形及安装尺寸 SGC-2 型直线光栅的安装尺寸如图 4-49 所示。

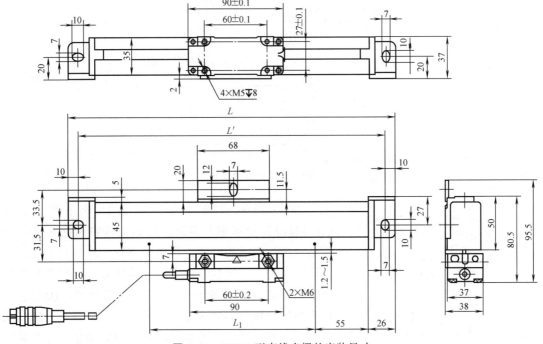

图 4-49 SGC-2 型直线光栅的安装尺寸

三、四倍频电路

为了提高增量式旋转编码器和直线光栅的分辨力，需要增加刻线的密度，但过密的刻线会使制造困难，而且成本也会提高。为此，常采用电子细分的方法来提高精度，电子细分又称倍频电路。光栅输出信号的一个周期代表光栅移过一个栅距，如能把它的一个周期分成若干个等份，就能得到倍频信号。常用的电子细分方式有四倍频、五倍频、八倍频、十倍频和二十倍频等。

最常用的是四倍频处理，电路如图 4-50 所示。由增量式旋转编码器或直线光栅输出的相位差为 90° 的 A、B 相信号，经 4049 芯片整形后变成 A、B 方波，通过对 A、B 方波反相可得 C、D 方波，然后对 A、B、C、D 四路方波进行微分，在每路方波信号的上升沿处形成微分脉冲，再经整形和合并，最后得到正、反向的四倍频脉冲。详细的数字化波形如图 4-51 所示。

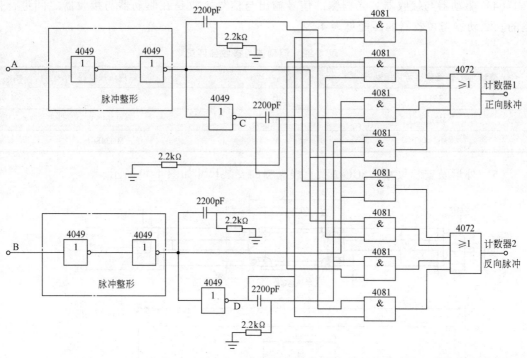

图 4-50　四倍频电路原理

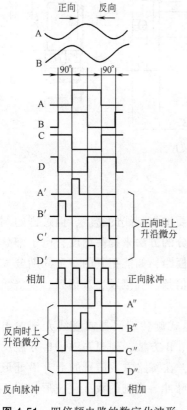

图 4-51　四倍频电路的数字化波形

实现四倍频处理也可以选择专用芯片，如 QA740210 四倍频集成电路。该芯片可将两路正交的方波信号进行四倍频处理，输出两路加、减计数信号，可送到双时钟可逆计数器进行加、减计数，也可直接送到微型计算机（包括单片机）进行数据处理。QA740210 的典型接线如图 4-52 所示，图中 0° 和 90° 两个引脚为两路正交方波信号的引入端，+CP 和 -CP 为正、反向脉冲的输出脚。

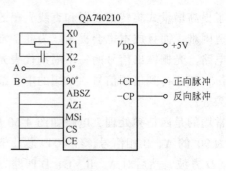

图 4-52　QA740210 四倍频集
成芯片的典型接线

第六节　交流伺服系统

一、交流伺服系统的组成

交流伺服系统通常由交流伺服驱动器、交流伺服电动机以及位置和速度检测装置组成，如图 4-53 所示。

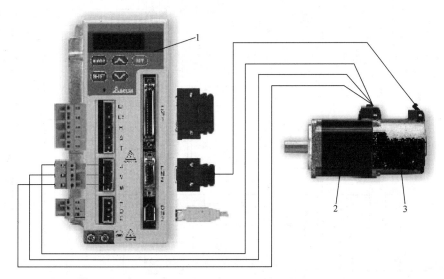

图 4-53　交流伺服系统的结构

1—交流伺服驱动器　2—交流伺服电动机　3—位置和速度检测装置

1. 交流伺服电动机

和直流伺服电动机相比，交流伺服电动机没有机械换向器和电刷，避免了换向火花的产生；转子的转动惯量可以做得很小，动态响应好；在同样体积下，输出功率可比直流电动机提高 10%～70%；同时又可获得和直流伺服电动机相同的调速性能。

在机电一体化设备的进给伺服系统中，交流伺服电动机通常选用三相交流永磁同步电动机。和三相交流异步电动机相比，由于永磁同步电动机转子有磁极，在很低的频率下也能运行，因此，在相同的条件下，其调速范围比异步电动机更宽；另外，永磁同步电动机比异步电动机对转矩扰动具有更强的承受力，能做出更快的响应。

2. 位置和速度检测装置

交流伺服电动机通常在轴端装有转子位置检测器，可将转子的角度和转速反馈到交流伺服驱动器，形成半闭环控制。转子的位置检测器多数采用增量式旋转编码器，在驱动器的内部设置有倍频电路，可对编码器的输出信号进行电子细分。

3. 交流伺服驱动器

交流伺服驱动器通常包含伺服控制单元、功率驱动单元和通信接口单元等，其结构如图 4-54 所示。近年来，由于新型功率开关器件、专用集成电路和新的控制算法的发展，交流伺服驱动器的性能得到进一步提高，能够更好地适应进给伺服系统的要求。因此，目前交流伺服控制系统正逐步取代直流伺服控制系统，在机电一体化设备中的应用越来越广泛。

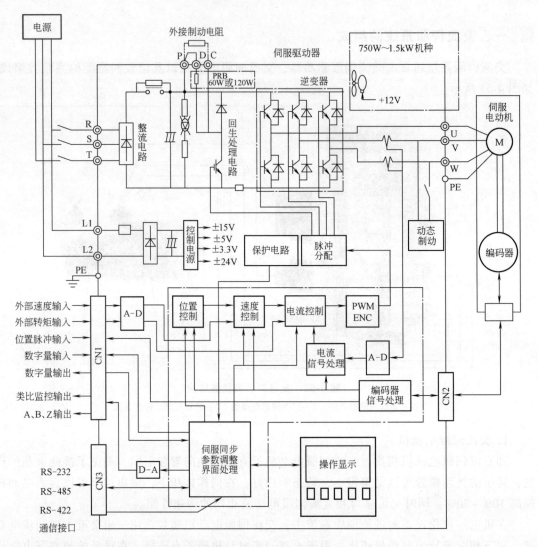

图 4-54 交流伺服驱动器的结构

二、全数字式交流伺服系统简介

机电一体化设备的交流伺服进给系统多是位置伺服系统，因为需要对位置和速度进行精确控制，所以通常需要处理位置环、速度环和电流环的控制信息。根据这些信息是用软件来处理还是用硬件来处理，可以将交流伺服系统分为全数字式和混合式。全数字式交流伺服系统的位置比较是在伺服驱动装置中进行的，控制器只需要输出数字信号（位置指令）至驱动装置即可，如图 4-55 所示。

全数字式交流伺服系统可做位置、速度和转矩的控制，既可接受模拟信号也可接收数字信号，并自带位置环，具有丰富的自诊断与报警功能。全数字式交流伺服系统的控制性能是

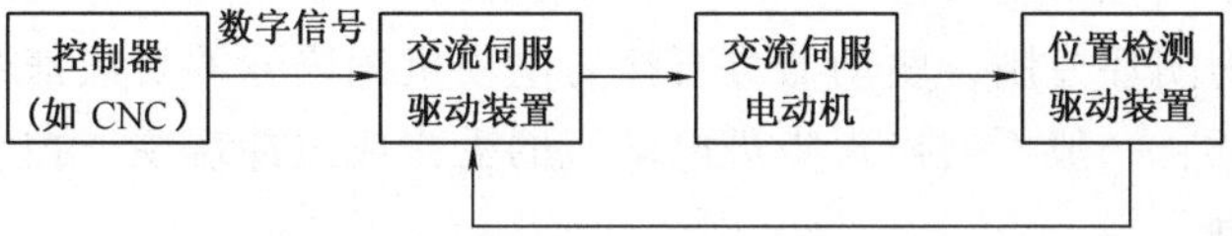

图 4-55　全数字式交流伺服系统的组成

模拟式伺服系统和直流伺服系统无法比拟的。此外，它还具有一系列新的功能，如电子齿轮任意设定传动比、自动辨识电动机参数、自动整定调节器控制参数等。全数字式交流伺服系统已在数控机床、机器人等领域得到了广泛的应用。

三、交流伺服系统与步进伺服系统的比较

目前，在国内的机电一体化设备中，步进电动机伺服系统以其高的性价比获得了广泛的应用，全数字式交流伺服系统也以其高的伺服性能而倍受青睐。下面就两者的使用性能做一比较，供选用时参考。

1. 控制精度

由于制造成本低，步进电动机的步距角通常做得比较大。两相混合式一般为 1.8°/0.9°，五相混合式一般为 0.72°/0.36°，三相反应式多为 1.5°/0.75°。要想减小步距角，方法有两个，一是采用减速传动，二是采用细分型驱动电源。

交流伺服电动机的控制精度由电动机轴后端的旋转编码器来保证。对于带 2500 线标准型编码器的电动机而言，由于驱动器内部采用了四倍频技术，其转角分辨力为 $360°/(2500 × 4) = 0.036°$；对于带 17 位编码器的电动机而言，每转一圈，驱动器接收到 $2^{17} = 131072$ 个脉冲，其转角分辨力为 $360°/131072 ≈ 9.89″$，是步距角为 1.8° 的步进电动机转角分辨力的 1/655。

2. 低频特性

步进电动机在低速时易出现低频振动现象，其振动频率与负载的情况和驱动电源的性能有关。解决低频振动有两种方法，一种是在电动机轴上加装阻尼器，另一种是在驱动电源上采用绕组电流细分技术。

交流伺服电动机运转非常平稳，即使在低速时也不会出现振动现象，且具有共振抑制功能，系统内部具有频率解析机能（FFT），可检测出机械的共振点，便于系统调整。

3. 矩频特性

步进电动机的输出转矩随转速升高而下降，且在较高转速时会急剧下降，所以其最高工作转速一般不超过 1000r/min。

交流伺服电动机为恒转矩输出，其额定转速一般为 2000r/min 或 3000r/min，在额定转速以下都能输出额定转矩，在额定转速以上为恒功率输出，最高转速通常可达 5000r/min。

4. 过载能力

交流伺服电动机具有较强的过载能力，可用于克服惯性负载在起动瞬间的惯性转矩。

步进电动机因为没有这种过载能力，在选型时为了克服惯性转矩，往往需要选取较大转矩的电动机，而在正常工作期间又不需要那么大的转矩，便出现了转矩浪费的现象。

5. 运行性能

步进伺服系统通常为开环控制，起动频率过高或负载过大时，容易出现丢步或堵转的现

象，停止时若处理不当也易出现过冲。所以为了保证其控制精度，应处理好升降速问题。

交流伺服系统为闭环控制，驱动器可直接对电动机编码器的反馈信号进行采样，在内部构成位置环和速度环，一般不会出现步进电动机的丢步或过冲现象，控制性能可靠。

6. 速度响应性能

步进电动机从静止加速到工作转速通常需要 200~400ms 的时间。交流伺服电动机的加速性能则要好得多，以台达电子工业股份有限公司（后文简称台达公司）的 ASDA-400W 型交流伺服电动机为例，从静止加速到其额定转速（3000r/min）仅需几毫秒。

综上所述，交流伺服系统在性能上明显优于步进伺服系统，但其价格也要高得多，而且其结构复杂、维修成本较高。步进伺服系统虽然性能差一些，但其价格低、性价比高、结构简单、维修成本较低。因此，在设计选择伺服控制系统的方案过程中，要综合考虑各方面的因素，妥善进行分析确定。

四、交流伺服电动机及其驱动器的选用

在设计交流伺服系统时，电动机和驱动器的选择是关键，一般要根据系统负载、运行环境等各个方面进行综合考虑。下面介绍的是台达公司生产的交流伺服产品，若需详细资料，请访问该公司网站。

1. 交流伺服电动机

（1）型号说明及技术参数 台达公司的交流伺服电动机型号标注如图 4-56 所示。

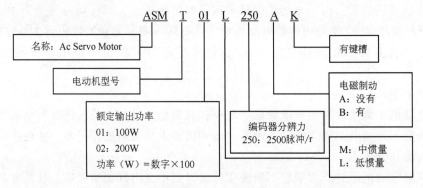

图 4-56 台达公司的交流伺服电动机型号标注

对于低惯量和中惯量的交流伺服电动机，详细的技术参数见表 4-23 和表 4-24。

表 4-23 低惯量交流伺服电动机（ASMT L250 系列）的技术参数

型号：ASMT L250	100W	200W	400W	750W	1kW	1.5kW	2kW	3kW
	01	02	04	07	10	15	20	30
额定功率/kW	0.1	0.2	0.4	0.75	1.0	1.5	2.0	3.0
额定转矩/N·m	0.318	0.64	1.27	2.39	3.3	4.8	6.8	9.5
最大转矩/N·m	0.95	1.91	3.82	7.16	9.9	14.4	19.2	31.5
额定转速/r·min⁻¹	3000							
极限转速/r·min⁻¹	5000					4500		
额定电流/A	1.1	1.7	3.3	5.0	6.8	9.5	13.4	17.5

表 4-24　中惯量交流伺服电动机（ASMT M250 系列）的技术参数

型号: ASMT M250	1kW	1.5kW	2kW	3kW
	10	15	20	30
额定功率/kW	1.0	1.5	2.0	3.0
额定转矩/N·m	4.8	7.16	9.4	14.3
最大转矩/N·m	15.7	21.5	23.5	35.8
额定转速/r·min⁻¹	2000			
极限转速/r·min⁻¹	3000			
额定电流/A	5.6	10.6	13.1	17.4

（2）外形尺寸　低惯量交流伺服电动机的外形尺寸如图 4-57 所示和见表 4-25。

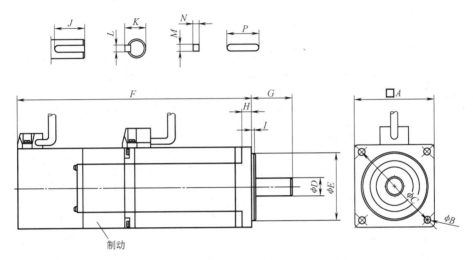

图 4-57　低惯量交流伺服电动机的外形尺寸

表 4-25　低惯量交流伺服电动机的外形尺寸　　　　　　　（单位：mm）

型号		ASMT01L250AK	ASMT02L250AK	ASMT04L250AK	ASMT07L250AK
外形尺寸	A	40	60	60	80
	B	4.5	5.5	5.5	6.6
	C	46	70	70	90
	D	8	14	14	19
	E	30	50	50	70
	F	135.7	137	159	171.6
	G	25	30	30	35
	H	5	6	6	8
	I	2.5	3	3	3
	J	16	20	20	25
	K	9.2	16	16	21.5
	L	3	5	5	6
	M	3	5	5	6
	N	3	5	5	6
	P	16	20	20	25
质量		0.7kg	1.4kg	1.8kg	3.4kg

2. 交流伺服驱动器

（1）型号说明　交流伺服驱动器型号标注如图 4-58 所示。

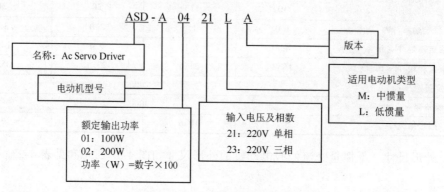

图 4-58　交流伺服驱动器型号标注

（2）适配电动机　交流伺服驱动器与交流伺服电动机的适配关系见表 4-26。

表 4-26　交流伺服驱动器与交流伺服电动机的适配关系

电动机类型	功　率/W	伺服驱动器	对应伺服电动机
低惯量	100	ASD-A0121L	ASMT01L250
	200	ASD-A0221L	ASMT02L250
	400	ASD-A0421L	ASMT04L250
	750	ASD-A0721L	ASMT07L250
	1000	ASD-A1021L	ASMT10L250
	1500	ASD-A1521L	ASMT15L250
	2000	ASD-A2023L	ASMT20L250
	3000	ASD-A3023L	ASMT30L250
中惯量	1000	ASD-A1021M	ASMT10M250
	1500	ASD-A1521M	ASMT15M250
	2000	ASD-A2023M	ASMT20M250
	3000	ASD-A3023M	ASMT30M250

（3）电源接线图　交流伺服驱动器电源接线方式分单相和三相两种。单相只限于 1kW 以下机种，接线图如图 4-59 所示；三相用于 1kW 以上机种，接线图如图 4-60 所示。

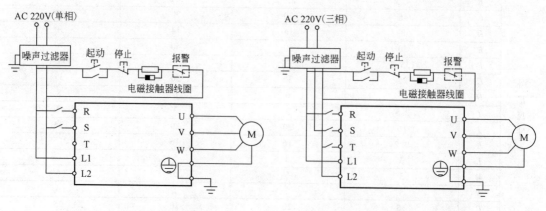

图 4-59　单相电源接线图　　　　　　　图 4-60　三相电源接线图

（4）端子接线图　图 4-61 所示是一种交流伺服驱动器的外形。图中给出了主要端子的名称，供接线时参考。

（5）应用举例　在数控机床中，交流伺服系统常采用位置控制。图 4-62 给出了交流伺服驱动器位置控制模式的标准接线图，详细的端子定义见表 4-27 与表 4-28。

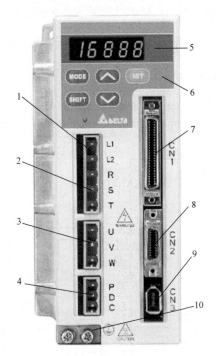

1—控制电路电源引入：
　　L1、L2 连接单相
　　200～230V 交流电源
2—主电路电源引入：
　　R、S、T 连接三相
　　200～230V 交流电源
3—输出至伺服电动机：
　　与伺服电动机的
　　U、V、W 连接
4—内、外制动电阻：
　　使用外部制动电阻时，
　　P、C 端接电阻，P、D 端开路；
　　使用内部制动电阻时，
　　P、C 端开路，P、D 端短路
5—LED 显示器
6—操作键盘
7—控制器信号引入：
　　与制动器连接
8—编码器信号引入：
　　与编码器连接
9—RS485／RS232／RS422 接口：
　　与计算机或控制器连接
10—接地端子

图 4-61　交流伺服驱动器的外形

表 4-27　控制连接器一般信号表

信 号 名 称		端子号	功　　能
模拟命令 （输入）	T_REF	18	电动机的转矩命令 -10～+10V，代表 -100%～+100% 额定转矩命令
仿真数据监 视（输出）	MON1	16	电动机的运转状态：例如转速与电流，可以用仿真电压方式来表示
	MON2	15	
位置脉冲命 令（输入）	PULSE	41	位置脉冲命令可以用差动或集电极开路方式输出，命令的形式也可以分成三种：正/逆转脉冲、脉冲与方向、AB 相脉冲
	/PULSE	43	
	SIGN	37	
	/SIGN	36	
	PULL HI	35	当位置脉冲使用集电极开路方式输入时，必须将本端子连接至一外加电源，作为提升位准用
位置脉冲 （输出）	OA	21	将编码器的 A、B、Z 信号以差动方式输出
	/OA	22	
	OB	25	
	/OB	23	
	OZ	50	
	/OZ	24	

（续）

信号名称		端子号	功 能
电源	V_{DD}	17	V_{DD}是驱动器所提供的+24V 电源,提供 DI 与 DO 信号时使用,可承受 500mA
	COM+ COM-	11 45 47 49	当电压使用 V_{DD}时,必须将 V_{DD}连接至 COM+;若不使用 V_{DD}时,必须由使用者提供外加电源(+12~+24V),此外加电源的正端必须连接至 COM+,而负端必须连接至 COM-
电源	V_{CC}	20	V_{CC}是驱动器所提供的 + 12V 电源,用以提供简易的仿真命令使用,可承受 100mA
	GND	12,13,19,15	V_{CC}电压的基准 GND
其他	NC	14,29,38,39, 40,46,48	NO CONNECTION,驱动器内部使用,勿连接

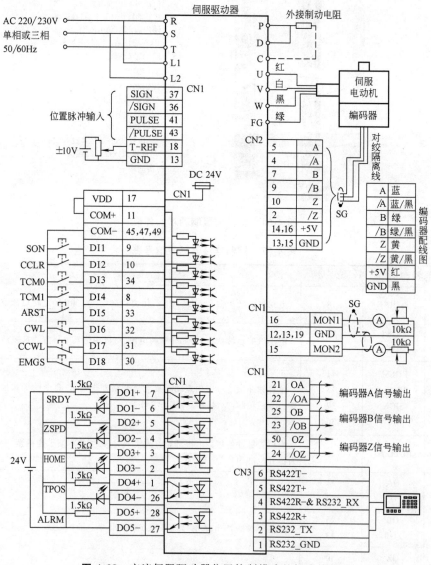

图 4-62 交流伺服驱动器位置控制模式的标准接线图

表 4-28　控制连接器数字量输入输出信号表

信号名称		端子号		功　能	信号名称	端子号	功　能
		+	−				
DO	SRDY	7	6	当驱动器通电后,控制电路与电动机电源电路均无异常报警发生时,此输出为 ON	DI	SON	9	此信号为 ON 时,伺服电路启动
	SON	—	—	当输入 SON 为 ON,电动机伺服电路可以顺利运转后,此输出为 ON		CCLR	10	清除偏差计数器
	ZSPD	5	4	当电动机转速小于设定的最低值时,此输出为 ON		TCM0	34	选择转矩命令的来源
	HOME	3	2	当电动机转速大于设定的目标值时,此输出为 ON		TCM1	8	选择转矩命令的来源
	TPOS	1	26	当电动机命令与实际位置的误差小于设定的位置确认范围时,此输出为 ON		ARST	33	当异常报警发生后,此信号用来重置驱动器,使 READY (SRDY)信号重新输出
	TQL	—	—	转矩限制动作中,此输出为 ON				
	ALRM	28	27	伺服驱动器异常报警发生		CWL	32	顺转禁止极限
	BRKR	—	—	电磁制动的控制接点		CCWL	31	逆转禁止极限
	OLW	—	—	达到过负载准位设定时,输出为 ON		EMGS	30	常闭接点

第五章 机电一体化控制系统及其模块电路设计

尽管机电一体化控制系统的形式多种多样，应用于不同被控对象的控制装置在原理和结构上也有差异，但是从系统的组成来分析，其内部总是包含一些基本的模块电路，从这些电路学习入手，是掌握机电一体化控制系统设计方法的有效途径。本章内容主要包括：机电一体化控制系统的选用原则、微控制器的选择、系统电源的设计方法、光电隔离措施、开关量信号的输入检测、开关量信号的输出控制、常用存储器与 I/O 接口芯片的选用、A-D 与 D-A 转换器的选用、键盘与显示电路的设计等。

第一节 机电一体化控制系统的选择

设计机电一体化控制系统，通常有三种方案：一是选用可编程序控制器（PLC）；二是选用标准的工业控制计算机；三是设计专用的微机控制系统。

一、可编程序控制器

可编程序控制器（PLC）是以微处理器为核心，综合了计算机技术、自动控制技术和通信技术而发展起来的一种通用的工业自动化控制装置。它具有体积小、功能强、程序设计简单、灵活通用、维护方便等优点，特别是它的高可靠性和较强的适应恶劣工业环境的能力，使得 PLC 在机电一体化方面得到了广泛的应用。

在选择 PLC 时，应该了解它的应用范围，主要包括开关逻辑控制、模拟量控制、闭环过程控制、定时控制、计数控制、顺序控制、数据处理以及通信和联网等。

二、工业控制计算机

工业控制计算机是指具有一定的抗干扰能力，能适应工厂恶劣环境的标准型、通用型微型计算机。在选择标准型工业控制计算机时，其主要任务是选择适当的机型，设计接口电路或选购现成的接口板卡，以及编制应用软件等。其中，最重要的任务是根据具体的功能要求，开发相应的应用软件。

标准型工业控制计算机的选择主要基于以下几点：高的可靠性和可维修性、较强的环境适应能力、控制的实时性、完善的输入/输出通道、适当的计算精度和运算速度等。

三、专用微机控制系统

专用微机控制系统区别于通用微机控制系统的最大特点就是，它只包含通用系统的部分功能，一般以够用为准，具有造价低、安装使用方便、体积小等特点。

专用微机控制系统的设计问题，实际上就是选用适当的 IC 芯片来组成控制系统，以便于执行元件和检测传感器之间相匹配。有时也会重新设计制作专用的集成电路，把整个控制系统集成在一块或几块芯片上（如全自动控制洗衣机的专用芯片），以提高可靠性。

专用微机控制系统通常由 CPU、RAM、ROM、定时器/计数器、模拟量输入/输出接口、数字量输入/输出接口、键盘/显示接口，以及通信接口等部分组成，如图 5-1 所示。具体的功能配置要视被控对象而定。

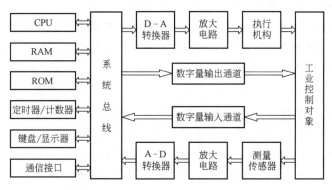

图 5-1 专用微机控制系统的组成

第二节　机电一体化控制系统微控制器的选择

一、微型计算机的系统构成

人们经常提到"微机"这个术语，该术语是三个概念的统称，即微处理器、微型计算机与微型计算机系统。

微处理器简称 μP 或 MPU 或 CPU，它是一个独立的芯片，内部含有数据通道、多个寄存器、控制逻辑部件、运算逻辑部件以及时钟电路等。

微型计算机简称 μC 或 MC，它是以微处理器为核心，加上 ROM、RAM、I/O 接口电路、系统总线以及其他支持逻辑电路所组成的计算机。如果以上各部分均集成在一个芯片，那么这个芯片就叫微控制器，简称 MCU，也就是人们常说的单片机。

微型计算机系统简称 MCS，一般将配有系统软件、外围设备、系统总线接口的微型计算机称为微型计算机系统。

本节主要针对机电一体化设备专用微机控制系统，来讨论微处理器与微控制器的选择。

二、微处理器的选择原则

1. 字长

微处理器的字长定义为并行数据总线的位数。字长直接影响数据的精度、寻址的能力、指令的数目和执行操作的时间。

1）对于通常的顺序控制、程序控制，选用 1 位的微处理器就可满足。

2）对于计算量小、计算精度和速度要求不高的系统，可选用 4 位机（如计算器、家用电器及简单控制等）。

3）对于计算精度要求较高、处理速度要求较快的系统，可选用 8 位机（如简易数控机床的控制、温度控制等）。

4）对于计算精度高、处理速度快的系统，可选用 16 位机（如算法复杂的生产过程控制、高速运行的数控机床控制、一定量的数据处理等）。

5）对于大批量数据的高速处理，可选用 32 位或 64 位微处理器（如智能机器人、导航系统、图像采集、信号处理等）。

微处理器的位数越高意味着速度越快，但它的成本也越高。选用微处理器时，并不是速度越快越好，而是要根据实际情况，选择合适的字长，以保证系统的性价比。

2. 速度

速度的选择与字长可一并考虑。对于同一算法、同一精度要求，字长短时就要采用多字节运算，费时就多，为了保证实时控制，就必须选择速度快的处理器。同理，当处理器的字长足够保证精度要求时，就不必使用多字节运算，因此费时较少，可选用速度较慢的处理器。另外，通常微处理器的速度选择可根据被控对象而定。比如，对于反应缓慢的化工生产过程的控制，可选用较低速的微处理器；而对于快速运行的数控机床，就必须选用较高速的微处理器。

3. 指令

一般来说，指令条数越多，针对特定操作的指令就多，这样会使程序量减少，处理速度加快。对于控制系统来说，尤其要求较丰富的逻辑判断指令和外围设备控制指令。通常 8 位的微处理器都具有足够的指令种类和数量，可以满足大多数控制系统的要求。

选择微处理器时，还应考虑成本的高低、程序编制的难易以及扩充 I/O 接口是否方便等多种因素。

三、常用微控制器简介

1. 8 位单片机

8 位单片机是目前品种最为丰富、应用最为广泛的微控制器，它在自动化装置、智能仪器仪表、过程控制、通信、家用电器等许多领域得到了广泛应用。常用的 8 位单片机主要有：

（1）MCS-51 系列　Intel 公司的 MCS-51 系列单片机硬件结构合理，指令系统规范，生产历史悠久，是目前全球用量最大的系列微控制器之一。ATMEL、PHILIPS 等著名的半导体公司，以 51 系列内核开发出许多具有特色的 MCS-51 系列兼容微控制器，并改善了 51 系列的许多特性，例如提高了速度、降低了时钟频率、加宽了电压范围、降低了产品价格。目前最流行的要属 ATMEL 公司推出的 AT89C 系列和 AT89S 系列。

（2）PIC 系列　PIC 系列单片机是美国微芯公司（Microchip）的产品。PIC 系列单片机采用精简的指令集，具有体积小、功耗低、抗干扰性好、可靠性高、模拟接口功能强、代码保密性好等特点。与传统的 MCS-51 系列相比，PIC 系列使用起来更加灵活，外围电路更少。

（3）AVR 系列　AVR 系列单片机是 ATMEL 公司推出的全新配置的 8 位精简指令集微控制器。其显著特点是带有 FLASH 存储器、指令简单、处理速度快、低电压和低功耗，它取消了机器周期，以时钟周期为指令周期，实行流水作业。

（4）MC68HC 系列　Motorola 公司推出的 8 位微控制器主要有普通型的 MC68HC05 和高性能的 MC68HC11 等。该系列单片机最大的特点是基于 CSIC（Customer Specified Integrated Circuit，用户定义的集成电路）的设计思想，配以各种 I/O 模块和不同大小及不同类型的存储器，组成不同的单片机系列。每种单片机都有若干种封装形式，抗干扰能力都很强。

2. 16 位单片机

16 位单片机的操作速度与数据输入/输出能力，比 8 位单片机明显提高。16 位单片机特别适用于各类自动控制系统，如工业过程控制系统、伺服系统、分布式控制系统、变频调速电动机控制系统等，还适用于一般的信号处理系统和高级智能仪器，以及高性能的计算机外部设备控制器和办公自动化设备控制器等。这些系统通常要求实时处理、实时控制。

目前常用的 16 位单片机主要有 Intel 公司生产的 MCS-96 系列、台湾凌阳公司（SUN-PLUS）生产的凌阳 SPCE061A、德州仪器公司（TI）生产的 MSP430 系列以及 Motorola 公司生产的 MC68HC 系列等。

3. 32 位微控制器

对于一些高精度、高速度的应用场合，8 位与 16 位的微控制器均不能胜任，而 32 位的微控制器则可大显身手，如智能机器人、导航系统、语音识别、图像处理等。目前，生产 32 位微控制器的厂家包括 ARM、Motorola、Intel、TOSHIBA、HITACHI 和 SAMSUNG 等著名公司。

有些专家认为，8 位单片机价廉物美且能满足一般工业控制和环境的要求，因而发展空间还很大，32 位微控制器的应用领域随着科技的发展也将越来越广泛，而 16 位单片机夹在两者之间，发展空间将会受到限制。

第三节　机电一体化控制系统的电源设计与选择

一、小功率集成稳压电源

在机电一体化控制系统中，经常要用到小功率的集成稳压电源。如控制系统的 CPU 芯片需要提供电压稳定的直流电源；在进行 A-D、D-A 转换时，要给转换电路提供精密的基准电压；在采用光电隔离技术时，要给被隔离的电路提供独立的供电电源等。这些电源都是直流的，并且需要稳压，通常采用集成稳压器来获得。

集成稳压器的功能是将非稳定的直流电压变换成稳定的直流电压。集成稳压器按工作方式可分为串联型稳压器、并联型稳压器和开关型稳压器三种。其中，开关型稳压器的效率最高，可达 70% 以上，但其输出电压的纹波较大；并联型稳压器输出电流小，但是电压的稳定性好，主要用作电压基准；串联型稳压器的效率虽较低，但其输出电流范围较宽，主要用于低电压、小电流的场合，如给控制系统的主机电路供电等。

1. 三端集成稳压器

三端集成稳压器仅有输入端、输出端和公共端三个引脚，芯片内部设有过电流、过热保护以及调整管安全保护电路，所需外接元件少，使用方便、可靠，广泛用于各种电子设备中。

按输出电压是否可调，三端集成稳压器分为固定电压式和可调电压式。

（1）三端固定电压稳压器　在输入、输出电压共地的情况下，按输出电压为正电压和负电压来分，三端固定电压稳压器又可分为正电压型和负电压型。

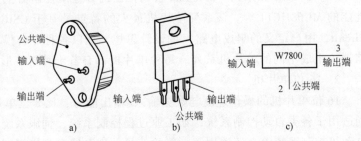

1）三端固定正电压稳压器。其常用型号为 W7800 系列。图 5-2 所示为 W7800 系列稳压器的外形与电路符号。

图 5-2　W7800 系列稳压器的外形与电路符号
a）金属封装外形　b）塑料封装外形　c）电路符号

其中，图 5-2a 所示为金属封装，输出电流较大；图 5-2b 所示为塑料封装，输出电流较小；图 5-2c 所示为其电路符号。W7800 系列稳压器常见的标称输出电压有 +5V、+6V、+8V、+9V、+12V、+15V、+18V、+20V、+24V 等。

表 5-1 为 W7800 系列三端稳压器的主要参数。

表 5-1　W7800 系列三端稳压器的主要参数

参数名称	符号	单位	7805	7806	7808	7812	7815	7820	7824
输出电压	V_O	V	5(1±5%)	6(1±5%)	8(1±5%)	12(1±5%)	15(1±5%)	20(1±5%)	24(1±5%)
输入电压	V_I	V	10	11	14	19	23	28	33
电压调整率（最大值）	S_V	mV	50	60	80	120	150	200	240
电流调整率（最大值）	S_I	mA	80	100	120	140	160	200	240
纹波抑制比（典型值）	S_{np}	dB	68	65	62	61	60	58	56
静态工作电流	I_0	mA	6	6	6	6	6	6	6
输出电压温漂系数（典型值）	S_T	mV/℃	0.6	0.7	1	1.5	1.8	2.5	3
输出噪声电压（典型值）	V_{NO}	μV	40	50	60	80	90	160	200
最小输入电压	V_{Imin}	V	7.5	8.5	10.5	14.5	17.5	22.5	26.5
最大输入电压	V_{Imax}	V	35	35	35	35	35	35	40
最大输出电流	I_{Omax}	A	1.5	1.5	1.5	1.5	1.5	1.5	1.5

2）三端固定负电压稳压器。其常用型号为 W7900 系列。图 5-3 所示为 W7900 系列稳压器的外形与电路符号。其中，图 5-3a 所示为金属封装，图 5-3b 所示为塑料封装，图 5-3c 所示

示为其电路符号。W7900 系列稳压器输出的标称负电压主要有 -5V、-6V、-8V、-9V、-12V、-15V、-18V、-20V、-24V 等。

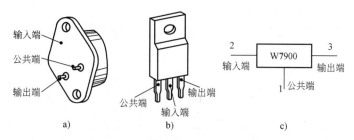

图 5-3　W7900 系列稳压器的外形与电路符号

a）金属封装外形　b）塑料封装外形　c）电路符号

表 5-2 为 W7900 系列三端稳压器的主要参数。

表 5-2　W7900 系列三端稳压器的主要参数

参数名称	符号	单位	7905	7906	7908	7912	7915	7920	7924
输出电压	V_O	V	-5(1±5%)	-6(1±5%)	-8(1±5%)	-12(1±5%)	-15(1±5%)	-20(1±5%)	-24(1±5%)
输入电压	V_I	V	-10	-11	-14	-19	-23	-28	-33
电压调整率（最大值）	S_V	mV	50	60	80	120	150	200	240
电流调整率（最大值）	S_I	mA	80	100	120	140	160	200	240
纹波抑制比（典型值）	S_{np}	dB	54	54	54	54	54	54	54
静态工作电流	I_0	mA	6	6	6	6	6	6	6
输出电压温漂系数（典型值）	S_T	mV/℃	-0.4	-0.5	-0.6	-0.8	-0.9	-1	-1.1
输出噪声电压（典型值）	V_{NO}	μV	40	50	60	80	90	160	200
最小输入电压	V_{Imin}	V	-7	-8	-10	-14	-17	-22	-26
最大输入电压	V_{Imax}	V	-35	-35	-35	-35	-35	-35	-40
最大输出电流	I_{Omax}	A	1.5	1.5	1.5	1.5	1.5	1.5	1.5

需要注意的是，在使用 W7800/W7900 系列稳压器时，输入端与输出端不能接错，否则稳压器中的调整管由于承受过高的反向电压有可能会被击穿。另外，W7800/W7900 系列稳压器的功耗通常比较大，当工作负载较大时，需要安装适当尺寸的散热器，否则会产生过热保护，使稳压器停止工作，不再输出电压。

（2）三端固定电压稳压器的应用

1）输出固定电压。图 5-4 所示为某车床数控系统的电源配置。220V 的交流市电经过隔离变压后，输出三组交流电压：26V、11V 和 9V。分别对这三组低压交流进行桥式整流、电容滤波和稳压处理，电压稳定分别采用 MC7924T、MC7812T 和 MC7805T 三端固定电压稳压器。最终输出的−24V 电压用来驱动 LCD 显示器，+12V 电压用来驱动直流继电器，+5V 电压供给 CPU 及其扩展芯片使用。其中，−24V 与+5V 共地，但与+12V 不共地。

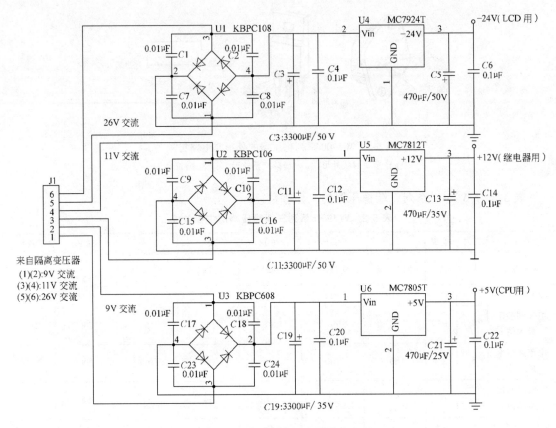

图 5-4 三端固定电压稳压器的应用

2）输出可调电压。三端固定电压稳压器也可以和运算放大器组成输出电压可以调节的稳压电路，如图 5-5 所示。电路中的运算放大器 F007 作为电压跟随器使用，它的工作电源借助于三端固定稳压器 W7805 的输入电压。该电路输出的直流电压 $V_O = 5(1 + R_2/R_1)$。调节电位器即可获得所需的电压。由于受到器件的限制，该集成稳压电源的输出电压可调范围为 7～30V。

3）扩展输出电流。当负载电流超过 W7800/W7900 系列稳压器的最大输出电流时，可以采取并联 W7800/W7900 稳压块或外接晶体管的方法来扩展输出电流。图 5-6 所示为扩展电流的应用电路。其中，图 5-6a 中并联两片 W7800 稳压块，即可得到单片电流的两倍；图 5-6b 中 VT 为 PNP 型功率半导体晶体管，应根据需要的电流最大值来进行选择。

图 5-6b 中，R_1 的阻值可由下式确定，即

$$R_1 = V_{BE}/(I_R - I_r/\beta)$$

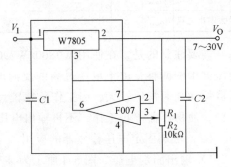

图 5-5 使用三端固定电压稳压器输出可调电压

式中　V_{BE}——PNP 晶体管 BE 结正向压降，取 0.3V；

　　　I_R——三端集成稳压器的输出电流；

　　　I_r——功率晶体管输出电流，$I_r = I_O - I_R$；

　　　I_O——扩展后的输出电流；

　　　β——晶体管电流放大倍数。

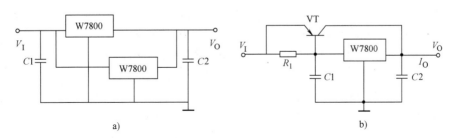

图 5-6　扩展输出电流应用电路

a）并联 W7800 扩展电流　b）采用 PNP 功率半导体晶体管扩展电流

2. 开关型集成稳压电源

开关型集成稳压电源采用功率半导体器件作为开关，通过控制开关的占空比来调整输出电压。功率器件只工作在饱和区和截止区，即"开"与"关"两种状态，所以通常被称为开关电源。开关电源的功耗低、散热少，效率可达 70%～95%，它可以直接由电网供电，前级不需要变压器，因而提高了对电网的适应能力。一般的线性串联稳压电源，允许电网的波动范围为 220（1±10%）V，而开关型稳压电源当电网电压在 110～260V 范围内变化时，都可获得稳定的输出电压。

正因为开关型稳压电源的输出电流大、转换效率高、体积小、重量轻、稳压范围宽、稳压精度高等显著特点，其越来越多地被应用在电视机、计算机以及各种通信设备和电子产品中。但是，在选用开关型稳压电源时，一定要注意它的最大缺点：纹波电压高，存在高频开关噪声。

开关型稳压电源与线性稳压电源之间的区别见表 5-3。

表 5-3　开关型稳压电源与线性稳压电源的区别

比较内容	线性稳压电源	开关型稳压电源
工作状态	线性集成稳压器内部功率管工作在线性放大区	开关型集成稳压器内部或外部的功率管工作在开关状态的非线性区
输出电流	不能很大	可以很大
稳压类型	只有降压类型一种	可以有降压型、升压型及极性反转型等多种类型
稳压范围	输入、输出之间压差不能太大,稳压范围不大	输出电压靠改变开关管工作状态的脉宽或频率来完成,与输入、输出电压差无关,稳压范围宽
功耗及效率	功耗大、效率低	功耗小、效率高
输出噪声	噪声小,对纹波电压抑制能力强	存在高频开关噪声
电路结构	工作原理和结构简单	工作原理和结构复杂
输入电压范围	输入电压动态范围窄	输入电压动态范围宽
体积及重量	体积大、重量重,不便于小型化	体积小、重量轻,便于小型化
输入、输出隔离	输入、输出无法隔离	输入、输出可以做成隔离型

二、大功率线性直流电源

在机电一体化设备中，控制系统需要小功率的直流稳压电源，但伺服驱动系统通常需要大功率的直流电源，只不过不必稳压。例如，在驱动步进电动机时，有的驱动器就需要提供电压在 20~310V 的直流电源，电流在 1~10A 之间。

获得大功率直流电源的方法很多，可以采用晶闸管、整流桥以及整流二极管等。下面举例说明采用变压器和整流二极管来获得大功率直流电源的方法。

图 5-7 所示为一种三相反应式步进电动机驱动器的供电电源。带有中心抽头的变压器输出三组交流电压，分别是 16V、32V 和 130V。16V 的交流经整流和滤波后，由三端稳压块 W7815 稳压，输出 15V 的直流电压，供给 CMOS 集成电路使用。32V 和 130V 两组交流分别由 BY228（3A/1500V）二极管整流，其中 32V 这一组电流较大，两只 BY228 并联使用，整流后再经 2200μF/470V 的电解电容滤波，即可获得 45V 和 180V 两组直流电压，作为三相反应式步进电动机的低压和高压驱动电源。

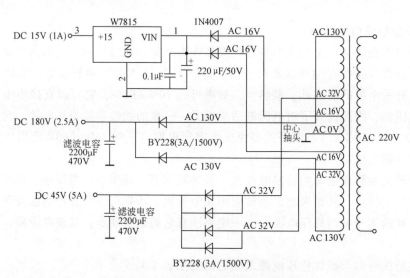

图 5-7 大功率直流电源的整流电路

三、电源的干扰与抑制

1. 交流电源的供电抗干扰

（1）加大电源功率 为了使测控装置能适应负载的突变，防止通过电源造成内部干扰，整机电源必须留有较大的储备量。

（2）分相供电 由于很多干扰是由电源线引入的，因此在供电线路配置上，常把干扰大的设备与测控装置经由不同的相线供电。

（3）测控装置与动力设备分别供电 动力设备所用的交流电源容量大，受各种负载变化的影响大，干扰严重，而且负载不对称时，中性点往往发生较大的偏移。测控装置使用的交流低压电源容量小，但要求电压尽量稳定，干扰尽量小。因此，两种电源最好分开。常用的措施是将配电箱分开或将电源变压器分开。

2. 交流电源抗干扰综合方案

建立一种理想的交流电源抗干扰综合方案，如图 5-8 所示。图中的交流稳压器抑制电网电压的缓慢波动；1：1 的隔离变压器的一次侧和二次侧采用屏蔽接地，它不但起到静电屏蔽作用，同时也将一次侧、二次侧的地线隔离开来，减少因交流电压波动通过地线电阻产生的影响；从电网来

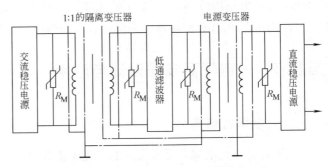

图 5-8　理想的交流电源抗干扰综合方案

的高频干扰，特别是浪涌电流，经压敏电阻 R_M 吸收后，残存的干扰信号由低通滤波器抑制；电源变压器的屏蔽层可以进一步阻止一次侧的干扰窜入微机系统。

这种交流电源方案具有理想的供电质量，但体积偏大，成本较高，一般只用在对抗干扰要求很高的测控系统中。选择交流电源的抗干扰方案，要根据系统的工作环境和设备的具体要求，选择简单、稳定而又可靠、经济的方案。

3. 隔离电源

在机电控制系统中，为了防止市电及现场的各种电磁干扰对系统造成损害，提高系统工作的可靠性，常采用电源隔离技术，将系统与输入单元、输出单元，以及与系统互联的单元隔离开来。大量的实践证明，通过电源引入的干扰，是造成系统受损或工作不可靠的主要因素。因此，在设计系统时，要使被隔离的各个部分具有独立的隔离电源进行供电，以切断通过电源窜入的各种干扰。

隔离电源的获得可有几种途径。一种途径是采用不同的电源供电，或采用图 5-9 所示的具有无直接关联的二次侧输出电压，对其输出 V_1、V_2 分别进行整流、滤波、稳压等处理，即可获得不共地的直流稳压电源。

另一种获得隔离电源的方法是，使用具有直流隔离功能的DC/DC 变换器，如图 5-10 所示。它的输出电压可以与输入电压相同，也可以不同。如 5S5 型 DC/DC 变换器的输入电压为 5V，

图 5-9　变压器输出隔离电源

输出电压也为 5V；而 12D5 型 DC/DC 变换器的输入电压为 12V，输出电压则为 ±5V。

目前，市场上有不同规格的 DC/DC 变换器可供选用，用户在进行系统设计时，要根据所需的隔离电压和输出电流，选择合适的产品。相同电压、不同电流的 DC/DC 变换器价格差别很大。

DC/DC 变换器的应用举例如图 5-11 所示。机电设备的限位开关闭合时，光电耦合器导

图 5-10　DC/DC 变换隔离

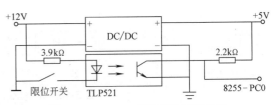

图 5-11　DC/DC 变换器的应用举例

通，8255 的 PC0 引脚收到一个低电平信号，控制系统随即做出反应。从图 5-11 中可以看出，由于使用了 DC/DC 变换器，光电耦合器的前级与后级的供电电源已被隔离。

第四节　光电隔离电路设计与应用

一、光电耦合器简介

光电隔离是由光电耦合器来完成的。光电耦合器是以光为媒介传输信号的器件，其输入端配置发光源，输出端配置受光器，因而输入和输出在电气上是完全隔离的。开关量电路在接入光电耦合器之后，输入侧与输出侧的信号得到了电气隔离，互不影响。

1. 光电耦合器的主要特点

1）输入阻抗很低，而干扰源内阻一般都很大。按分压比原理，传送到光电耦合器输入端的干扰电压就变得很小了。

2）有一些干扰信号电压幅值虽然很高，但持续时间很短，没有足够的能量，因此不能使光电耦合器的二极管发光，于是干扰就被抑制掉了。

3）输入与输出间的电容很小，绝缘电阻又非常大，因而被控设备的各种干扰很难反馈到输入系统中。

4）发光管和受光器密封在一个管壳内，因而不会受到外界光的干扰。

5）容易与逻辑电路配合使用。

6）响应速度快，响应时间通常在微秒级，甚至纳秒级。

7）无触点、寿命长、体积小、耐冲击。

2. 光电耦合器的主要作用

（1）信号隔离　将输入信号与输出信号进行隔离。

（2）电平转换　将输入信号与输出信号的幅值进行转换。

（3）驱动负载　一些隔离驱动用的光电耦合器件，如达林顿晶体管输出型和晶闸管输出型，不但含有隔离功能，而且还具有较强的负载驱动能力。

3. 光电耦合器的主要形式

光电耦合器的常见结构形式如图 5-12 所示。其中，图 5-12a 所示为普通的信号隔离用光电耦合器，以发光二极管为输入端，光电晶体管为输出端，这种光电耦合器一般用来隔离频率在 100kHz 以下的信号。对于普通型光电耦合器，如果光电晶体管的基极有引出线，则可

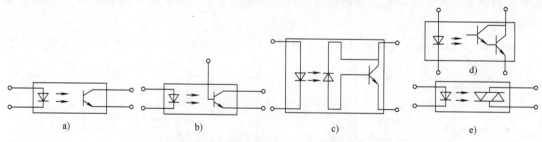

图 5-12　光电耦合器的常见结构形式

a）普通型　b）补偿型　c）高速型　d）达林顿型　e）晶闸管型

用于温度补偿与检测等，如图 5-12b 所示。图 5-12c 所示为高速型光电耦合器的结构形式，与普通型不同的是，其输出部分采用光电二极管和高速开关管组成复合结构，具有较高的响应速度。图 5-12d 所示为达林顿管输出型光电耦合器，其输出部分以光电晶体管和放大晶体管构成达林顿管输出电路，可直接用于驱动较低频率的负载。图 5-12e 所示为晶闸管输出型光电耦合器，其输出部分为光控晶闸管，光控晶闸管有单向、双向两种，图 5-12e 中为双向结构，这种光电耦合器通常用在大功率的驱动场合。

二、光电耦合器的主要参数

常用光电耦合器的主要参数见表 5-4。

表 5-4　常用光电耦合器的主要参数

型号 规格	生产 厂家	I_F /mA	I_C /mA	CTR_{min} (%)	CTR_{max} (%)	$V_{(BR)CEO}$ /V	$V_{(BR)ECO}$ /V	$V_{CE(sat)}$ /V	$t_{ON}/t_{OFF}max$ /μs	V_{ISO} /kV
TLP521	TOSHIBA	50	50	100	600	55	7	0.4	2/3	2.5
PC817A	SHARP	50	50	80	160	35	6	0.2	18/18	5.0
4N25	Motorola	60	150	20	—	30	—	0.5	2.8/4.5	7.5
6N137	TOSHIBA	50	50	—	—	—	7	0.6	0.075/0.075	2.5
HLPC-2503	FSC	50	50	12	—	—	—	—	0.8/0.8	2.5

表 5-4 中前三种属于普通晶体管输出的光电耦合器，后两种属于高速 TTL 逻辑输出的光电耦合器。它们的主要区别表现在光电反应的速度上，价格上也有差异。

在选择光电耦合器时，需要考虑以下参数：

1) 正向导通电流 I_F。当发光二极管通以一定电流 I_F 时，光电耦合器处于导通状态。表 5-4 中所列 I_F 为额定值，超过该值时发光二极管就有可能损坏。

2) 集电极电流 I_C。表示输出端的工作电流。当光电耦合器处于导通状态时，流过光电晶体管（或晶闸管）的电流如果超过额定值，就有可能使输出端击穿而导致器件损坏。

3) 电流传输比 CTR。表示当输出电压保持恒定时，集电极电流 I_C 和正向导通电流 I_F 的百分比。

4) 集电极-发射极反向击穿电压 $V_{(BR)CEO}$。

5) 发射极-集电极反向击穿电压 $V_{(BR)ECO}$。

6) 集电极-发射极饱和压降 $V_{CE(sat)}$。

7) 响应时间 $t_{ON}/t_{OFF}max$。表示光电耦合器的响应速度。

8) 隔离电压 V_{ISO}。表示光电耦合器对电压的隔离能力。

三、光电耦合器应用电路举例

光电耦合器在机电控制系统中的应用非常广泛，如光电隔离电路、长线隔离器、TTL 电路驱动器、CMOS 电路驱动器、A-D 模拟转换开关、交流/直流固态继电器等。

1. TLP521 系列光电耦合器的典型应用

TLP521 系列光电耦合器为目前广泛使用的普通晶体管输出的光电耦合器。图 5-13 所示为 TLP521-1 在开关信号输入电路中的应用。其输入端由 +12V 电源供电，输出端由 +5V 电

源供电，且两端电源不共地，这样
就达到了隔离的效果。图中的限位
开关断开时，发光二极管无正向导
通电流，不发光，输出端的晶体管
截止，输出信号（送到 8255 的 PC0
引脚）为高电平；限位开关闭合

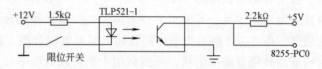

图 5-13　TLP521 隔离输入的开关量

时，输入端构成回路，二极管有正向导通电流，开始发光，光电晶体管的基极获得电流，集
电极和发射极导通，输出信号被拉
低，于是 8255 的 PC0 引脚变成低
电平，CPU 读取后判断限位信号
有效。

　　图 5-14 所示为 TLP521-1 在开
关信号输出电路中的应用。接口芯
片 8255 的 PA0 引脚输出高电平或
低电平，通过光电耦合器隔离和晶

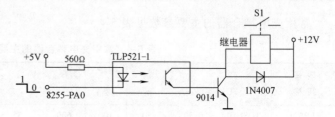

图 5-14　TLP521 隔离输出的开关量

体管放大后，驱动直流继电器，控制常开触点 S1 的断开或闭合。

　　表 5-5 为 TLP521 系列光电耦合器的推荐工作参数。

表 5-5　TLP521 系列光电耦合器的推荐工作参数

参数特性	符　号	最小值	典型值	最大值	单位
供电电压	V_{CC}	—	5	24	V
正向电流	I_F	—	10	25	mA
集电极电流	I_C	—	1	10	mA
工作温度	T_{opr}	−25	—	85	℃

2. 6N137 高速光电耦合器的典型应用电路

　　在某些对信号传输速度要求高的场合，使用普通速度的光电耦合器无法满足要求，此时
可以采用高速光电耦合器 6N137，其内部结构原理如图 5-15 所示。6N137 由磷砷化镓发光二
极管和光敏集成检测电路组成，它通过光电二极管接收信号，并经内部高增益的线性放大器
把信号放大后，由集电极开路门输出。该器件高低电平传输延迟时间短，典型值仅为 48ns。
除此之外，6N137 还具有一个控制脚（第 7 脚，也叫使能端），通过对该引脚的控制，可使
输出端呈高阻状态。

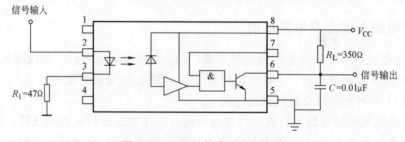

图 5-15　6N137 的典型应用电路

图 5-15 所示为高速光电耦合器 6N137 的典型应用电路。图中 V_{CC} 接+5V，发光二极管阳极接信号输入端，阴极串联下拉电阻 R_1 后接地，使能端（第 7 脚）悬空（为高）。当输入信号为高电平时，输出端 6 脚呈低电平；当输入信号为低电平时，输出端 6 脚呈高电平。

6N137 与常见的光电耦合器 TLP521、4N25 等相比，其速度要快 2 个数量级。除了在高速通信接口和隔离放大器中应用之外，在线性电路、电源控制、开关电源和传感变换等方面的应用中也获得了很好的效果。

3. MOC3041 大功率驱动光电耦合器的典型应用电路

MOC3041 是与双向晶闸管配套的光电耦合器，如图 5-16 所示。它与一般光电耦合器的不同之处在于，其输出部分是一只光电双向晶闸管，并带有过零触发电路，以保证在电压接近为零时触发晶闸管。其输出端的额定电压为 400V，可适用于 220V 或 380V 交流使用。输入端与输出端的隔离电压 V_{ISO} 高达 7.5kV，常用在大功率的隔离驱动场合。

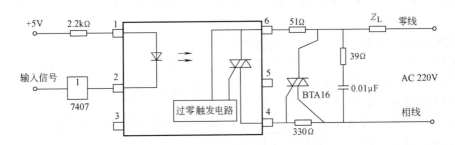

图 5-16　MOC3041 的典型应用电路

图 5-16 所示为 MOC3041 的典型应用电路。由于 MOC3041 输入端的额定电流为 15mA，因此，在驱动回路中加了一只 2.2kΩ 的限流电阻；输入信号经过 7407 的目的是将电流进行放大；在 MOC3041 的输出端，与双向晶闸管 BTA16 并联的电阻、电容，是为了在使用感性负载时吸收与电流不同步的过电压；而门极的 330Ω 电阻则是为了提高抗干扰能力，以防误触发。当输入信号为高电平时，MOC3041 的输入端二极管无正向导通电流，不发光，输出端截止，负载 Z_L 上无电压；当输入信号为低电平时，输入端的二极管发光，输出端导通，220V 交流送到负载 Z_L 上。

第五节　开关量输入通道电路设计与应用

开关量输入通道也称二值型数字量输入通道，它将用双值逻辑"1"和"0"表示的电压或电流的开关量，转换为计算机能够识别的数字量，其结构框图如图 5-17 所示。

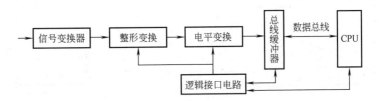

图 5-17　开关量输入通道的结构框图

典型的开关量输入通道通常由以下几个部分组成：

（1）信号变换器　将工业过程的非电量或电磁量转换为电压或电流的双值逻辑值。比如，有触点的机械开关或无触点的接近开关等。

（2）整形变换电路　将混有毛刺之类干扰的双值逻辑信号，或前后沿不合要求的输入信号，整形为接近理想状态的方波。

（3）电平变换电路　将输入的双值逻辑电平转换成与 CPU 兼容的逻辑电平。

（4）总线缓冲器　暂存数字量信息并实现与 CPU 数据总线的连接。

（5）接口电路　协调通道的同步工作，向 CPU 传递状态信息并控制开关量到 CPU 的输入。

一、有触点开关量及其输入电路

有触点开关也称机械式开关，如行程开关、控制按钮、继电器、接触器、干簧管等。有触点开关分为常开、常闭两种形式，这种开关在开、闭时会产生抖动，所以在实际应用中需要采取措施消除抖动。

1. 机械有触点开关的抖动问题及消抖措施

在机械有触点开关中，当触点闭合或打开时将产生抖动，使得开关量在瞬间的状态不稳，如图 5-18 所示。抖动时间的长短由按键的机械特性决定，一般为 5~10ms。若是工作在计数方式或作为中断输入，将导致系统工作不正常，因此采用触点消抖措施是十分必要的。

（1）双稳态消抖电路　图 5-19 所示是由 74LS00 两个与非门构成的双稳态消抖电路。可以看

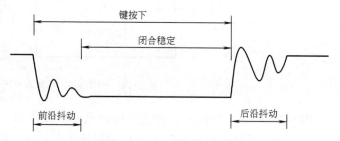

图 5-18　按键抖动信号波形

出，在开关的切换过程中，触点产生抖动对 OUT 的输出电平没有影响。这样，输入的开关量经双稳态电路去抖后，输出标准的方波，便于后续处理。

（2）MAX6816 消抖芯片　由 MAXIM 公司生产的 MAX6816 芯片，专门用于消除机械按键的抖动，无需外接元件。当收到一个或多个由按键操作产生的抖动信号时，经过短暂的预定延时后，MAX6816 产生干净的数字信号输出。它能够去除 ±25V 的抖动信号，采用单电源供电，电压 V_{CC} 的范围在 2.7~5.5V。其内部的低电压闭锁电路，使得输出在上电期间保持正确的有效状态。去抖动延时的典型值为 40ms，最小值为 20ms，最大值为 60ms。其典型应用电路如图 5-20 所示。

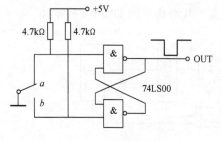

图 5-19　双稳态消抖电路

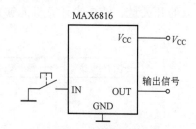

图 5-20　MAX6816 消抖应用

（3）软件消抖措施 除了硬件消抖外，实际应用中也常采用软件消抖。软件消抖主要是滤去干扰信号。叠加在开关量上的干扰多呈毛刺状，作用时间短，利用这一特点，可多次重复采集某一输入信号，直至连续采集到几次方认为有效。

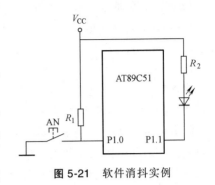

图 5-21 软件消抖实例

如图 5-21 所示，单片机 AT89C51 的 P1.0 口接一按键 AN，P1.1 口接一发光二极管。编制软件，使得按键闭合时发光二极管点亮，断开时熄灭。

用手按键时存在抖动问题，设计软件时需要加以考虑，汇编程序如下：

```
START：        SETB       P1.1              ；灯灭
LOOP1：        JB         P1.0，START       ；有键按下吗？
               CALL       DELAY             ；软件延时
               JB         P1.0，LOOP1       ；按键还保持闭合吗？
               CALL       DELAY             ；软件延时
               JB         P1.0，LOOP1       ；按键还保持闭合吗？
               CLR        P1.1              ；按键有效，灯点亮
               SJMP       LOOP1             ；继续循环
```

程序中 CALL DELAY 表示调用一个延时子程序，延时时间可选 50ms 左右。

2. 机械有触点开关量输入电路的形式

机械有触点开关量的输入电路一般有以下两种形式：

（1）控制系统自带电源方式 这种方式一般用于开关安装位置离计算机控制装置较近的场合，供电电源多为直流 24V 以下。如图 5-13 所示，当限位开关压下时，8255 的 PC0 获得低电平信号。

（2）外接电源方式 这种方式适合于开关安装在离控制设备较远位置的场合。外接电源可采用直流或交流形式。采用直流电源形式的电路如图 5-22 所示。

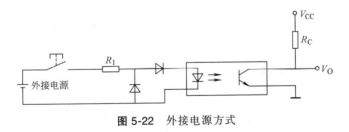

图 5-22 外接电源方式

二、无触点开关量及其输入电路

无触点开关也称接近开关。它通过检测传感器与物体之间位置关系的变化，将非电量或电磁量转化为所需要的电信号，从而达到控制或测量的目的。无触点开关具有使用寿命长、工作可靠、重复定位精度高、无机械磨损、无火花、无噪声、抗振能力强等优点。因此，其应用范围日益广泛，自身的发展速度也极其迅速。

根据工作原理的不同，无触点开关可分为电感式、电容式、光电式和霍尔式等。无论选用哪种接近开关，都应注意对工作电压、负载电流、响应频率、检测距离等各项指标的要求。

1. 电感式接近开关

当被测对象是导电物，或者可以被固定在一块金属板上，一般都选用电感式接近开关。电感式接近开关由 LC 高频振荡器和放大处理电路组成，利用金属物体在接近这个能产生电磁场的振荡感应头时，使物体内部产生涡流，这个涡流反作用于接近开关，使接近开关振荡能力衰减，内部电路的参数发生变化，由此识别出有无金属物体接近，进而控制开关的通或断。这种接近开关所能检测的物体必须是金属导电物。其结构框图如图 5-23 所示。电感式接近开关的响应频率高、抗干扰性能好、价格也较低。

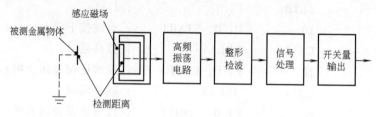

图 5-23 电感式接近开关的结构框图

2. 电容式接近开关

若被测对象是液位高度、粉状物高度等，通常选用电容式接近开关。这种开关的响应频率虽较低，但稳定性好。电容式接近开关的测量头相当于电容器的一个极板，而另一个极板则是被测物体本身。当被测物体移向接近开关时，物体和接近开关之间的介电常数发生变化，使得和测量头相连的电路状态也随之发生变化，由此便可控制开关的接通和关断。用这种接近开关来检测的物体，并不限于金属导体，也可以是绝缘的液体或粉状物固体等。其结构框图如图 5-24 所示。

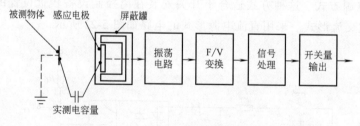

图 5-24 电容式接近开关的结构框图

3. 光电式接近开关

在环境条件比较好、无粉尘、无污染的场合，可采用光电式接近开关。光电式接近开关工作时对被测对象几乎无任何影响。因此，在一些环境较好的场合经常被使用，如办公自动化设备和食品机械等。

光电式接近开关具有体积小、可靠性高、检测位置精度高、响应速度快、易与 TTL 及 CMOS 电路兼容等优点，它分为透光型和反射型两种。

4. 电感式、电容式与光电式接近开关的接线

电感式、电容式与光电式接近开关的接线形式基本相同，如图 5-25 所示，通常有三线常开/常闭式和二线常开/常闭式两种接法。三线式又分 PNP 输出型与 NPN 输出型。

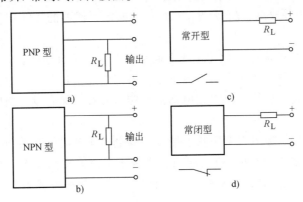

图 5-25　电感式、电容式与光电式接近开关的接线形式
a) 三线 PNP 型　b) 三线 NPN 型　c) 二线常开型　d) 二线常闭型

图 5-26 所示为二线式常开型接近开关的接线方法。该产品型号为 FA12-4LA，由浙江洞头头飞凌传感器制造公司生产。其主要参数为：电感式接近开关，二线常开型，工作电压直流 10～30V，最大电流 50mA。产品有两根线，一根标"+"，另一根标"−"。由于工作电流不能超过 50mA，所以在使用 24V 供电时，选择了 680Ω 的限流电阻。

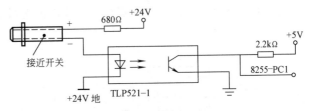

图 5-26　接近开关的接线示例

接近开关的输入信号经过光电隔离后，送给可编程接口芯片 8255 的 PC1 脚。当没有金属物体靠近开关的感应头时，光电耦合器 TLP521—1 不导通，PC1 获得高电平；当有金属物体靠近感应头时，光电耦合器导通，PC1 获得低电平。

5. 霍尔式接近开关

霍尔式接近开关也叫霍尔开关，其检测对象必须是磁性物体。它可以方便地把磁输入信号转变成电信号，安装简单，可靠性高。

（1）工作原理　霍尔开关的结构如图 5-27 所示，它由稳压器 1、霍尔片 2、差分放大器 3、斯密特触发器 4 以及输出级 5 组成。其输出特性如图 5-28 所示，在外磁场的作用下，当

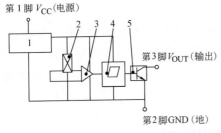

图 5-27　霍尔开关的结构
1—稳压器　2—霍尔片　3—差分放大器
4—斯密特触发器　5—输出级

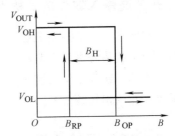

图 5-28　霍尔开关的输
出特性（开关型）

磁感应强度 B 超过导通阈值 B_{OP} 时，霍尔电路输出管导通，输出低电平；之后，B 再增加，仍保持导通状态；若外加磁场的 B 值降低到 B_{RP} 时，输出管截止，输出高电平。其中，B_{OP} 称为工作点，B_{RP} 称为释放点，$B_{OP} - B_{RP} = B_H$ 称为回差，回差的存在使得霍尔开关电路的抗干扰能力显著增强。

（2）在机电产品中的应用　数控车床上通常装有多工位自动回转刀架，如图 5-29 所示。刀架的转位过程如下：数控系统发出换刀信号→刀架电动机正转→上刀体上升并转位→转到需要刀位时，霍尔开关发出信号→刀架电动机反转→检查刀架有没有锁紧→刀架电动机停转→换刀结束。

其中，刀架的刀位信号由刀架定轴上端发信盘上的 4 个霍尔开关和一块永久磁铁检测获得。4 个霍尔开关安装在一个塑料盘的四周，代表 4 工位刀架的 4 个刀位（6 工位时需 6 只霍尔开关）。当上刀体旋转时，带动磁铁一同旋转，转到什么位置需要停止，可通过霍尔开关的输出信号来检测。

图 5-29 中，发信盘上的 4 只霍尔开关型号为 UGN3120U。它有 3 个引脚，第 1 脚接 +12V 电源，第 2 脚接 +12V 地，第 3 脚为输出。当磁铁对准某一个霍尔开关时，其输出端第 3 脚送出低电平；当磁铁离开时，送出高电平。4 只霍尔开关输出的刀位信号 $T1 \sim T4$ 分别送到光电隔离电路进行处理，光电耦合器的输出再送给 I/O 接口芯片 8255。

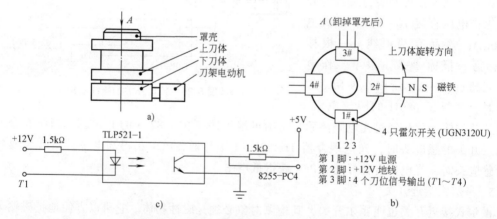

图 5-29　霍尔开关在自动回转刀架中的应用
a）回转刀架　b）发信盘上的霍尔开关　c）刀位信号的处理

三、开关量输入软件抗干扰设计

不管是有触点的开关还是无触点的开关，它们送给机电控制系统的数字信号均能保持较长的时间，而干扰信号多呈毛刺状，作用时间短。利用这一特点，可多次重复采集某一数字信号，直到连续几次采集结果完全一致时方为有效。若多次采集后，信号总是变化不定的，可停止采集，并给出报警信号。

第六节　开关量输出通道电路设计与应用

在机电控制系统中，对被控设备的驱动控制常采用模拟量输出和开关量（数字量）输出两种方式。模拟量输出的方法，由于受模拟器件的漂移影响，很难达到较高的控制精度，所以现在应用较少。随着电子技术的迅速发展，特别是计算机进入测控领域后，开关量（数字量）输出控制得到广泛应用。在许多场合，开关量输出的控制精度要比一般的模拟量控制高很多，而且在改变控制算法时，无须改动硬件，只要改动程序即可满足要求。

一、开关量输出通道的隔离技术

在开关量输出通道中，为了防止现场强电磁干扰或工频电压通过输出通道窜入测控系统，必须采用隔离技术。在输出通道的隔离中，最常见的是光电隔离技术，因为光信号的传送不受电场、磁场的干扰，可以有效地隔离电信号。具体的光电隔离措施和应用电路参见本章第四节的光电隔离介绍。

二、低压开关量输出通道的应用设计

机电控制系统的开关量输出信号，通常是由 I/O 接口芯片给出的低压直流信号，如 TTL 电平信号。这种电平信号一般不能直接驱动外设，需要经过接口电路的转换处理。

对于低压开关量的输出控制，可采用晶体管、OC 门（集电极开路）或运算放大器等器件输出，如驱动信号灯、低压电磁阀、直流电动机等。需要注意的是，在使用 OC 门时，由于它为集电极开路输出，在其输出为高电平时，实质只是一种高阻态，所以必须外接上拉电阻，如图 5-30 中的 R。此时的输出驱动电流主要由电源 V_{CC} 提供，只能做直流驱动，并且 OC 门的驱动电流不宜过大，一般控制在几十毫安。如果被驱动设备所需驱动电流较大，则可以采用晶体管输出方式，如图 5-31 所示。

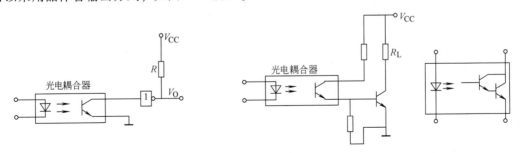

图 5-30 低压开关量的 OC 门输出　　　　图 5-31 开关量经晶体管驱动输出

开关量的输出控制也常采用专门的驱动芯片，如 MC1413（ULN2003）、MC1416（ULN2004）等。这些芯片又称达林顿晶体管阵列驱动器。图 5-32 所示为 MC1413 的内部结构，其内部每个达林顿复合管的输出电流可达 500mA，截止时能承受的电压为 100V。

图 5-33 所示为 MC1413 的典型应用。可编程接口芯片 8255 从 PA0 引脚送出的低电平信号，经光电隔离后输出高电平，再由 MC1413 反相输出低电平送给直流继电器，而直流继电器的另一端接的是 +12V 电源，于是继电器线圈得电，常开触点闭合，完成指定的控制动作。

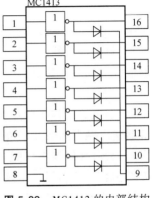

图 5-32 MC1413 的内部结构

三、继电器输出的接口技术

继电器方式的开关量输出，是目前最常用的一种方式。就抗干扰设计而言，采用继电器实际上是对开关量输出进行隔离，因为继电器的线圈与其触点没有电气上的关联。一些小功率的负载可由继电器直接切换，对于一些大功率的负载，可把继电器当作中间环节（也称中间继电器），利用中间继电器的触点来控制交流接触器线圈的得电与失电，从而控制大型负载，如机床主电动机的起、停等，完成从低压直流到高压交流的过渡控制。这就是人们经常所说的"用弱电来控制强电"的一种方法。详细的继电器-接触器控制电路如图5-34所示。

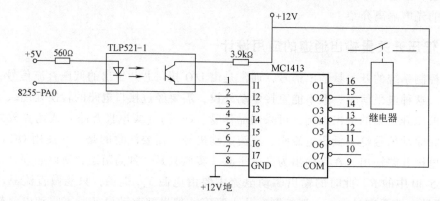

图 5-33　MC1413 的典型应用

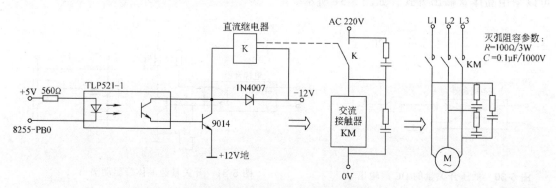

图 5-34　继电器-接触器控制电路

采用继电器-接触器输出开关量时，需要注意以下问题：

1）继电器的线圈是感性负载，当线圈失电时会产生较高的感应电动势，因此在直流继电器线圈的两端需要反接一只续流二极管，用于反向放电，以便保护继电器前级的驱动器件，如图5-34中的1N4007。

2）继电器的输出触点在开关的瞬间，容易产生电火花，可能会引起干扰，通常在交流接触器输出触点两端并联 R-C 阻容来解决。

3）交流接触器在线圈失电时，会产生强烈的电弧，所以务必在交流接触器线圈两端跨接 R-C 阻容，且引线越短越好，以抑制电火花的产生。实践表明，继电器-接触器控制线路中，最强的干扰就来自于此。

4）至于交流接触器控制的大型负载，如三相交流异步电动机等，也需在其供电端子之间跨接灭弧阻容，具体参数如图 5-34 所示。

5）经常切换交流高压时，继电器和接触器的触点易氧化，应注意定期检查更换。

四、固态继电器输出的接口技术

固态继电器（Solid State Relay，SSR）是一种由固态电子元器件组成的新型无触点开关。它利用分立元件、集成器件以及微电子技术，实现了控制回路（输入）与负载回路（输出）之间的电气隔离及信号耦合。它具有工作可靠、驱动功率小、无触点、无噪声、抗干扰、开关速度快、使用寿命长等优点。由于它能与 TTL、HTL、CMOS 等数字电路相兼容，因此在计算机 I/O 接口、防爆场合、自动控制领域应用十分广泛。

固态继电器按其负载类型可分为直流型（DC-SSR）和交流型（AC-SSR）两类。

1. 直流型 SSR

图 5-35 所示为直流型 SSR 的内部结构原理，1、2 为输入引脚，3、4 为输出引脚。这种 SSR 主要用于驱动大功率的直流负载。其输入端为一光耦合器，可用 OC 门或晶体管直接驱动，驱动电流一般小于 15mA，输入电压在直流 4~32V 之间；其输出端由晶体管组成，输出断态电流一般小于 5mA，输出工作电压为直流 30~180V（5V 开始工作），开关时间小于 200μs。

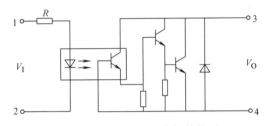

图 5-35　直流型 SSR 的内部结构原理

2. 交流型 SSR

交流型 SSR 一般为四端组件，其中两端为输入，另两端为输出。其工作原理框图如图 5-36 所示。在输入端加上合适的控制信号，就可以控制输出端的通断，从而完成开关的功能。耦合电路采用光耦合器作为输入输出间的通道，在电气上完全隔离，可防止输出端对输入端的干扰。过零电路保证输入信号在开关器件两端电压过零的瞬间能够触发开关器件，从而完成在电压过零条件下的通断动作，减少了开关过程所产生的干扰。吸收电路由 R、C 串联组成，其作用是吸收电源中的尖峰电压和浪涌电流，保护开关器件。不管是过零型的 SSR 还是非过零型的 SSR，它们的关断条件是相同的，即当输入的控制信号撤除之后，只有电源电流过零时双向晶闸管才被关断。

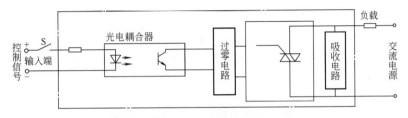

图 5-36　交流型 SSR 的工作原理框图

交流型 SSR 常用双向晶闸管作为开关器件，用于驱动大功率的交流负载。其输入电压为直流 4~32V，开关时间小于 200μs，输入电流小于 500mA，可采用晶体管直接驱动；输出端工作电压为交流，可用于 380V 或 220V 等常用市电场合；输出断态电流一般小于 10mA。

3. 典型应用电路

（1）直流型 SSR 的典型接口电路

图 5-37 所示为直流型 SSR 的典型接口电路。输出电路接有感性负载（如直流电磁阀或电磁铁）时，应在负载两端并联一只二极管，极性如图所示，二极管的电流应等于工作电流，电压

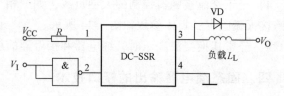

图 5-37　直流型 SSR 的典型接口电路

应大于工作电压的 4 倍。对于一般的阻性负载，不需二极管，可直连负载设备。需要注意的是，直流型 SSR 在工作时应尽量靠近负载，其输出引线应满足负荷电流的需要。直流型 SSR 使用的直流电源，如果是由交流降压后整流所得，其滤波用的电解电容参数应选大一些。

（2）交流型 SSR 的典型接口电路　图 5-38 所示为交流型 SSR 的典型接口电路。V_{CC} 为输入端的电源，电阻 R_X 是用来限制电流的。图 5-38a 中，输出端接的是稳定的阻性负载；图 5-38b 中，输出端接的是非稳定性的负载或感性负载。为了增加电路的可靠性，保护固态继电器，在驱动感性负载时，通常在 SSR 输出端跨接 $R\text{-}C$ 吸收回路和压敏电阻 RV，有时也在负载的两端并接电容 C_L，如图 5-38b 所示。

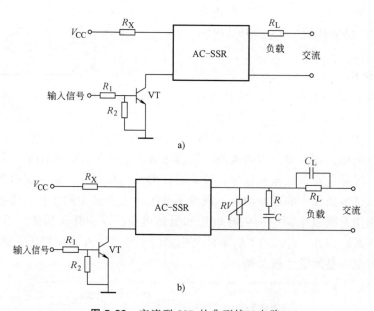

图 5-38　交流型 SSR 的典型接口电路
a）驱动稳定的阻性负载　b）驱动感性负载或非稳定性负载

4. 使用注意事项

1）使用固态继电器时，切忌将负载两端短路，否则会造成永久性损坏。

2）如果运行时的环境温度较高，选用的固态继电器应留有较大的余量。

3）当用固态继电器控制感性负载时，应接上氧化锌压敏电阻起保护作用。

4）固态继电器内部一般有 5～10mA 的漏电流，因此不宜用它直接控制很小功率的负载。

第七节 常用存储器与 I/O 接口芯片的应用电路设计

在设计机电控制系统时，首先遇到的问题就是存储器的扩展。当选用某种微控制器作为 CPU 时，虽然其内部设置了一定字节的存储器，但容量较小，远远不能满足实际需要。因此需要从外部进行扩展，配置外部存储器，包括程序存储器和数据存储器。其次要解决的问题是 I/O 口的扩展。在微控制器的内部，虽然设置了若干并行 I/O 接口电路用来与外围设备连接，但当外围设备较多时，I/O 接口可能就不够用，需要进行扩展。

本节主要介绍机电控制系统常用的存储器以及 I/O 接口芯片的扩展电路。

一、常用存储器及其扩展电路设计

1. 程序存储器

在机电控制系统中，目前用来扩展程序存储器的主要是 EPROM 芯片。它有两种，一种是采用紫外线擦除的 EPROM，另一种是采用电擦除的 EEPROM，两种芯片的引脚相同。常用的 EPROM 典型产品有 2716（2K×8 位）、2732（4K×8 位）、2764（8K×8 位）、27128（16K×8 位）、27256（32K×8 位）以及 27512（64K×8 位）等；常用的 EEPROM 主要有 Winbond 公司的 W27C 系列。

EPROM 芯片与 CPU 的连接分两种情况，一种是 CPU 本身不含 EPROM，另一种是 CPU 自带 EPROM。

（1）CPU 不含 EPROM 假定选择 MCS-51 系列单片机中的 8031 作为 CPU，该芯片为无 ROM 型微控制器，现要扩展 4KB 的 EPROM。其电路如图 5-39 所示，EPROM 选用 2732，它是 4KB 的芯片，共有 12 条地址线，其中的 A8~A11 分别接到 8031 的 P2.0~P2.3，而低 8 位的 A0~A7 不能直接连到 8031 的 P0 口，必须经过地址锁存器 74LS373，8031 的地址锁存允许信号 ALE 接至 74LS373 的 LE 端，用以传递锁存命令。ALE 信号的下降沿把 P0 口输出

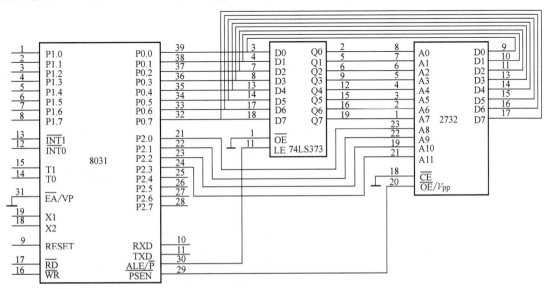

图 5-39 8031 单片机外扩 4KB 的 EPROM

的低 8 位 A7~A0 锁入 74LS373 中。74LS373 的输出允许信号 OE 是接地的，始终有效，故锁存器与其输出 Q0~Q7 是直通的，没有缓冲。

应当注意：图 5-39 中 8031 的 EA 引脚必须接地；P2 口已有部分引脚作为地址线用，其余引脚就不能再作为 I/O 口使用，只能闲置。8031 的 PSEN 接 2732 的输出允许端 OE，用以传递片外程序存储器的读选通信号。2732 的芯片允许脚 CE 接地，芯片始终处于工作状态。

当无 ROM 型微控制器扩展更大容量 EPROM，比如 8KB 的 2764、16KB 的 27128、32KB 的 27256、64KB 的 27512 时，连接方式与上例相似，区别仅仅在于高位地址线位数的不同。例如，图 5-40 所示为 8031 单片机与 64KB 程序存储器 27512 的连接情况，在此不做详细说明。

（2）CPU 自带 EPROM　假定选择 ATMEL 公司的 AT89C51 单片机作为 CPU，该芯片为自带 ROM 型微控制器，片内含有 4KB 的 EEPROM，为电擦除型。构成系统时，4KB 的 ROM 空间不够用，需要外扩。但要注意，AT89C51 的内部已有 4KB 的程序存储空间，如果不需要这一空间，那么将其 EA 引脚接地即可，扩展方法同上例；如果需要使用这部分空间，那么 EA 引脚必须接高电平，且片外扩展的 EPROM 地址应从 1000H 开始。

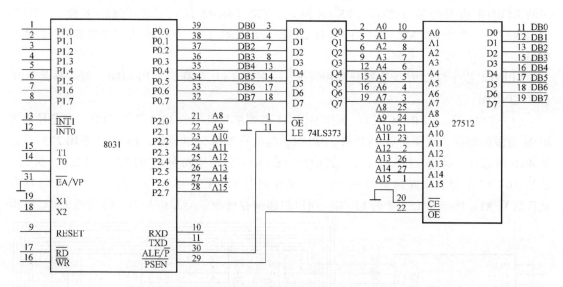

图 5-40　8031 单片机外扩 64KB 的 EPROM

如图 5-41 所示，使用了一片 74LS138 作为地址译码器，外扩的 EPROM 为 16KB 的 27128 芯片，14 条地址线 A0~A13 组合而成的地址码，可选择片内 16KB 中的任一存储单元。译码器的 4 个输出 Y1~Y4 任一有效时，均可使 27128 的芯片允许信号 CE 有效。不难算出，图中 27128 的地址范围是 1000H~4FFFH，因此整个系统的 EPROM 地址范围是 0000H~4FFFH。

2. 数据存储器

在机电一体化设备的专用控制系统中，数据存储器通常选用静态 RAM（SRAM）。因为在使用 SRAM 时，无需考虑刷新问题，且与 CPU 的连接简单。常用的 SRAM 芯片主要有 6116（2K×8 位）、6264（8K×8 位）、62256（32K×8 位）、628128（128K×8 位）等。

数据存储器的扩展与程序存储器的扩展，在地址线的处理上是相同的，所不同的是，除

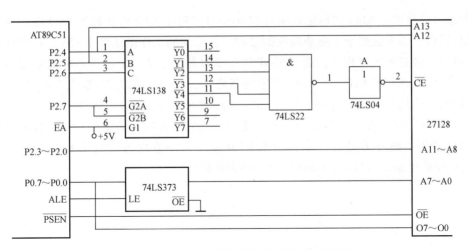

图 5-41 AT89C51 单片机外扩 16KB 的 EPROM

读选通信号各异之外，尚需考虑写选通的控制问题。

图 5-42 所示为 AT89C51 单片机与 32KB 的 SRAM 芯片 62256 的连接方法。62256 芯片只有一个片选信号引脚 CS，现用 CPU 的 P2.7 引脚来选通它；8 根数据线 I/O7～I/O0 直接挂在 CPU 的 P0 口；15 根地址线 A14～A0 分为高 7 位和低 8 位，其中高 7 位与 CPU 的 P2.6～P2.0 引脚相连，低 8 位与地址锁存器 74LS373 的输出端相连；数据读允许引脚 OE 与 CPU 的 RD 连接；数据写允许引脚 WE 与 CPU 的 WR 连接。可以算出，该 62256 的地址范围是 0000H～7FFFH。

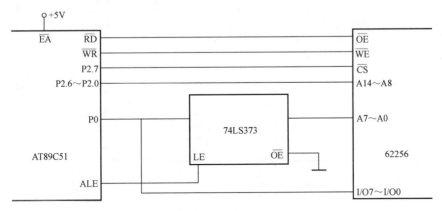

图 5-42 AT89C51 外扩 32KB 的 SRAM

在很多应用场合，要求 SRAM 芯片内部的数据在掉电后不丢失，这时就需要增加掉电保护电路。SRAM 属 CMOS 芯片，静态电流小，正常运行时由电源对其供电，而在掉电状态下，由小型蓄电池对其供电，连续掉电后，蓄电池可维持数据 3～5 个月不丢失。但是，控制系统在上电及断电的过程中，因为总线状态的不确定性，往往导致 SRAM 内部数据发生变化，也即数据受到冲击。因此，对于掉电保护数据用的 SRAM 芯片，除了配置供电切换电路外，还要采取数据防冲措施。

图 5-43 所示为 6264 芯片的掉电保护电路。6264 具有两个片选引脚，其中 CE1 为低电平有效，CE2 为高电平有效。CE1 用 CPU 的高位地址线 A15、A14、A13 经 74LS138 的输出

Y0 来选通，容易算得 6264 的地址范围是 0000H～1FFFH。CE2 由比较器 LM393 的输出经两次反相后提供。当系统处于上电或断电的过程中，系统的工作电压低于 +5V，LM393 比较器输出低电平，经过两次反相后，送到 6264 的 CE2 也是低电平，于是禁止对 6264 进行读/写；当系统的工作电压 +5V 稳定后，LM393 输出高电平，6264 的第二片选 CE2 也变成高电平，如果此时第一片选 CE1 为低电平，那么 CPU 就能对 6264 进行读/写操作了。

图 5-43 中的右下角为 6264 的供电切换电路。正常工作时，系统的 +5V 工作电压经二极管 1N4148 降压后约为 4.4V，一方面为 6264 供电，另一方面为蓄电池 GB 充电；掉电后，3.6V 的小型蓄电池开始放电，6264 的数据得到保护。

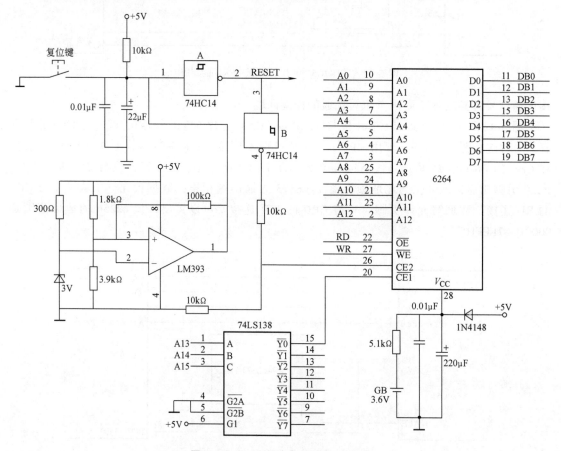

图 5-43 6264 芯片的掉电保护电路

▍二、常用 I/O 接口芯片及其扩展电路设计

1. 常用的 I/O 接口芯片

常用的 I/O 接口芯片分为两大类：简单 I/O 接口芯片和可编程 I/O 接口芯片。

（1）简单 I/O 接口芯片 主要包括锁存器和缓冲器。CPU 在对这类芯片进行读/写操作前，不需要对其发命令字，功能比较单一，为不可编程型。在构成输出口时，要求具有锁存功能；在构成输入口时，要求具有缓冲功能。数据的输入、输出通常由 CPU 的读、写信号来控制。常用的锁存器有 74LS273、74LS373、74LS374、74LS377 等，常用的缓冲器有

74LS244、74LS245、74LS240 等。

（2）可编程 I/O 接口芯片　可编程 I/O 接口芯片种类很多，常用的有 Intel 公司的外围器件，如可编程外围并行接口 8255A、可编程 RAM/IO 扩展接口 8155、可编程键盘/显示接口 8279、可编程定时器/计数器 8253 等。这些芯片都具有多种工作方式，可由 CPU 对其编程进行设定。

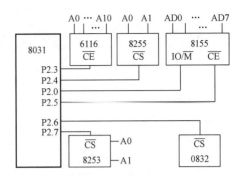

图 5-44　线选法应用实例

2. I/O 接口地址译码方式

（1）线选法　若系统只扩展少量的 RAM 和 I/O接口芯片，可采用线选法。

所谓线选法即是把单独的地址线接到外围芯片的片选端上，只要该地址线为低电平，就可选中该芯片。图 5-44 所示为线选法应用实例（设控制系统的 CPU 为 MCS-51 系列单片机），其外围芯片的全部地址见表 5-6。

表 5-6　图 5-44 中外围芯片的全部地址

外围芯片	地址选择线(A15~A0)	片内地址单元数	地址编码
6116	1111,0×××,××××,××××	2K	0F000H~0F7FFH
8255	1110,1111,1111,11××	4	0EFFCH~0EFFFH
8155 的 RAM	1101,1110,××××,××××	256	0DE00H~0DEFFH
8155 的 I/O	1101,1111,1111,1×××	6	0DFF8H~0DFFDH
0832	1011,1111,1111,1111	1	0BFFFH
8253	0111,1111,1111,11××	4	7FFCH~7FFFH

线选法的优点是硬件电路结构简单，但由于所用片选线都是高位地址线，它们的权值较大，地址空间没有充分利用，芯片之间的地址不连续，所以线选法常用在小型系统中所接 I/O 接口芯片较少的场合。

（2）部分地址译码法　对于 RAM 和 I/O 容量较大的应用系统，当芯片所需的片选信号多于可用的地址线时，常采用部分地址译码法。它将低位地址线作为芯片的片内地址（取外围芯片中最大的地址线位数），用译码器对高位地址线进行译码，译出的信号作为片选线。

图 5-45 所示为部分地址译码的应用实例（设控制系统基于 MCS-51 系列单片机）。表5-7 为其外围芯片的详细地址。

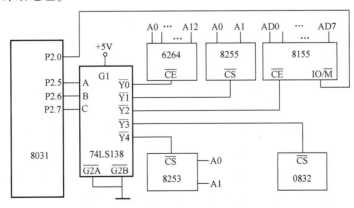

图 5-45　部分地址译码法的应用实例

表 5-7 图 5-45 中外围芯片的详细地址

外 围 芯 片	地址选择线 (A15~A0)	片内地址单元数	地 址 编 码
6264	000×,××××,××××,××××	8K	0000H~1FFFH
8255	0011,1111,1111,11××	4	3FFCH~3FFFH
8155 的 RAM	0101,1110,××××,××××	256	5E00H~5EFFH
8155 的 I/O	0101,1111,1111,1×××	6	5FF8H~5FFDH
0832	0111,1111,1111,1111	1	7FFFH
8253	1001,1111,1111,11××	4	9FFCH~9FFFH

在图 5-45 中，所有的外围芯片中 8KB 的 6264 拥有最多的地址线，共 13 根（A12~A0）。如果选用 MCS-51 系列单片机，地址线还剩 3 根，采用线选法来选择 6 个外围芯片已经不可能，所以此时只能采用译码法。图 5-45 中选用了"3 进 8 出"的 74LS138 译码器，由 3 根高位地址线 P2.7~P2.5 可选择 8 个外围芯片。

3. 简单 I/O 接口芯片的扩展电路设计

（1）用 74LS377 扩展 8 位并行输出口 如图 5-46 所示，8031 的 P0 口与 74LS377 的 D 端相连，WR 与 CP 相连，P2.7 作为 74LS377 的片选信号。当 P2.7 = 0 时，在 WR 的上升沿，P0 口输出的数据将被 74LS377 锁存起来，并在 Q 端输出。

（2）用 74LS373 扩展 8 位并行输入口 如图 5-47 所示，74LS373 是一个带三态门的 8D 锁存器，当外围设备准备好数据后，发出一个控制信号 XT 加到 74LS373 的触发端 LE，使输入数据在 74LS373 中锁存。同时，XT 信号加到 8031 单片机的中断请求端 INT0。单片机响应中断时，执行如下的中断服务程序：

MOV   DPTR，#0BFFFH   ；指向 74LS373 口地址

MOVX   A，@ DPTR   ；读出数据

在执行上面的第二条指令时，P2.6 = 0，且 RD = 0，通过或门后加到 74LS373 的三态门控制端 OE，使三态门畅通，锁存的数据被读入累加器中。

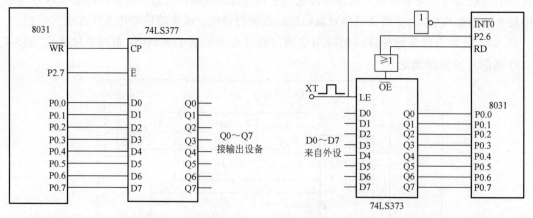

图 5-46 用 74LS377 扩展 8 位并行输出口   图 5-47 用 74LS373 扩展 8 位并行输入口

（3）用 74LS244 扩展 8 位并行输入口 对于常态数据的输入，只需采用 8 位三态门控制芯片即可。图 5-48 所示为用 74LS244 扩展的 8 位并行输入口。三态门由来自译码电路的 CS1 与 CPU 的 RD 信号来控制，输入端 8 只开关的状态可通过以下程序读取：

| MOV | DPTR, #0CFFFH | ; 指向 74LS244 口地址 |
| MOVX | A, @ DPTR | ; 读出数据 |

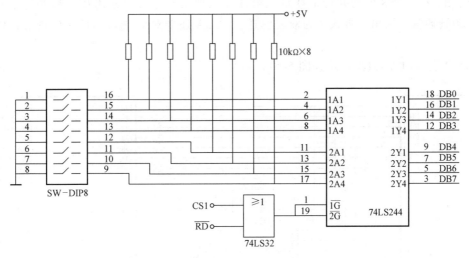

图 5-48 用 74LS244 扩展 8 位并行输入口

（4）用 74LS240 扩展 8 位并行输出口 图 5-49 所示为用 74LS240 扩展的 8 位并行输出口。三态门由来自译码电路的 CS2 与 CPU 的 WR 信号来控制，输出端 8 只发光二极管的点亮情况由以下程序决定：

MOV	DPTR, #0DFFFH	; 指向 74LS240 口地址
MOV	A, #01010101B	; 设置点亮情况
MOVX	@ DPTR, A	; 输出数据

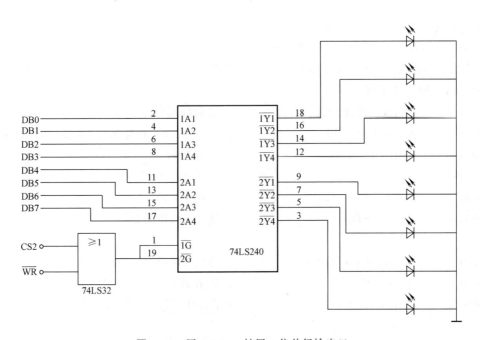

图 5-49 用 74LS240 扩展 8 位并行输出口

4. 可编程 I/O 接口芯片的扩展电路设计

（1）8255A 可编程并行接口　8255A 是 Intel 公司生产的可编程输入/输出接口芯片，它具有 A、B、C 三个 8 位的并行 I/O 口，可选择三种工作方式。方式 0 为基本的输入输出，方式 1 为选通输入输出，方式 2 为双向传送。8255A 还能对 C 端口的任一位进行置位/复位操作。

8255A 与 CPU 的典型连接如图 5-50 所示。

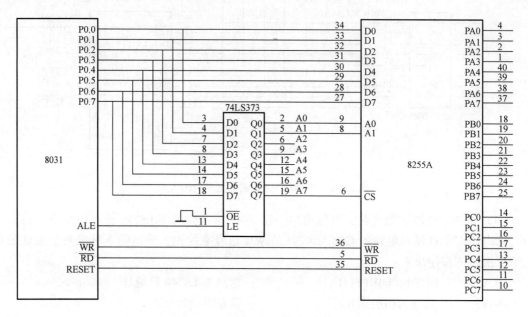

图 5-50　8255A 与 CPU 的典型连接

下面根据图 5-50，举例说明 8255A 的编程方法。从图 5-50 中可以算出，8255A 的控制口地址为 0FF7FH，PA 口地址为 0FF7CH，PB 口地址为 0FF7DH，PC 口地址为 0FF7EH。

1）基本的输入/输出。假设要求 8255A 工作在方式 0，且 PA 口作为输入，PB 口与 PC 口作为输出，则工作程序如下：

```
MOV     DPTR, #0FF7FH              ; 指向控制口地址
MOV     A, #10010000B             ; 方式 0, PA 口输入, PB 口、PC 口输出
MOVX    @ DPTR, A                  ; 完成初始化
… …
MOV     DPTR, #0FF7CH              ; 指向 PA 口
MOVX    A, @ DPTR                  ; 从 PA 口读数据
… …
MOV     DPTR, #0FF7DH              ; 指向 PB 口
MOV     A, #××H                    ; 准备数据送给 PB 口
MOVX    @ DPTR, A                  ; 向 PB 口输出
… …
MOV     DPTR, #0FF7EH              ; 指向 PC 口
```

```
MOV        A, #××H              ; 准备数据送给 PC 口
MOVX       @ DPTR, A            ; 向 PC 口输出
…　…
```

2）PC 端口的置位/复位。8255A 的 PC 口 8 位中的任一位，均可用指令来置位（写"1"）或复位（写"0"）。例如：如果只想把 PC 口的 PC5 置 1，其余位不改变，则相应的控制字为 0×××1011B，程序如下：

```
MOV        DPTR, #0FF7FH        ; 指向控制口地址
MOV        A, #00001011B        ; 准备数据让 PC5 = 1
MOVX       @ DPTR, A            ; 实现 PC5 = 1
```

如果想把 PC5 复位，则相应的控制字为 0×××1010B，程序如下：

```
MOV        DPTR, #0FF7FH        ; 指向控制口地址
MOV        A, #00001010B        ; 准备数据让 PC5 = 0
MOVX       @ DPTR, A            ; 实现 PC5 = 0
```

（2）8155 可编程并行接口　8155 芯片内部包含有 256B 的 RAM、2 个 8 位的可编程并行 I/O 口、1 个 6 位的可编程并行 I/O 口和 1 个 14 位的定时器/计数器。它可直接与 MCS-51 系列单片机连接，不需增加任何硬件逻辑。图 5-51 所示为 8155 与 CPU 的典型连接方式。

在图 5-51 中，8031 单片机 P0 口输出的低 8 位地址不需另加锁存器，而直接与 8155 的 AD0～AD7 相连，既作为低 8 位地址线，又作为数据线，地址锁存直接用 ALE 对连。8155 的 CE 引脚接 CPU 的 P2.7，IO/M 端与 P2.0 相连。当 P2.7 为低电平时，若 P2.0 = 1，则访问 8155 的 I/O 口；若 P2.0 = 0，则访问 8155 的 RAM 单元。

根据上述分析，可得到 8155 的地址编码如下：

RAM 字节地址范围是 7E00H～7EFFH，命令口/状态口地址为 7F00H，PA 口地址为 7F01H，PB 口地址为 7F02H，PC 口地址为 7F03H，定时器低 8 位地址为 7F04H，定时器高 8 位地址为 7F05H。

根据图 5-51 所示的接口电路，下面说明对 8155 的编程方法。

1）初始化程序设计。若 A 口定义为基本输入方式，B 口定义为基本输出方式，对输入脉冲进行 16 分频，则 8155 的 I/O 初始化程序如下：

```
START: MOV   DPTR, #7F04H       ; 指向定时器低 8 位地址
       MOV    A, #10H            ; 计数常数 10H（16 分频）
       MOVX   @ DPTR, A          ; 装入计数常数低 8 位
       INC    DPTR               ; 指向定时器高 8 位地址
       MOV    A, #40H            ; 定时器输出连续方波
       MOVX   @ DPTR, A          ; 定时器高 8 位装入
       MOV    DPTR, #7F00H       ; 指向命令口
       MOV    A, #0C2H           ; 设定命令字
       MOVX   @ DPTR, A          ; A 口基本输入，B 口基本输出，开启定时器
```

2）读 8155 内部 RAM。假定现在要读取 8155 内部 RAM 的 F1H 单元内容，则程序如下：

```
       MOV    DPTR, #7EF1H       ; 指向 8155 内部 RAM 的 F1H 单元
       MOVX   A, @ DPTR          ; 读出 F1H 单元内容
```

3）写 8155 内部 RAM。欲将立即数 41H 写入 8155 内部 RAM 的 20H 单元，则程序如下：

```
MOV    DPTR, #7E20H      ; 指向 8155 内部 RAM 的 20H 单元
MOV    A, #41H
MOVX   @DPTR, A          ; 将立即数 41H 写入 8155 内部 RAM 的 20H 单元
```

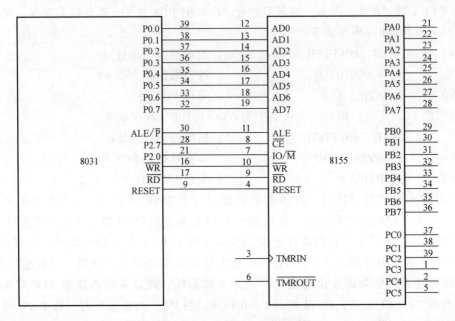

图 5-51　8155 与 CPU 的典型连接方式

（3）8253 可编程定时器/计数器　8253 可编程定时器/计数器内部具有 3 个独立的 16 位减法计数通道，每个计数通道又可分为两个 8 位的计数器。8253 具有 6 种工作方式，可以按二进制或十进制格式进行计数。8253 除了具备基本的定时/计数功能外，还可以用作可编程方波频率发生器、分频器、程控单脉冲发生器等。

下面举例说明 8253 定时和计数的两种用法：

1）8253 的定时用法。如图 5-52 所示，8253 用来控制一只发光二极管的点亮与熄灭，要求点亮 10s 再让它熄灭 10s，并做无限循环。假定 CPU 为 MCS-51 系列单片机，8253 的基本地址为 6FFCH。通道 1 的 OUT1 与 LED 相连，当它为高电平时，LED 点亮；当为低电平

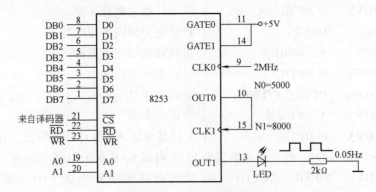

图 5-52　8253 的定时用法

时，LED 熄灭。只要对 8253 编程，使 OUT1 输出周期为 20s、占空比为 1∶1 的方波，就能使 LED 交替地点亮和熄灭 10s。普通型 8253 的计数频率最高为 2MHz（周期为 0.5μs），若将 2MHz 的时钟直接加到 CLK1 端，则 OUT1 输出的脉冲周期最大值只有 0.5μs×65536 = 32768μs = 32.768ms，达不到 20s 的要求。在此采用通道级连的方案来解决这个问题。

在图 5-52 中，将频率为 2MHz 的时钟信号加在 CLK0 输入端，并让通道 0 工作在方式 2。若选择计数初值 N0 = 5000，则从 OUT0 可得到负的脉冲序列，其频率为 2MHz/5000 = 400Hz，周期为 2.5ms。再把该信号送到 CLK1 输入端，并使通道 1 工作于方式 3。为了使 OUT1 输出周期为 20s（频率为 1/20Hz = 0.05Hz）的方波，应取时间常数 N1 = 400Hz/0.05Hz = 8000。

初始化程序如下：

MOV	DPTR，#6FFFH	；8253 控制口地址
MOV	A，#00110101B	；通道 0 的控制字：先读/写低 8 位，后读/写高 8 位，方式 2，BCD 码计数
MOVX	@DPTR，A	；写入控制口
MOV	DPTR，#6FFCH	；通道 0 地址
MOV	A，#00H	；计数初值低 8 位
MOVX	@DPTR，A	；低 8 位写入通道 0
MOV	A，#50H	；计数初值高 8 位
MOVX	@DPTR，A	；高 8 位写入通道 0
MOV	DPTR，#6FFFH	；8253 控制口地址
MOV	A，#01110111B	；通道 1 的控制字：先读/写低 8 位，后读/写高 8 位，方式 3，BCD 码计数
MOVX	@DPTR，A	；写入控制口
MOV	DPTR，#6FFDH	；通道 1 地址
MOV	A，#00H	；计数初值低 8 位
MOVX	@DPTR，A	；低 8 位写入通道 1
MOV	A，#80H	；计数初值高 8 位
MOVX	@DPTR，A	；高 8 位写入通道 1

2）8253 的计数用法。如图 5-53 所示，对流水线上经过的工件进行计数操作，CPU 采用单片机，计数器采用 8253 芯片。计数脉冲的产生电路由一个红外 LED 发光管、一个复合型光电晶体管、两个斯密特触发器（74LS14）等构成。当 LED 发光管与光电晶体管之间没有工件通过时，LED 发出的光能照射到光电管上，光电管导通，集电极变为低电平。此信号经 74LS14 整形、驱动后，送到 8253 的 CLK1，使 8253 的 CLK1 变成低电平；当 LED 与光电管之间有工件通过时，LED 发出的光被挡住，照不到光电管上，光电管截止，其集电极输出高电平，从而使 CLK1 端也变成高电平。待工件通过后，CLK1 又回到低电平。这样，每通过一个工件，就向 CLK1 端输入一个正脉冲。利用 8253 的计数功能对此脉冲的下降沿进行计数，就可以统计出工件的数量。

硬件电路完成后，还必须对 8253 进行初始化编程，计数电路才会工作。在图 5-53 中，选择计数器 1 工作在方式 0，按 BCD 码计数，先读/写低字节，后读/写高字节，则控制字为 01110001B。如选取计数初值 $n = 499$，则经过 $n+1$ 个脉冲，也就是 500 个脉冲，OUT1 端输

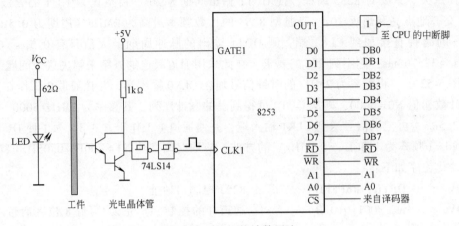

图 5-53 8253 的计数用法

出一个正跳变。它反相后送到 CPU 的中断脚，向 CPU 发出一次中断请求，表示计满了 500 个数，在中断服务程序中使工件总数加上 500。中断服务程序执行完后，返回主程序，这时需要由程序把计数初值 499 再次装入计数器 1，才能继续进行计数。

在图 5-53 中，8253 的片选信号来自译码器，假定已知 8253 的基本地址为 4FFCH，则其计数器 1 端口地址为 4FFDH，控制口地址为 4FFFH。

初始化程序如下：

```
MOV     DPTR, #4FFFH        ; 8253 控制口地址
MOV     A, #01110001B       ; 通道 1 的控制字：先读/写低 8 位，后读/写高 8
                              位，方式 0，BCD 码计数
MOVX    @ DPTR, A           ; 写入控制口
MOV     DPTR, #4FFDH        ; 通道 1 地址
MOV     A, #99H             ; 计数初值低 8 位
MOVX    @ DPTR, A           ; 低 8 位写入通道 0
MOV     A, #04H             ; 计数初值高 8 位
MOVX    @ DPTR, A           ; 高 8 位写入通道 0
```

在许多用到 8253 计数功能的场合，常常需要读取其内部某一通道的现行计数值。但在读数的时候，计数过程仍在进行，且不受 CPU 的控制。因此，在 CPU 读取计数值的时候，计数器的输出有可能正在发生改变，即数值不稳定，从而导致错误的结果。为了防止这种情况的发生，必须在读数前设法终止计数或将计数器输出端的现行值进行锁存。终止计数不是好的方法，在此，推荐先锁存再读出的方法。

对于图 5-53 中的例子，飞读（在计数过程中进行读操作）通道 1 的计数值，并将读取的计数值存于 (11H) (10H) 双字节中，程序如下：

```
MOV     DPTR, #4FFFH        ; 8253 控制口地址
MOV     A, #01000000B       ; 准备锁存通道 1 的计数值
MOVX    @ DPTR, A           ; 写入控制口，通道 1 的当前计数值被锁住
MOV     DPTR, #4FFDH        ; 选中通道 1 地址
```

MOVX	A，@DPTR	；先读取计数器 1 的低 8 位
MOV	10H，A	；暂存在（10H）单元中
MOVX	A，@DPTR	；再读取计数器 1 的高 8 位
MOV	11H，A	；暂存在（11H）单元中

第八节　A-D 与 D-A 转换接口电路设计

将模拟量转换为数字量的过程称为模-数（A-D）转换，完成这一转换的器件称为模-数转换器（简称 ADC）；将数字量转换为模拟量的过程称为数-模（D-A）转换，完成这一转换的器件称为数-模转换器（简称 DAC）。

图 5-54 所示为一个包含 A-D 和 D-A 转换环节的典型计算机实时控制系统。它由两部分组成：一部分是将现场模拟信号转换为数字信号，并送入计算机进行处理的模拟量输入通道，包括传感器、运算放大器、A-D 转换器、I/O 接口和计算机等；另一部分是由计算机、I/O 接口、D-A 转换器、功率放大器和执行部件等构成的模拟量输出通道。

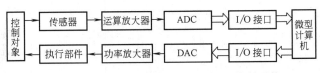

图 5-54　一个包含 A-D 和 D-A 的实时控制系统

一、D-A 转换器接口电路设计

1. D-A 转换器的主要参数

选择 D-A 转换器时主要考虑以下几个参数：

（1）分辨力　是指 D-A 转换器所能产生的最小模拟量增量，即数字量最低有效位（LSB）所对应的模拟值；也可以将数字量最低位增 1 所引起的模拟量增量和最大输入量的比值称为分辨力，即分辨力 = $1/2^n$（n 为二进制数的位数）。

例如：一个 8 位的 D-A 转换器，其分辨力为 $1/2^8 = 1/256$；若假定该转换器的满量程电压为 5V，则能分辨的电压为 5V/256 = 19.6mV。通常使用 D-A 转换器的位数来表示分辨力，如 8 位、12 位、16 位等。

（2）转换精度　用来衡量 D-A 转换器在将数字量转换为模拟量时，所得模拟量的精确程度，它表明实际的输出模拟值与理论值之间的偏差。

（3）线性度　是指 D-A 转换器实际转换特性（各数字输入值所对应的各模拟输出值之间的连线）与理想的转换特性（起点与终点的连线）之间的误差。

（4）建立时间　是指从数字量输入到建立稳定的模拟量输出所需要的时间。

（5）数据输入缓冲能力　当 D-A 转换器本身不具有数据锁存功能时，应考虑是否需要在 D-A 的外部设置数据缓冲器或锁存器。

（6）输入数字量　包括码制、数据的格式和宽度等。多数 D-A 转换器只能接收二进制码或 BCD 码，输入数据的格式大多为并行码（也有串行码，如 MAX517 等）。

（7）输出模拟量　有电压和电流两种形式。多数 D-A 转换器输出电流，需要输出电压时，在电流型 DAC 的输出端加一个运算放大器和一个反馈电阻即可实现。

2. DAC0832 应用电路设计

目前市场上 D-A 转换器的种类很多，功能、特性各异。下面介绍典型的 8 位并行 D-A 转换芯片 DAC0832 的软硬件设计，其他芯片的设计方法与此类似。

DAC0832 是一种具有两个输入数据寄存器的 8 位 DAC，它能直接与单片机相连，其主要特性如下：分辨力为 8 位；电流稳定时间为 $1\mu s$；可单缓冲、双缓冲或直接数字输入；只需在满量程下调整其线性度；单一电源供电（+5～+15V）；内部没有参考电压源，需要外接；为电流输出型 D-A 转换器，要获得模拟电压输出时，需要外加转换电路。

DAC0832 与 CPU 有三种基本的接口方法：直通方式、单缓冲方式和双缓冲同步方式。

（1）直通方式 当 ILE 接高电平，CS、WR1、WR2 和 XFER 都接数字地时，DAC 处于直通方式。8 位数字量一旦到达 DI7～DI0 输入端，就立即加到 8 位 D-A 转换器，被转换成模拟量。有些场合可能用到这种工作方式，比如在构成函数波形发生器时，可把基本波形的数据放在 EPROM 中，需要的时候连续地取出这些数据，送到 DAC 中转换成电压信号，不需要任何外部控制信号，这时就可以采用直通方式。

（2）单缓冲方式 若应用系统中只有一路 D-A 转换或虽然是多路转换，但并不要求同步输出时，则采用单缓冲方式接口，如图 5-55 所示。让 ILE 接 +5V，寄存器选择信号 CS 及数据传送信号 XFER 都与地址选择线相连（图 5-55 中为 P2.7），两级寄存器的写信号都由 CPU 的 WR 端来控制。当地址线选通 DAC0832 后，只要输出 WR 控制信号，DAC0832 就能一步完成数字量的输入锁存和 D-A 转换的输出。

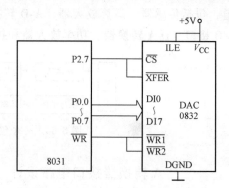

图 5-55 DAC0832 的单缓冲接口方式

由于 DAC0832 具有数字量的输入锁存功能，故数字量可以直接从 8031 单片机的 P0 口送入。执行下面几条指令就能完成一次 D-A 转换：

```
MOV      DPTR, #7FFFH      ;指向 DAC0832 口地址
MOV      A, #DATA          ;数字量先装入累加器
MOVX     @DPTR, A          ;数字量从 P0 口送到 P2.7 所指向的地址，WR 有
                            效时完成一次输入与转换
```

图 5-56 所示为某一数控系统输出直流电压（0～10V）用来控制交流变频器的例子。图中的 DAC0832 也是采用单缓冲的连接方式。芯片的供电电压为 +12V，参考电压取 −10V，模拟地与数字地相连。ILE 引脚接高；WR1、WR2 两脚并接 CPU 的 WR 端，当 CPU 对外部端口执行写指令时，$\overline{WR}=0$，同时选中 WR1、WR2；XFER、CS 两脚并接某一译码器的输出（输出为低时，同时选中 XFER 和 CS）。DAC0832 的电流输出脚接至运算放大器 741 的两个输入端，741 的工作电压需要两组，一组为 +12V，另一组为 −12V。DAC0832 输出的电流经 741 放大后转变成电压 Vout，直接送往交流变频器，实现交流异步电动机的无级调速。

CPU 只需执行下面三条指令，即可完成一次 D-A 转换：

```
MOV      DPTR, #8FFFH      ;指向 DAC0832 口地址
```

| MOV | A，#DATA | ；准备输出的数字量 |
| MOVX | @DPTR，A | ；由于地址是 8FFFH，所以 XFER＝CS＝0；由于执行的是写指令，所以 WR1＝WR2＝0。于是，数字量从 P0 口送到了 8 位 D-A 转换器，输出的电流经运算放大器处理后转换成了电压 |

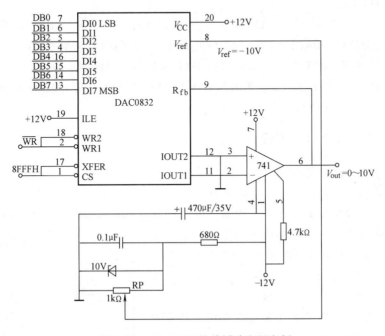

图 5-56 DAC0832 的单缓冲应用实例

（3）双缓冲同步方式 对于多路 D-A 转换接口，要求同步进行 D-A 转换输出时，必须采用双缓冲同步方式。DAC0832 采用这种接法时，数字量输入锁存和 D-A 转换输出是分两步进行的，即 CPU 的数据总线分时地向各路 DAC 输入需要转换的数字量，并锁存在各自的输入锁存器中，然后 CPU 对所有的 DAC 同时发出控制信号，使每个 DAC 输入锁存器中的数据同时打入 DAC 寄存器，实现同步转换输出。图 5-57 所示为一个两路同步输出的 D-A 转换接口电路。8031 单片机的 P2.5 和 P2.6 分别选择两路 D-A 转换器的输入锁存器；P2.7 同时选择两路 D-A 转换器的 XFER 端，控制两路 D-A 同步转换输出；CPU 的 WR 端与两片 DAC0832 的 WR1、WR2 端相连，在执行"MOVX @DPTR，A"指令时，8031 自动输出 WR＝0，同时选中 WR1、WR2 端。

CPU 执行下面一组指令就可完成两路 D-A 的同步转换输出：

MOV	DPTR，#0DFFFH	；P2.5＝0，指向 DAC0832（1）的输入锁存器口地址
MOV	A，#DATA1	；准备数字量#DATA1
MOVX	@DPTR，A	；将#DATA1 写入 DAC0832（1）的输入锁存器中
MOV	DPTR，#0BFFFH	；P2.6＝0，指向 DAC0832（2）的输入锁存器口地址

```
MOV         A，#DATA2            ；准备数字量#DATA2
MOVX        @ DPTR，A           ；将#DATA2 写入 DAC0832（2）的输入锁存器中
MOV         DPTR，#7FFFH        ；P2.7 = 0，指向两片 DAC0832 的 XFER
MOVX        @ DPTR，A           ；只要 CPU 的 WR = 0，即可同时完成两路 D-A
                                 的转换
```

3. 常用的 DAC 芯片

（1）并行 DAC　8 位并行 DAC 常用的有 DAC0832、AD558、AD7528 等；10 位并行 DAC 常用的有 AD7533、DAC1022 等；12 位并行 DAC 常用的有 DAC1210、AD7542 等；14 位并行 DAC 常用的有 AD7535 等；16 位并行 DAC 常用的有 AD1147 等。

（2）串行 DAC　8 位串行 DAC 常用的有 MAX517、MAX512 等；12 位串行 DAC 常用的有 MAX538、AD7543、X79000 等。

二、A-D 转换器接口电路设计

1. A-D 转换器的主要参数

选择 A-D 转换器时，主要考虑以下参数：

（1）分辨力　分辨力是指 A-D 转换器所能测量的最小模拟输入量。一个 n 位的 A-D 转换器，分辨力等于最大允许模拟量输入值（即满量程）除以 2^n。通常用转换成的数字量位数来表示分辨力，如 8 位、10 位、12 位或 16 位等。

设满量程电压值为 5V，对于 8 位的 ADC，其分辨力为 $5V/2^8 = 0.0195V = 19.5mV$。即输入模拟电压为 19.5mV 时，就能将其转换成数字量，输入电压低于此值，转换器就不转换。此值也正好对应一个最低有效位 LSB。

（2）转换时间　完成一次 A-D 转换所需的时间，指从输入转换启动信号开始到转换结束，并得到稳定的数字量输出为止的时间。转换时间与 ADC 的典型工作频率有关。

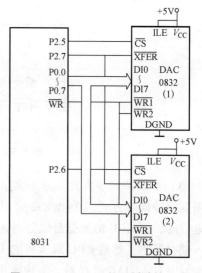

图 5-57　DAC0832 的双缓冲接口方式

（3）转换精度　指 ADC 实际输出的数字量与理论输出值之间的差值。进行 A-D 转换时，模拟量和数字量之间并不是一一对应的，一般是某个范围的模拟量对应一个数字量。比如一个 ADC，从理论上讲，模拟量 5V 对应数字量 800H，但实际上，输入电压值为 4.997V、4.998V 或 4.999V 时，都对应数字量 800H。

（4）转换率　转换时间的倒数，它反映 ADC 的转换速度。

（5）量程　指所能转换的输入模拟电压的范围。

（6）输出逻辑电平　多数 ADC 的输出信号与 TTL 电平兼容。在考虑 ADC 的输出与 CPU 的数据总线接口时，应注意是否需要设置三态逻辑输出以及是否需要对数据进行锁存等。

2. ADC0809 应用电路设计

A-D 转换器芯片类型很多，生产厂家也很多。下面介绍应用最广泛的 ADC0809 的软硬件设计方法，以供选用时参考。

ADC0809 是一种带有 8 个模拟量输入通道的 8 位 A-D 转换器，其内部带有三态输出锁存缓冲器，可以直接与 CPU 相连，其工作时序如图 5-58 所示。

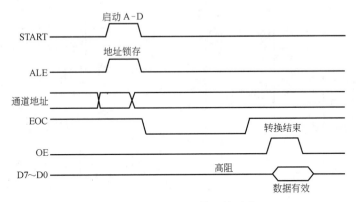

图 5-58 ADC0809 的工作时序

由图 5-58 可知，ADC0809 对指定通道采集一个数据的过程如下：

1）首先把三位通道号编码送到 ADDC、ADDB 和 ADDA 引脚上。

2）在 START 和 ALE 引脚上加一正脉冲，将通道号编码锁存并启动 A-D 转换。可通过执行写指令产生负脉冲，再经反相后形成正脉冲；也可以由专门的定时电路或可编程定时器（如 8253）产生启动脉冲。

3）转换开始后 EOC 变为低电平，经过 64 个时钟周期后转换结束，EOC 又变为高电平。EOC 可作为转换结束标志供 CPU 查询或向 CPU 申请中断。

4）转换结束后，可通过执行读指令，设法在 OE 端产生一个正脉冲，打开输出缓冲器的三态门，让转换后的数字量呈现在数据总线上，并被读入 CPU 中。

ADC0809 是一个多通道的 A-D 转换器，用它来采集数据时，既要选择采样频率的控制方法和转换结束的检测方法，又要考虑输入通道的选择问题。采样频率的控制可用软件延时法或定时中断法。转换结束的检测可用 CPU 来查询 EOC 的变化情况，也可用 EOC 的正跳变向 CPU 申请中断。选择转换通道时，可以先从数据线上送出通道号，再用一个锁存器将其锁存在 ADDC、ADDB 和 ADDA 引脚上，然后再发出启动转换命令；也可以将 I/O 端口地址中的 A2~A0 连至通道号的输入端，当 CPU 执行写指令启动 A-D 转换时，同时选中指定的通道。

ADC0809 与 CPU 的硬件接口有三种方式，即查询方式、中断方式和延时方式。究竟采用哪种方式，应视具体情况按总体要求来选择。下面通过一个实例来说明 ADC0809 的使用方法。

图 5-59 所示为 ADC0809 与 8031 单片机的连接情况。ADC0809 工作时需要外接时钟，可将 8031 单片机的地址锁存允许脚 ALE 的信号经 74LS90 进行二分频。ALE 引脚信号的频率是 8031 单片机振荡频率的 1/6，如果单片机振荡频率选用 12MHz，则 ALE 引脚的输出脉冲频率为 2MHz，经二分频后为 1000kHz，小于 ADC0809 工作电源为 5V 时的最高时钟频率（1280kHz）。由于 ADC0809 具有输出三态锁存器，故其 8 位数据输出引脚可直接挂在数据总

线 P0 上。通道号选择输入引脚 ADDA、ADDB、ADDC 分别与地址总线的低三位 A0、A1、A2
相连。CPU 高位地址线 A15、A14、A13 经 74LS138 译码后的输出 CS5，用来作为 ADC0809 的
片选。可以算出 ADC0809 八个通道 IN0~IN7 所对应的地址为 0BFF8H~0BFFFH。

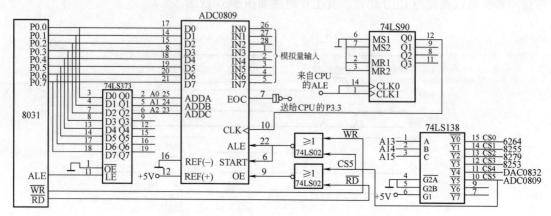

图 5-59　ADC0809 与 8031 单片机的连接情况

当 CS5 = 0，CPU 执行写指令时，START = ALE = 1，可启动 A-D 转换，同时也完成了通
道号的锁存；当 CS5 = 0，CPU 执行读指令时，OE = 1，输出锁存器的三态门打开，ADC0809
转换的数据呈现在数据总线上，CPU 发出指令将其读走，于是一个通道的转换即告结束。

需要注意的是，CPU 发出指令控制 ADC0809 开始转换后，需要经过多少时间转换才能
结束呢？这里有三种方法可供选择。

第一种是延时法。ADC0809 的时钟频率为 1280kHz 时，转换时间为 50μs；时钟频率为
640kHz 时，转换时间为 100μs；由此可以推得，时钟频率为 1000kHz 时，转换时间应为
64μs。为了安全起见，可以选择 80μs 作为延时。

第二种是查询法。CPU 发出指令启动 ADC0809 后，EOC 引脚立即呈现低电平，在转换
结束前，EOC 一直为低。根据 EOC 在转换前后的电平变化情况，CPU 可以通过其某一引脚
来查询 EOC 的变化。

第三种是中断法。当 ADC0809 完成转换时，从其 EOC 引脚产生一个正跳变，将其反相
后成为负跳变，用来触发 CPU 的外部中断。

上述三种方法的具体软件设计如下：

1）延时法。假定采集 IN2 通道输入的模拟电压，采用延时法的程序如下：

MOV	DPTR, #0BFFAH	；选择 IN2 通道
MOVX	@ DPTR, A	；发写指令（不介意写入的数值，只要求 WR = 0）
MOV	R7, #40D	；准备延时参数
DJNZ	R7, $	；循环 40 次，每次 2μs，延时 80μs
MOVX	A, @ DPTR	；读转换结果
MOV	42H, A	；存转换结果

2）查询法。假定采集 IN5 通道输入的模拟电压，采用查询法的程序如下：

| MOV | DPTR, #0BFFDH | ；选择 IN5 通道 |

MOVX	@DPTR，A	；发写指令（不介意写入的数值，只要求 $\overline{\text{WR}}=0$）
MOV	R7，#05D	；准备延时参数
DJNZ	R7，$	；循环 5 次，每次 2μs，延时 10μs 先做一个短延时，确保 EOC 变低
JB	P3.3，$	；查询 P3.3 何时变低，也即 EOC 何时变高，转换何时结束
MOVX	A，@DPTR	；一旦 EOC=1，转换即结束，读取结果
MOV	45H，A	；存转换结果

3）中断法。假定采集 IN7 通道输入的模拟电压，主程序如下：

SETB	IT1	；选择 INT1 为边沿触发方式（由 P3.3 脚引入）
SETB	EX1	；中断 INT1 允许进入
SETB	EA	；中断总开关允许
MOV	DPTR，#0BFFFH	；选择 IN7 通道
MOVX	@DPTR，A	；发写指令（不介意写入的数值，只要求 WR=0）

...

外部中断 INT1 的服务程序如下：

...

MOVX	A，@DPTR	；读转换结果
MOV	47H，A	；存转换结果
MOVX	@DPTR，A	；再发出写指令，为下一次采集做准备
RETI		；中断返回

3. 常用的 ADC 芯片

常用的 ADC 芯片，8 位的有 ADC0809、ADC0816、AD570 等；10 位的有 AD571 等；12 位的有 AD574A、ADC1210、ICL7109 等；14 位的有 AD679、AD1679 等；16 位的有 ADC1143、ICL7104 等。

第九节 键盘与 LED 显示电路应用设计

键盘与显示器是机电一体化系统中典型的人-机接口。通过键盘，操作者可向控制系统发出指令或输入数据，系统的各种信息又可通过显示设备反馈给操作者。键盘与显示器是实现人-机交互的关键部件。

键盘主要有独立式和矩阵式两种，显示器主要有 LED、LCD 和 CRT 等。本节主要介绍矩阵式键盘与 LED 显示器。

一、由 8155 构成的键盘、显示器接口电路设计

1. 硬件电路

图 5-60 所示为用 8155 可编程接口芯片构成的键盘、显示器接口电路。8 位 8 段的 LED

显示器为共阴极，8155 的 PB 口提供段选码，PA 口提供位选码。键盘为 4×8 矩阵，其列输出由 PA 口提供，行输入由 PC0~PC3 提供。LED 的段和位均由 8 位 TTL 芯片 7407 来驱动，7407 为集电极开路输出型，在其输出线上需加上拉电阻（图中未画）。LED 采用软件译码动态扫描显示的工作方式，键盘采用逐列扫描查询的工作方式。

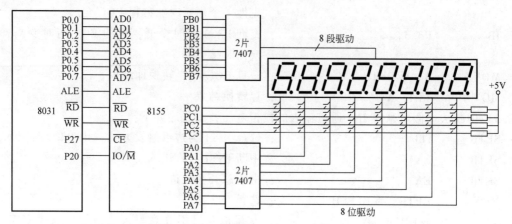

图 5-60 用 8155 构成的键盘、显示器接口电路

2. 软件设计

（1）动态显示子程序 动态显示子程序框图如图 5-61 所示。

程序清单如下：

DIS：	MOV	DPTR, #7F00H	;指向 8155 命令口地址
	MOV	A, #00000011B	;定义 8155 的 PA、PB 口为输出，PC 口为输入
	MOVX	@ DPTR, A	;写入命令字
	MOV	R0, #50H	;设 50~57H 单元存有 8 个显示数据
	MOV	R3, #7FH	;第一位 LED 的位选码为 7FH
	MOV	A, R3	
AGAIN：	MOV	DPTR, #7F01H	;指向 8155 的 PA 口地址
	MOVX	@ DPTR, A	;位选码送入 PA 口
	MOV	A, @ R0	;取显示数据
	MOV	DPTR, #DSEG	;取段选码表格首地址
	MOVC	A, @ A+DPTR	;取段选码
	MOV	DPTR, #7F02H	;指向 8155 的 PB 口地址
	MOVX	@ DPTR, A	;段选码送入 PB 口
	ACALL	DL1ms	;延时 1ms
	INC	R0	;指向下一显示数据单元
	MOV	A, R3	
	JNB	ACC.0, OUT	;8 位显示结束时，转 OUT
	RR	A	;未结束，调整为下一位选码
	MOV	R3, A	

```
        AJMP     AGAIN                 ; 继续显示下一位
OUT：   RET                            ; 子程序返回
DSEG：  DB       3FH, 06H, 5BH         ; 显示 0, 1, 2
        DB       4FH, 66H, 6DH         ; 显示 3, 4, 5
        DB       7DH, 07H, 7FH         ; 显示 6, 7, 8
        DB       6FH, 77H, 7CH         ; 显示 9, A, B
        DB       39H, 5EH, 79H         ; 显示 C, D, E
        DB       71H                   ; 显示 F
DL1ms： MOV      R7, #01H              ; 延时 1ms 子程序
DL0：   MOV      R6, #0FFH
DL1：   DJNZ     R6, DL1
        DJNZ     R7, DL0
        RET
```

（2）键盘扫描子程序　键盘扫描子程序框图如图 5-62 所示。

在扫描键盘的过程中，应兼顾显示器的显示，程序清单如下：

```
KEYSUB： MOV     DPTR, #7F00H          ; 指向 8155 命令口地址
         MOV     A, #00000011B         ; 定义 8155 的 PA、PB 口为输出，PC
                                         口为输入
         MOVX    @ DPTR, A             ; 写入命令字
BEGIN：  ACALL   DIS                   ; 调显示子程序
         ACALL   CLEAR                 ; 清零显示器，全灭
         ACALL   CCSCAN                ; 全列置零扫描，判有无键按下
         JNZ     INK1                  ; 若有键按下，则转 INK1
         AJMP    BEGIN                 ; 无键，则转 BEGIN
INK1：   ACALL   DIS                   ; 调显示子程序，延时 8~9ms
         ACALL   DL1ms
         ACALL   DL1ms                 ; 共延时约 10ms，去抖动
         ACALL   CLEAR                 ; 熄灭显示器
         ACALL   CCSCAN                ; 全列置零扫描，判有无键按下
         JNZ     INK2                  ; 确有键按下时，转 INK2
         AJMP    BEGIN                 ; 抖动引起，转回 BEGIN
INK2：   MOV     R2, #0FEH             ; 扫描第 1 列，置第 1 列为 0
         MOV     R4, #00H              ; 列号送 R4
COLUM：  MOV     DPTR, #7F01H          ; 指向 PA 口
         MOV     A, R2                 ; 扫描码送 A
         MOVX    @ DPTR, A             ; 输出扫描码
         INC     DPTR
         INC     DPTR                  ; 指向 PC 口
         MOVX    A, @ DPTR             ; 读 PC 口内容
```

```
           JB      ACC.0, LONE     ;第 1 行无键按下，转 LONE
           MOV     A, #00H         ;第 1 行有键按下，行码送 A
           AJMP    KCODE           ;转 KCODE，确定按键的键号
LONE:      JB      ACC.1, LTWO     ;第 2 行无键按下，转 LTWO
```

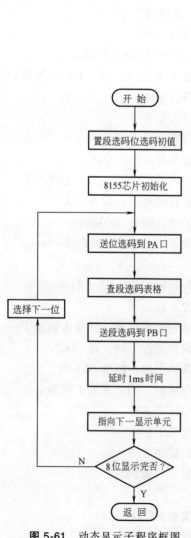

图 5-61　动态显示子程序框图

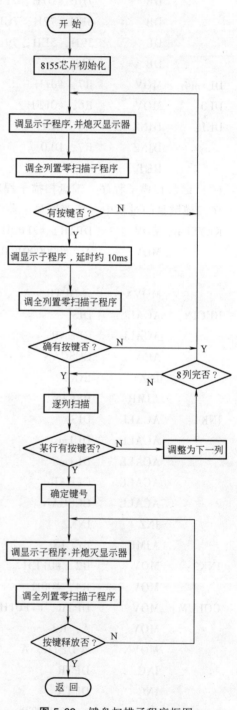

图 5-62　键盘扫描子程序框图

```
                MOV       A，#08H              ; 第 2 行有键按下，行码送 A
                AJMP      KCODE               ; 转 KCODE，确定按键的键号
        LTWO：  JB        ACC.2，LTHR         ; 第 3 行无键按下，转 LTHR
                MOV       A，#10H              ; 第 3 行有键按下，行码送 A
                AJMP      KCODE               ; 转 KCODE，确定按键的键号
        LTHR：  JB        ACC.3，NEXT         ; 第 4 行无键按下，转扫描下一列
        KCODE： ADD       A，R4               ; 行码加列号，得到键号
                PUSH      ACC                 ; 键号进栈保护
        KON：   ACALL     DIS                 ; 调显示子程序，等待按键释放
                ACALL     CLEAR               ; 熄灭显示
                ACALL     CCSCAN              ; 判按键是否仍按下
                JNZ       KON                 ; 键未释放，继续等待
                POP       ACC                 ; 弹出键号
                RET                           ; 返回
        NEXT：  INC       R4                 ; 列号加 1
                MOV       A，R2               ; 列扫描码送 A
                JNB       ACC.7，KERR         ; 全 8 列扫完，无按键，为干扰，
                                                转 KERR
                RL        A                   ; 调整为下一列扫描码
                MOV       R2，A               ; 保存扫描码
                AJMP      COLUM               ; 继续扫描下一列
        KERR：  AJMP      BEGIN               ; 继续等待键输入
```

全列置零扫描子程序 CCSCAN，用来判定键盘是否存在某一键被按下，如果无按键，则 A 归零。

```
        CCSCAN：MOV       DPTR，#7F01H        ; 指向 PA 口地址
                MOV       A，#00H
                MOVX      @DPTR，A            ; PA 口全写零
                INC       DPTR
                INC       DPTR                ; 指向 PC 口
                MOVX      A，@DPTR            ; 读 PC 口
                CPL       A                   ; 取反
                ANL       A，#0FH             ; 屏蔽高 4 位
                RET
```

熄灭显示器子程序 CLEAR，用来防止扫描键盘时影响 8 段 LED 的显示，因为 8 段 LED 的位扫描线与键盘的列扫描线共用。方法是让段选码输出全为 0，则不论各位显示器是否选通，均是熄灭显示。

```
        CLEAR： MOV       DPTR，#7F02H        ; 指向 PB 口地址
                MOV       A，#00H              ; 段选码全置 0
```

```
        MOVX        @ DPTR，A                    ；PB 口全写零，显示器全熄灭
        RET                                      ；子程序返回
```

二、由 8279 构成的键盘、显示器接口电路设计

在由 8155 或 8255 之类的并行接口芯片所构成的键盘、显示器接口电路中，CPU 要花很多时间来进行管理，这对于实时性要求较高的系统来说是不允许的，此时，Intel 公司的 8279 芯片就显示出了其独特的优点。

8279 是一种通用的可编程键盘、显示器接口芯片，它能完成键盘输入和显示控制两种功能。键盘部分提供扫描工作方式，可与 64 个按键的矩阵键盘进行连接，能对键盘实行不间断的自动扫描，自动消除抖动，自动识别按键并给出键值。显示部分为发光二极管、荧光管等显示器件，提供了按扫描方式工作的接口电路，它为显示器提供多路复用信号，可显示多达 16 位的字符。

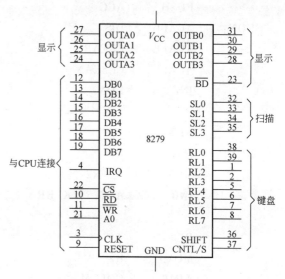

图 5-63 8279 的引脚及其功能

1. 8279 的引脚功能

8279 的引脚按其功能可分为三部分：第一部分面向 CPU，第二部分面向键盘，第三部分面向显示器，如图 5-63 所示。

2. 8279 的键盘管理

（1）SL3～SL0 采用译码扫描　当设定 8279 的扫描线 SL3～SL0 工作在译码扫描方式时，SL3～SL0 4 个引脚轮流输出负脉冲。组成矩阵键盘时，可将这 4 根输出线作为行扫描线，如图 5-64 所示。采用译码扫描时，提供的行线最多只有 4 根，与 8 根列线相交，只能得到 32 个按键，键的个数不多。在图 5-64 中，矩阵键盘由 4 行 6 列组成，共有 24 个键，键值计算如下：

D7	D6	D5	D4	D3	D2	D1	D0
CNTL	SHIFT	N	N	N	K	K	K

D7	D6	D5	D4	D3	D2	D1	D0
CNTL	SHIFT	N	N	N	K	K	K

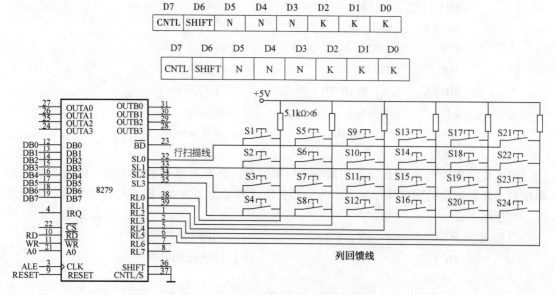

图 5-64 8279 扫描线译码扫描管理键盘

其中：CNTL＝SHIFT＝0（图中已将此二引脚接地）；NNN 表示行的位置，其值为 SL i＝0 时的标号 i，即 NNN＝i（写成二进制）；KKK 表示列的位置，其值为 RL j＝0 时的标号 j，即 KKK＝j（写成二进制）。

例如图 5-64 中的键 S10，其键值由 SL1 与 RL2 组合而得（i＝001，j＝010）：

D7	D6	D5	D4	D3	D2	D1	D0
0	0	0	0	1	0	1	0

假定图 5-64 中，8279 的 IRQ 引脚悬空，不接任何器件，矩阵键盘是否有键按下采用查询的方式，则基于 MCS-51 的汇编源程序清单如下：

1）初始化程序。其程序如下：

```
            MOV     DPTR，#4FFFH      ；指向 8279 控制口地址
            MOV     A，#0CFH          ；准备清除 FIFO 与显示 RAM
            MOVX    @DPTR，A          ；清除开始
WAIT：      MOVX    A，@DPTR          ；读 8279 状态口
            JB      ACC.7，WAIT       ；检查清除结束否？
            MOV     A，#09H           ；16 字符显示，左入口，译码扫描，双键
                                          锁定
            MOVX    @DPTR，A
            MOV     A，#34H           ；设定分频系数，20 分频（设 CPU 晶振频
                                          率为 12MHz）
            MOVX    @DPTR，A
```

2）读键值程序。当需要判定有无按键压下的时候，采用查询方式的程序如下：

```
AGAN：      MOV     DPTR，#4FFFH      ；指向 8279 控制口地址
            MOVX    A，@DPTR          ；读取 FIFO 的状态字
            ANL     A，#0FH           ；检查 FIFO 中键值的数目
            JNZ     KLD              ；有键值时，转 KLD
            SJMP    AGAN             ；无键值，继续循环
KLD：       MOV     DPTR，#4FFFH      ；指向 8279 控制口地址
            MOV     A，#40H           ；准备读 FIFO 中键值
            MOVX    @DPTR，A          ；发出读 FIFO 中键值的命令
            MOV     DPTR，#4FFEH      ；指向 8279 的数据口地址
            MOVX    A，@DPTR          ；读出键值存到累加器 A 中
```

（2）SL3~SL0 采用编码扫描　当设定 8279 的扫描线 SL3~SL0 工作在编码扫描方式时，SL3~SL0 4 个引脚的输出在 0000~1111 之间不断循环。此时，不能用这 4 根输出线直接作为行扫描线，但是可将这 4 根线送到外接的译码器，从译码器轮流输出的负脉冲就可以作为矩阵键盘的行扫描线了。其详细电路如图 5-65 所示。

D7	D6	D5	D4	D3	D2	D1	D0
CNTL	SHIFT	N	N	N	K	K	K

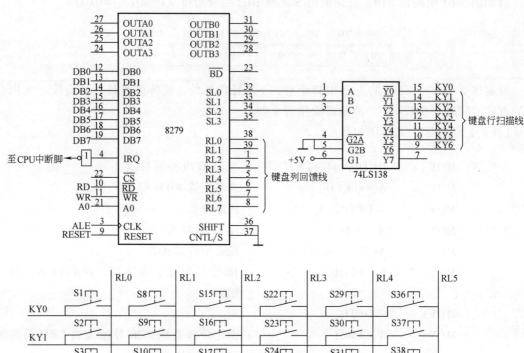

图 5-65 8279 扫描线编码扫描管理键盘

图 5-65 中，将 8279 的 SL2～SL0 3 根扫描线送给 74LS138 译码器，得到 8 根行扫描线，组成矩阵键盘时采用了 7 根；列回馈线不必扩展，直接使用 8279 的 RL7～RL0 中的 6 根，但要接上拉电阻。组成的键盘为 7×6 矩阵，共有 42 个按键，键值的计算如下：

其中：CNTL = SHIFT = 0（已接地）；NNN 表示行的位置，其值等于 74LS138 输出 Yi = 0 时的标号 i，即 NNN = i（写成二进制）；KKK 表示列的位置，其值等于 RL j = 0 时的标号 j，即 KKK = j（写成二进制）。

例如图 5-65 中的键 S32，其键值由 KY3 与 RL4 组合而得（$i=011$，$j=100$）：

D7	D6	D5	D4	D3	D2	D1	D0
0	0	0	1	1	1	0	0

假定图 5-65 中，8279 的 IRQ 经反相后送给 8031 单片机的 INT1 中断脚，矩阵键盘一旦有键按下，便向 8031 申请中断，则详细的源程序清单如下：

1）初始化程序。其程序如下：

```
          MOV      DPTR, #4FFFH      ; 指向 8279 控制口地址
          MOV      A, #0CFH          ; 准备清除 FIFO 与显示 RAM
          MOVX     @DPTR, A          ; 清除开始
WAIT:     MOVX     A, @DPTR          ; 读 8279 状态口
          JB       ACC.7, WAIT       ; 检查清除结束否？
          MOV      A, #08H           ; 16 字符显示，左入口，编码扫描，双
                                       键锁定
          MOVX     @DPTR, A
          MOV      A, #34H           ; 设定分频系数，20 分频（设 CPU 晶振
                                       频率为 12MHz）
          MOVX     @DPTR, A
          CLR      IT1               ; 选择 INT1 为低电平触发（由 P3.3 脚引
                                       入）
          SETB     EX1               ; 外部中断 INT1 允许进入
          SETB     EA                ; 中断总开关允许
          … …                       ; 等待按键
```

2）键值读取与散转。当键盘有键按下时，CPU 立即响应 INT1 中断，马上脱离主程序，转去执行中断服务程序，目的是从 8279 的 FIFO 中读取键值，判别后进行处理。

中断服务程序如下：

```
ITR1:     CLR      EX1               ; 关 INT1 中断
          … …                       ; 相关内容进栈保护
          MOV      DPTR, #4FFFH      ; 指向 8279 控制口地址
          MOV      A, #40H           ; 准备读 FIFO 中键值
          MOVX     @DPTR, A          ; 发出读 FIFO 中键值的命令
          MOV      DPTR, #4FFEH      ; 指向 8279 数据口地址
          MOVX     A, @DPTR          ; 读出键值
          MOV      DPTR, #KEYTAB     ; 指向散转表首地址
          MOV      B, #03H
          MUL      AB                ; 将键值乘以 3
          JMP      @A+DPTR           ; 散转
```

```
KEYTAB：LJMP      K_00H                    ；键值为 00H
        LJMP      K_01H                    ；键值为 01H
        LJMP      K_02H                    ；键值为 02H
        ……
        LJMP      K_29H                    ；键值为 29H（第 42 个键）
K_00H：……                                 ；处理 00H 键
K_01H：……                                 ；处理 01H 键
K_02H：……                                 ；处理 02H 键

K_29H：……                                 ；处理 29H 键
```

3. 8279 的显示管理

8279 可用来管理 16 位×8 段的 LED 或荧光管。它的内部有专门用于存储显示数据的 RAM 区（显示 RAM），共有 16 个字节，地址排列从 00H 到 0FH。8279 芯片的扫描线 SL3～SL0 有译码扫描和编码扫描两种工作方式。当采用译码扫描方式时，8279 只能送出显示 RAM 中前 4 个字节的内容（地址为 00H～03H），因而最多只能扫描 4 个 LED 数码管，这种方式用得较少。当采用编码扫描方式时，扫描输出线 SL3～SL0 经过 "4-16" 译码后，可以选择 16 个 LED 数码管，这 16 个 LED 数码管显示的字符分别对应 8279 显示 RAM 区的 00H～0FH 中的内容。

当 SL3～SL0 为 0000 时，显示数据输出线（OUTA3～0 和 OUTB3～0）上输出为显示 RAM 区中的第 1 个字节（00H）中的内容；当 SL3～SL0 为 0001 时，显示数据输出为显示 RAM 区中的第 2 个字节（01H）中的内容；依次类推，当 SL3～SL0 为 1111 时，显示数据输出为显示 RAM 区中的第 16 个字节（0FH）中的内容。因而，8279 送出的显示数据（最终送给了 LED 的显示段），与 CPU 写入 8279 内部 16 个字节显示 RAM 区的数值，存在着一一对应的关系。据此，可以设计如下的 LED 显示电路。

（1）同样段数的 LED 显示驱动电路　当选用 8 段 LED 数码管作为显示器件时，扫描输出线 SL3～SL0 可接 "4-16" 译码器，其输出的每一位接一个数码管的 com 端。显示数据输出线经过锁存器和驱动器后，接到数码管的显示段，如图 5-66 所示。这样可构成最多 16 个

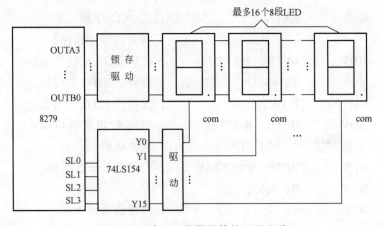

图 5-66　单一 8 段数码管的显示电路

8 段 LED 的显示电路。

当选用 16 段 LED 数码管时，可以把 16 段分成两个 8 段来对待，在显示数据输出线上，并接两个 8 路锁存器和驱动器，两个锁存器的锁存信号由扫描输出线 SL0 来控制。当 SL0 = 0 时，选中第一片；当 SL0 = 1 时，选中第二片。这时，扫描输出线 SL1 ~ SL3 接 "3-8" 译码器，其输出的每一位接一个数码管的 com 端，如图 5-67 所示。这样，最多可以构成 8 个 16 段 LED 的显示电路。

（2）8 段 LED 和 16 段 LED 的混合显示电路设计　图 5-68 所示为一台车床数控系统的实用显示电路，它是一个 8031 单片机的应用系统。该系统的显示器由一个 "米" 字管（16 段的 LED）和 7 个 8 段 LED 数码管组成。8279 的显示数据输出线 OUTA3 ~ 0、OUTB3 ~ 0 上，并接了两路 8 位数据锁存器 74LS373，因为 74LS373 的驱动能力不足，所以在 LED 数码管之前加上了两片 74LS240 进行驱动。8279 的扫描线 SL0 控制了两片 74LS373 的触发端 LE，扫描线 SL1 ~ SL3 接 "3-8" 译码器的输入端，译码后的输出 Y0 ~ Y4 作为数码管 com 端的选择线。第一个 "米" 字管由片选线 Y0 来选择，中间的 6 个数码管，每两个共用一根片选线（Y1 ~ Y3），最后一个数码管由 Y4 来选择。"米" 字管和 8 段数码管的数量和排列，可根据实际需要进行组合。

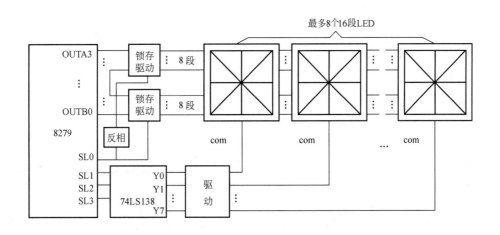

图 5-67　单一 16 段数码管的显示电路

图 5-68 中，8279 内部显示 RAM 区中 00H、01H 的内容装的是 DG0 的显示段码，02H 装的是 DG1 的显示段码，03H 装的是 DG2 的显示段码，依次类推，08H 装的是 DG7 的显示段码。

假定系统的晶振频率为 12MHz，显示缓冲区首地址为 6BH。该系统在指定的工作状态

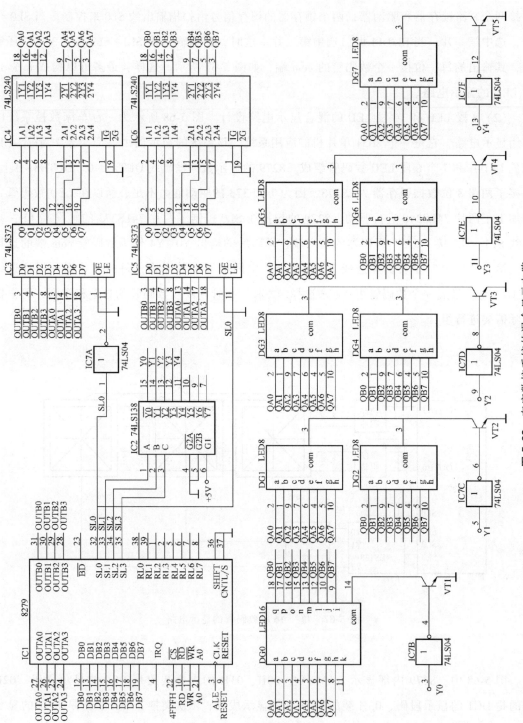

图 5-68 车床数控系统的混合显示电路

下，需要显示的字符段码的编码，事先存储在 CPU 内部 RAM 的 6BH～73H 这 9B 中。本系统中，8279 的控制口地址为 4FFFH，数据口地址为 4FFEH，显示程序如下：

```
DIR：    MOV     DPTR, #4FFFH        ; 8279 的控制口地址
         MOV     A, #90H             ; 写 8279 显示 RAM 的命令字
         MOVX    @ DPTR, A           ; 从显示 RAM 的 00H 地址开始写，
                                       每写一次，显示 RAM 的地址自动
                                       加 1
         MOV     R0, #6BH            ; 显示缓冲区的首地址为 6BH
         MOV     R7, #09H            ; 显示缓冲区的长度为 9B
         MOV     DPTR, #4FFEH        ; 8279 的数据口地址
DIR0：   MOV     A, @ R0             ; 从 CPU 的 RAM 中读取显示段码的
                                       编码
         ADD     A, #05H             ; PC 与 DTAB 表格之间的偏移量
         MOVC    A, @ A+PC           ; 查表，取出显示段码
         MOVX    @ DPTR, A           ; 送到 8279 显示 RAM 中指定的字节
         INC     R0                  ; 写 8279 的下一个显示 RAM
         DJNZ    R7, DIR0            ; 循环 9 次，完成 9 位显示
         RET
DTAB：   DB      XXH                 ; 字符的显示段码表
         DB      XXH
         DB      XXH
         … …
```

第六章 机电一体化系统设计实例

在本章，作者结合多年的教学、科研与生产实践，提供了 5 个典型的机电一体化产品综合设计实例，包括卧式车床数控化改造设计、数控车床自动回转刀架机电系统设计、X-Y 数控工作台机电系统设计、可升降双轴旋转云台机电系统设计，以及波轮式全自动洗衣机机电系统设计。这些选题将教学与生产实践紧密结合，具有较强的针对性。在这些实例中，对机械传动系统均给出了详细的设计步骤和具体的设计方法，对控制系统也给出了实用的控制电路，并对 I/O 接口进行了编程示范。设计者通过对这些实例的学习，能够尽快地进入设计工作，圆满地完成课程设计任务。

第一节 卧式车床数控化改造设计

卧式车床（如 C616/C6132、C618/C6136、C620/C6140、C630 等）是金属切削加工最常用的一类机床。C6140 卧式车床的结构布局如图 6-1 所示。当工件随主轴回转时，通过刀架的纵向和横向移动，能加工出内/外圆柱面、圆锥面、端面、螺纹面等，借助成形刀具，还能加工各种成形回转表面。

卧式车床刀架的纵向和横向进给运动，由主轴回转运动经交换齿轮传递而来，通过进给

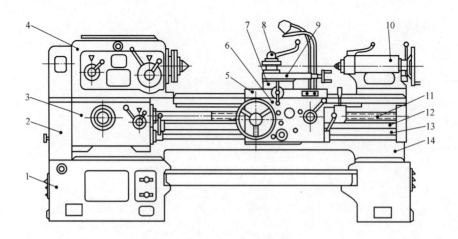

图 6-1 C6140 卧式车床的结构布局

1—床脚　2—交换齿轮　3—进给箱　4—主轴箱　5—床鞍　6—溜板箱　7—中滑板

8—刀架　9—小滑板　10—尾座　11—丝杠　12—光杠　13—操纵杆　14—床身

箱变速后，由光杠或丝杠带动溜板箱、床鞍以及中滑板产生移动。进给参数依靠手工调整，改变参数时需要停车。刀架的纵向进给和横向进给不能联动，切削次序需要人工控制。

对卧式车床进行数控化改造，主要是将纵向和横向进给系统改成用微机控制的、能独立运动的进给伺服系统；将手动刀架换成能自动换刀的电动刀架。这样，利用数控装置，车床就可以按预先输入的加工指令进行切削加工。由于加工过程中的切削参数、切削次序和刀具都可按程序自动进行调节和更换，再加上纵、横向的联动进给功能，所以，改造后的车床就可以加工出各种形状复杂的回转零件，并能实现多工序集中车削，从而提高生产效率和加工精度。

一、设计任务

题目：C6140 卧式车床数控化改造设计

任务：将一台 C6140 卧式车床改造成经济型数控车床。其主要技术指标如下：

1）床身上最大加工直径 400mm。

2）床身上最大加工长度 1000mm。

3）X 方向（横向）脉冲当量 $\delta_x = 0.005$mm/脉冲，Z 方向（纵向）$\delta_z = 0.01$mm/脉冲。

4）X 方向最快移动速度 $v_{x\max} = 4000$mm/min，Z 方向 $v_{z\max} = 6000$mm/min。

5）X 方向最快工进速度 $v_{x\max f} = 500$mm/min，Z 方向 $v_{z\max f} = 800$mm/min。

6）X 方向定位精度 ±0.01mm，Z 方向 ±0.02mm。

7）可以车削柱面、平面、锥面与球面等。

8）安装螺纹编码器，可以车削米/英制的直螺纹与锥螺纹，最大导程为 24mm。

9）安装四工位立式电动刀架，系统控制自动选刀。

10）自动控制主轴的正转、反转与停止，并可输出主轴有级变速与无级变速信号。

11）自动控制切削液泵的起/停。

12）安装电动卡盘，系统自动控制工件的夹紧/松开。

13）纵、横向安装限位开关。

14）数控系统可与 PC 串行通信。

15）显示界面采用 LED 数码管，编程采用 ISO 数控代码。

二、总体方案的确定

总体方案应考虑车床数控系统的运动方式、进给伺服系统的类型、数控系统 CPU 的选择，以及进给传动方式和执行机构的选择等。

1）卧式车床数控化改造后应具有单坐标定位、斜线插补、圆弧插补以及螺纹插补等功能。因此，数控系统应设计成连续控制型。

2）卧式车床经数控化改造后属于经济型数控机床，在保证一定加工精度的前提下，应简化结构，降低成本。因此，进给系统常采用步进电动机的开环控制系统或交流伺服电动机的半闭环控制系统。

3）根据技术指标中的最大加工尺寸、最高控制速度，以及数控系统的经济性要求，决定选用 MCS-51 系列的 8 位单片机作为数控系统的 CPU。MCS-51 系列 8 位机具有功能多、速度快、抗干扰能力强、性价比高等优点。

4）根据系统的功能要求，需要扩展程序存储器、数据存储器、键盘与显示电路、I/O 接口电路、D-A 转换电路、串行接口电路等，还要选择步进电动机或伺服电动机的驱动电源以及主轴电动机的交流变频器等。

5）为了达到技术指标中的速度和精度要求，纵、横向的进给传动应选用摩擦力小、传动效率高的滚珠丝杠副；为了消除传动间隙、提高传动刚度，滚珠丝杠的螺母应有预紧机构等。

6）计算选择步进电动机或交流伺服电动机，为了圆整脉冲当量，对于步进电动机可能还需要配置减速轮副，且应有消间隙机构。

7）选择四工位自动回转刀架与电动卡盘，选择螺纹编码器等。

三、机械系统的改造设计方案

1. 主传动系统的改造方案

对卧式车床进行数控化改造时，一般可保留原有的主传动机构和变速操纵机构，这样可减少机械改造的工作量。主轴的正转、反转和停止可由数控系统来控制。

若要提高车床的自动化程度，需要在加工中自动变换转速，可用 2~4 速的多速电动机代替原有的单速主电动机。当多速电动机仍不能满足要求时，可用交流变频器来控制主轴电动机，以实现无级变速（工厂使用情况表明，使用变频器时，若工作频率低于 70Hz，原来的电动机可以不更换，但所选变频器的功率应比电动机大）。

本例中，当采用有级变速时，可选用浙江超力电动机有限公司生产的 YD 系列 7.5kW 变极多速三相异步电动机，可实现 2~4 档变速；当采用无级变速时，应加装交流变频器，推荐型号为 F1000-G0075T3B，适配 7.5kW 电动机，生产厂家为烟台惠丰电子有限公司。

2. 安装电动卡盘

为了提高加工效率，工件的夹紧与松开采用电动卡盘，选用呼和浩特机床附件总厂生产的 KD11250 型电动自定心卡盘。卡盘的夹紧与松开由数控系统发信控制。

3. 换装自动回转刀架

为了提高加工精度，实现一次装夹完成多道工序，将车床原有的手动刀架换成自动回转刀架，选用常州市宏达机床数控设备有限公司生产的 LD4B-CK6140 型四工位立式电动刀架。实现自动换刀需要配置相应的电路，由数控系统完成。

4. 螺纹编码器的安装方案

螺纹编码器又称主轴脉冲发生器或圆光栅。数控车床加工螺纹时，需要配置主轴脉冲发生器，作为车床主轴位置信号的反馈元件，它与车床主轴同步转动。

本例中，改造后的车床能够加工的最大螺纹导程是 24mm，Z 向的进给脉冲当量是 0.01mm/脉冲，所以螺纹编码器每转一转输出的脉冲数应不少于 24mm/（0.01mm/脉冲）= 2400 脉冲。考虑编码器的输出有相位差为 90°的 A、B 相信号，可将 A、B 经逻辑异或后获得 2400 个脉冲（一转内），这样编码器的线数可降到 1200 线（A、B 信号）。另外，为了重复车削同一螺旋槽时不乱扣，编码器还需要输出每转一个的零位脉冲 Z。

基于上述要求，本例选择螺纹编码器的型号为 ZLF-1200Z-05VO-15-CT。电源电压为 +5V，每转输出 1200 个 A/B 脉冲与 1 个 Z 脉冲，信号为电压输出，轴头直径为 15mm，生产厂家为长春光机数显技术有限公司。

螺纹编码器通常有两种安装形式：同轴安装和异轴安装。同轴安装是指将编码器直接安装在主轴后端，与主轴同轴，这种方式结构简单，但它堵住了主轴的通孔。异轴安装是指将编码器安装在主轴箱的后端，一般尽量装在与主轴同步旋转的输出轴，如果找不到同步轴，可将编码器通过一对传动比为1∶1的同步带与主轴连接起来。需要注意的是，编码器的轴头与安装轴之间必须采用无间隙柔性连接，且车床主轴的最高转速不允许超过编码器的最高许用转速。

5. 进给系统的改造与设计方案

1）拆除交换齿轮架所有齿轮，在此寻找主轴的同步轴，安装螺纹编码器。

2）拆除进给箱总成，在此位置安装纵向减速步进电动机或交流伺服电动机。

3）拆除溜板箱总成与快走刀的齿轮齿条，在床鞍的下面安装纵向滚珠丝杠的螺母座与螺母座托架。

4）拆除四方刀架与小滑板总成，在中滑板上方安装四工位立式电动刀架。

5）拆除中滑板下的滑动丝杠副，将滑动丝杠靠近刻度盘一段（长约216mm，见书后插页图6-2）锯断保留；拆掉刻度盘上的手柄，保留刻度盘附近的两个推力轴承，换上滚珠丝杠副。

6）将横向进给步进电动机或交流伺服电动机通过法兰座安装到中滑板后部的床鞍上，并与滚珠丝杠的轴头相连。

7）拆去三杠（丝杠、光杠与操纵杠），更换丝杠的右支承。

本车床采用步进电动机改造后的横向、纵向进给系统分别如书后插页图6-2与图6-3所示；采用交流伺服电动机改造后的横向、纵向进给系统参见书后插页图6-4~图6-6所示。

四、纵向进给传动部件的计算和选型

纵、横向进给传动部件的计算和选型主要包括确定脉冲当量、计算切削力、选择滚珠丝杠副、设计减速箱，以及选择驱动电动机等。

1. 脉冲当量的确定

根据设计任务的要求，X方向（横向）的脉冲当量$\delta_x = 0.005$mm/脉冲，Z方向（纵向）的$\delta_z = 0.01$mm/脉冲。

2. 切削力的计算

切削力的分析和计算详见第三章。以下是纵向车削力的详细计算过程（按最大切削负载进行）。

设工件材料为碳素结构钢，$R_m = 650$MPa；选用刀具材料为硬质合金YT15；刀具几何参数：主偏角$\kappa_r = 30°$，前角$\gamma_o = 10°$，刃倾角$\lambda_s = -5°$；切削用量：背吃刀量$a_p = 4$mm，进给量$f = 0.6$mm/r，切削速度$v_c = 100$m/min。

查表3-1，得：$C_{F_c} = 2795$，$x_{F_c} = 1.0$，$y_{F_c} = 0.75$，$n_{F_c} = -0.15$。

查表3-3，得：主偏角κ_r的修正系数$k_{\kappa_r F} = 1.08$；刃倾角、前角和刀尖圆弧半径的修正系数均为1.0。

由经验公式（3-2），算得主切削力$F_c = 4125.52$N；再由经验公式F_c：F_f：$F_p = 1$：0.35：0.4，算得纵向进给切削力$F_f = 1443.93$N，背向力$F_p = 1650.21$N。

3. 滚珠丝杠副的计算和选型

（1）工作载荷F_m的计算 已知纵向移动部件总重$G \approx 1300$N；车削力$F_c = 4125.52$N，

$F_p = 1650.21\text{N}$，$F_f = 1443.93\text{N}$。如图 3-20 所示，根据 $F_z = F_c$，$F_y = F_p$，$F_x = F_f$ 的对应关系，可得：$F_z = 4125.52\text{N}$，$F_y = 1650.21\text{N}$，$F_x = 1443.93\text{N}$。

选用矩形-三角形组合滑动导轨，查表 3-29，取 $K = 1.15$，$\mu = 0.16$，代入 $F_m = KF_x + \mu(F_z + G)$，得工作载荷 $F_m = 2528.60\text{N}$。

（2）最大动载荷 F_Q 的计算　设车床工作期间其纵向的平均移动速度 $v = 0.6\text{m/min}$，初选滚珠丝杠基本导程 $P_h = 6\text{mm}$，则丝杠平均转速 $n = 1000v/P_h = 100\text{r/min}$。

取滚珠丝杠的使用寿命 $T = 15000\text{h}$，代入 $L_0 = 60nT/10^6$，得丝杠寿命系数 $L_0 = 90$（单位为 10^6r）。

查表 3-30，取载荷系数 $f_W = 1.1$，再取硬度系数 $f_H = 1.0$，代入式（3-23），求得最大动载荷 $F_Q = \sqrt[3]{L_0} f_W f_H F_m = 12464.85\text{N}$。

（3）初选型号　根据计算出的最大动载荷，查表 3-33，选择启东润泽机床附件有限公司生产的 FL4006 型滚珠丝杠副。其公称直径 $d_0 = 40\text{mm}$，基本导程 $P_h = 6\text{mm}$，双螺母滚珠总圈数为 3×2 圈 $= 6$ 圈，标准公差等级取 4 级，额定动载荷 $C_a = 13200\text{N}$，大于 F_Q（12464.85N）满足要求。

（4）传动效率 η 的计算　将公称直径 $d_0 = 40\text{mm}$，基本导程 $P_h = 6\text{mm}$，代入 $\lambda = \arctan[P_h/(\pi d_0)]$，得丝杠螺旋升角 $\lambda = 2°44'$。将摩擦角 $\varphi = 10'$，代入 $\eta = \tan\lambda/\tan(\lambda + \varphi)$，得传动效率 $\eta = 94.2\%$。

（5）刚度的验算

1）纵向滚珠丝杠副的支承，采取一端轴向固定，一端简支的方式，见书后插页图 6-3 所示。固定端采用一对推力角接触球轴承，面对面组配。丝杠加上两端接杆后，左、右支承的中心距离 $a \approx 1497\text{mm}$；钢的弹性模量 $E = 2.1 \times 10^5\text{MPa}$；查表 3-33，得滚珠直径 $D_w = 3.9688\text{mm}$，算得丝杠底径 $d_2 = d_0 - D_w = 36.0312\text{mm}$，则丝杠截面面积 $S = \pi d_2^2/4 = 1019.64\text{mm}^2$。

忽略式（3-25）中的第二项，算得丝杠在工作载荷 F_m 作用下产生的拉/压变形量 $\delta_1 = F_m a/(ES) = 0.01768\text{mm}$。

2）根据公式 $Z = (\pi d_0/D_w) - 3$，求得单圈滚珠数目 $Z = 29$；该型号丝杠为双螺母，滚珠总圈数为 $3 \times 2 = 6$，则滚珠总数量 $Z_\Sigma = 29 \times 6 = 174$。滚珠丝杠预紧时，取轴向预紧力 $F_{YJ} = F_m/3 = 842.87\text{N}$。则由式（3-27），求得滚珠与螺纹滚道间的接触变形量 $\delta_2 = 0.001519\text{mm}$。

因为丝杠加有预紧力，且高达轴向负载的 1/3，所以实际变形量可减小一半，取 $\delta_2 = 0.0007595\text{mm}$。

3）将以上算出的 δ_1 和 δ_2 代入 $\delta_总 = \delta_1 + \delta_2$，求得丝杠总变形量（对应跨度 1497mm）$\delta_总 = 0.0184395\text{mm} \approx 18.4\mu\text{m}$。

由书后插页图 6-3 可知，本例中纵向滚珠丝杠的有效行程（螺纹长度）$l_u = 1130\text{mm}$。由表 3-27 查得，标准公差等级为 4 级的定位型滚珠丝杠副，当有效行程 $1000\text{mm} \leq l_u \leq 1250\text{mm}$ 时，其有效行程内的平均行程偏差 $e_p = 34\mu\text{m}$。而本例中滚珠丝杠总的变形量 $\delta_总 = 18.4\mu\text{m}$，可见丝杠的刚度足够。

（6）压杆稳定性校核　根据式（3-28）计算失稳时的临界载荷 F_k。查表 3-34，取支承系数 $f_k = 2$；由丝杠底径 $d_2 = 36.0312\text{mm}$，求得截面惯性矩 $I = \pi d_2^4/64 \approx 82734.15\text{mm}^4$；取压

杆稳定安全系数 $K=3$（丝杠卧式水平安装）；滚动螺母至轴向固定处的距离 a 取最大值 1497mm。代入式（3-28），得临界载荷 $F_k=51011.61N$，远大于工作载荷 F_m（2528.60N），故丝杠不会失稳。

综上所述，初选的滚珠丝杠副满足使用要求。

4. 同步带减速箱的设计

为了满足脉冲当量的设计要求和增大转矩，同时也为了使传动系统的负载惯量尽可能地减小，传动链中常采用减速传动。本例中，纵向减速箱选用同步带传动，同步带与带轮的计算和选型参见第三章第三节相关内容。

设计同步带减速箱需要的原始数据：带传递的功率 P，主动轮转速 n_1 和传动比 i，传动系统的位置和工作条件等。

根据改造经验，C6140 车床纵向步进电动机的最大静转矩通常在 15~25N·m 之间选择。现初选电动机型号为 130BYG5501，五相混合式，最大静转矩为 20N·m，十拍驱动时步距角为 0.72°。该电动机的详细技术参数见表 4-5，其运行矩频特性曲线如图 6-7 所示。

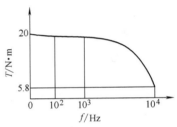

图 6-7 130BYG5501 步进电动机的运行矩频特性曲线

（1）传动比 i 的确定 已知电动机的步距角 $\alpha=0.72°$，脉冲当量 $\delta_z=0.01mm/$脉冲，滚珠丝杠导程 $P_h=6mm$。根据式（3-12）算得传动比 $i=1.2$。

（2）主动轮最高转速 n_1 由纵向床鞍的最快移动速度 $v_{zmax}=6000mm/min$，可以算出主动轮最高转速 $n_1=(v_{zmax}/\delta_z)\times\alpha/360=1200r/min$。

（3）确定带的设计功率 P_d 预选的步进电动机在转速为 1200r/min 时，对应的步进脉冲频率为 $f_{max}=1200\times360/(60\times\alpha)=1200\times360/(60\times0.72)$ Hz=10000Hz。

由图 6-7 查得，当脉冲频率为 10000Hz 时，电动机的输出转矩约为 5.8N·m，对应的输出功率 $P_{OUT}=nT/9.55=1200\times5.8/9.55W\approx729W$。现取 $P=0.729kW$，从表 3-18 中取工作情况系数 $K_A=1.2\times0.8=0.96$，则由式（3-14），求得带的设计功率 $P_d=K_AP=0.96\times0.729kW=0.7kW$。

（4）选择带型和节距 P_b 根据带的设计功率 $P_d=0.7kW$ 和主动轮最高转速 $n_1=1200r/min$，从图 3-14 中选择同步带，型号为 L 型，由表 3-11 查得节距 $P_b=9.525mm$。

（5）确定小带轮齿数 z_1 和小带轮节圆直径 d_1 取 $z_1=15$，则小带轮节圆直径 $d_1=\dfrac{P_bz_1}{\pi}=45.48mm$。当 n_1 达最高转速 1200r/min 时，同步带的速度 $v=\dfrac{\pi d_1n_1}{60\times1000}=2.86m/s$，没有超过 L 型带的极限速度 35m/s。

（6）确定大带轮齿数 z_2 和大带轮节圆直径 d_2 大带轮齿数 $z_2=iz_1=18$，节圆直径 $d_2=id_1=54.57mm$。

（7）初选中心距 a_0、带的节线长 L_{0P}、带的齿数 z_b 初选中心距 $a_0=1.1(d_1+d_2)=110.06mm$，圆整后取 $a_0=110mm$。则带的节线长 $L_{0P}\approx2a_0+\dfrac{\pi}{2}(d_1+d_2)+\dfrac{(d_2-d_1)^2}{4a_0}=$

377.33mm。根据表 3-13，选取接近的标准节线长 $L_P = 381$mm，相应齿数 $z_b = 40$。

（8）计算实际中心距 a　实际中心距 $a \approx a_0 + \dfrac{L_P - L_{0P}}{2} = 111.835$mm。

（9）校验带与小带轮的啮合齿数 z_m　$z_m = \text{ent}\left[\dfrac{z_1}{2} - \dfrac{P_b z_1}{2\pi^2 a}(z_2 - z_1)\right] = 7$，啮合齿数比 6 大，满足要求。此处 ent 表示取整。

（10）计算基准额定功率 P_0（所选型号同步带在基准宽度下所允许传递的额定功率）

$$P_0 = \frac{(T_a - mv^2)v}{1000}$$

式中　T_a——带宽为 b_{s0} 时的许用工作拉力，由表 3-21 查得 $T_a = 247.28$N；

$\quad\quad$ m——带宽为 b_{s0} 时单位长度的质量，由表 3-21 查得 $m = 0.095$kg/m；

$\quad\quad$ v——同步带的带速，由上述（5）可知 $v = 2.86$m/s。

由此算得 $P_0 = 0.705$kW。

（11）确定实际所需同步带宽度 b_s

$$b_s \geqslant b_{s0}\left(\frac{P_d}{K_z P_0}\right)^{1/1.14}$$

式中　b_{s0}——选定型号的基准宽度，由表 3-21 查得 $b_{s0} = 25.4$mm；

$\quad\quad$ K_z——小带轮啮合齿数系数，由表 3-22 查得 $K_z = 1$。

由此算得 $b_s \geqslant 25.24$mm，再根据表 3-11 选定最接近的带宽 $b_s = 25.4$mm。

（12）带的工作能力验算　根据式（3-22），计算同步带额定功率 P 的精确值

$$P = \left(K_z K_w T_a - \frac{b_s}{b_{s0}}mv^2\right)v \times 10^{-3}$$

式中　K_w——齿宽系数，$K_w = (b_s/b_{s0})^{1.14} = 1$。

由此算得 $P = 0.705$kW，而 $P_d = 0.7$kW，满足 $P \geqslant P_d$。因此，带的工作能力合格。

5. 步进电动机的计算与选型

步进电动机的计算与选型参见第四章第三节相关内容。

（1）计算加在步进电动机转轴上的总转动惯量 J_{eq}　已知：滚珠丝杠的公称直径 $d_0 = 40$mm，总长（带接杆）$l = 1560$mm，导程 $P_h = 6$mm，材料密度 $\rho = 7.85 \times 10^{-3}$kg/cm³；纵向移动部件总重 $G \approx 1300$N；同步带减速箱大带轮宽度 28mm，节圆直径 54.57mm，孔径 30mm，轮毂外径 42mm，宽度 14mm；小带轮宽度 28mm，节圆直径 45.48mm，孔径 19mm，轮毂外径 29mm，宽度 12mm；传动比 $i = 1.2$。

参照表 4-1，可以算得各个零部件的转动惯量（具体计算过程从略）：滚珠丝杠的转动惯量 $J_s = 30.78$kg·cm²；床鞍折算到丝杠上的转动惯量 $J_w = 1.21$kg·cm²；小带轮的转动惯量 $J_{z1} = 0.95$kg·cm²；大带轮的转动惯量 $J_{z2} = 1.99$kg·cm²。在设计减速箱时，初选的纵向步进电动机型号为 130BYG5501，由表 4-5 查得该型号电动机转子的转动惯量 $J_m = 33$kg·cm²。

综上可得加在步进电动机转轴上的总转动惯量

$$J_{eq} = J_m + J_{z1} + (J_{z2} + J_w + J_s)/i^2 = 57.55\text{kg·cm}^2$$

（2）计算加在步进电动机转轴上的等效负载转矩 T_{eq} 分快速空载起动和承受最大工作负载两种情况进行计算。

1）快速空载起动时电动机转轴所承受的负载转矩 T_{eq1}。由式（4-8）可知，T_{eq1} 包括三部分：快速空载起动时折算到电动机转轴上的最大加速转矩 T_{amax}、移动部件运动时折算到电动机转轴上的摩擦转矩 T_f、滚珠丝杠预紧后折算到电动机转轴上的附加摩擦转矩 T_0。则有

$$T_{eq1} = T_{amax} + T_f + T_0 \tag{6-1}$$

根据式（4-9），考虑纵向传动链的总效率 η，计算快速空载起动时折算到电动机转轴上的最大加速转矩

$$T_{amax} = \frac{2\pi J_{eq} n_m}{60 t_a} \frac{1}{\eta} \tag{6-2}$$

式中 n_m——对应纵向空载最快移动速度的步进电动机最高转速，单位为 r/min；

t_a——步进电动机由静止到加速至 n_m 转速所需的时间，单位为 s。

其中，

$$n_m = \frac{v_{max} \alpha}{360\delta} \tag{6-3}$$

式中 v_{max}——纵向空载最快移动速度，任务书指定为 6000mm/min；

α——纵向步进电动机的步距角，为 $0.72°$；

δ——纵向脉冲当量，本例中 $\delta = 0.01mm/$脉冲。

将以上各值代入式（6-3），算得 $n_m = 1200r/min$。

设步进电动机由静止到加速至 n_m 转速所需时间 $t_a = 0.2s$，纵向传动链总效率 $\eta = 0.7$，则由式（6-2）可得

$$T_{amax} = \frac{2\pi \times 57.55 \times 10^{-4} \times 1200}{60 \times 0.2 \times 0.7} N \cdot m = 5.17N \cdot m$$

由式（4-10）可知，移动部件运动时，折算到电动机转轴上的摩擦转矩

$$T_f = \frac{\mu(F_c + G)P_h}{2\pi\eta i} \tag{6-4}$$

式中 μ——导轨的摩擦因数，滑动导轨取 0.16；

F_c——垂直方向的工作负载，空载时取 0；

η——纵向传动链总效率，取 0.7。

则由式（6-4）可得

$$T_f = \frac{0.16 \times (0 + 1300) \times 0.006}{2\pi \times 0.7 \times 1.2} N \cdot m = 0.24N \cdot m$$

由式（4-12）可知，滚珠丝杠预紧后，折算到电动机转轴上的附加摩擦转矩

$$T_0 = \frac{F_{YJ}P_h}{2\pi\eta i}(1 - \eta_0^2) \tag{6-5}$$

式中 F_{YJ}——滚珠丝杠的预紧力，一般取滚珠丝杠工作载荷 F_m 的 1/3，单位为 N；

η_0——滚珠丝杠未预紧时的传动效率，一般取 $\eta_0 \geqslant 90\%$；

η——纵向传动链总效率，取 0.7。

则由式 (6-5) 可得

$$T_0 = \frac{842.87 \times 0.006}{2\pi \times 0.7 \times 1.2} \times (1 - 0.9^2) \text{N} \cdot \text{m} = 0.18 \text{N} \cdot \text{m}$$

最后由式 (6-1), 求得快速空载起动时电动机转轴所承受的负载转矩

$$T_{eq1} = T_{amax} + T_f + T_0 = 5.59 \text{N} \cdot \text{m} \tag{6-6}$$

2) 最大工作负载状态下电动机转轴所承受的负载转矩 T_{eq2}。由式 (4-13) 可知, T_{eq2} 包括三部分: 折算到电动机转轴上的最大工作负载转矩 T_t、移动部件运动时折算到电动机转轴上的摩擦转矩 T_f、滚珠丝杠预紧后折算到电动机转轴上的附加摩擦转矩 T_0。则有

$$T_{eq2} = T_t + T_f + T_0 \tag{6-7}$$

其中, 折算到电动机转轴上的最大工作负载转矩 T_t 由式 (4-14) 计算。本例中在对滚珠丝杠进行计算的时候, 已知进给方向的最大工作载荷 $F_m = 2528.60\text{N}$, 则有

$$T_t = \frac{F_m P_h}{2\pi \eta i} = \frac{2528.60 \times 0.006}{2\pi \times 0.7 \times 1.2} \text{N} \cdot \text{m} = 2.87 \text{N} \cdot \text{m}$$

再由式 (4-10) 计算在承受最大工作负载 ($F_c = 4125.52\text{N}$) 情况下, 移动部件运动时折算到电动机转轴上的摩擦转矩

$$T_f = \frac{\mu(F_c + G)P_h}{2\pi \eta i} = \frac{0.16 \times (4125.52 + 1300) \times 0.006}{2\pi \times 0.7 \times 1.2} \text{N} \cdot \text{m} = 0.99 \text{N} \cdot \text{m}$$

由式 (6-5) 可知, 滚珠丝杠预紧后, 折算到电动机转轴上的附加摩擦转矩 $T_0 = 0.18 \text{N} \cdot \text{m}$。

最后由式 (6-7), 求得最大工作负载状态下电动机转轴所承受的负载转矩

$$T_{eq2} = T_t + T_f + T_0 = 4.04 \text{N} \cdot \text{m} \tag{6-8}$$

经过上述计算后, 得到加在步进电动机转轴上的最大等效负载转矩

$$T_{eq} = \max\{T_{eq1}, T_{eq2}\} = 5.59 \text{N} \cdot \text{m}$$

(3) 步进电动机最大静转矩的选定　考虑步进电动机采用的是开环控制, 当电网电压降低时, 其输出转矩会下降, 可能造成丢步, 甚至堵转。因此, 根据 T_{eq} 来选择步进电动机的最大静转矩时, 需要考虑安全系数。本例中取安全系数 $K = 3$, 则步进电动机的最大静转矩应满足

$$T_{j\,max} \geqslant 3T_{eq} = 3 \times 5.59 \text{N} \cdot \text{m} = 16.77 \text{N} \cdot \text{m} \tag{6-9}$$

对于前面预选的 130BYG5501 型步进电动机, 由表 4-5 可知, 其最大静转矩 $T_{j\,max} = 20\text{N} \cdot \text{m}$, 可见完全满足式 (6-9) 的要求。

(4) 步进电动机的性能校核

1) 最快工进速度时电动机输出转矩校核。任务书给定纵向最快工进速度 $v_{max\,f} = 800\text{mm/min}$, 脉冲当量 $\delta = 0.01\text{mm/脉冲}$, 由式 (4-16) 求出电动机对应的运行频率 $f_{max\,f} = 800/(60 \times 0.01)\text{Hz} \approx 1333\text{Hz}$。由 130BYG5501 的运行矩频特性曲线 (图 6-7) 可以看出, 在此频率下, 电动机的输出转矩 $T_{max\,f} \approx 17\text{N} \cdot \text{m}$, 远远大于最大工作负载转矩 $T_{eq2} = 4.04\text{N} \cdot \text{m}$, 满足要求。

2) 最快空载移动时电动机输出转矩校核。任务书给定纵向最快空载移动速度 $v_{max} = 6000\text{mm/min}$, 仿照式 (4-16) 求出电动机对应的运行频率 $f_{max} = 6000/(60 \times 0.01)\text{Hz} = 10000\text{Hz}$。按图 6-7 查得, 在此频率下, 电动机的输出转矩 $T_{max} = 5.8\text{N} \cdot \text{m}$, 大于快速空载

起动时的负载转矩 $T_{eq1} = 5.59\text{N} \cdot \text{m}$，满足要求。需要说明的是，为了使步进电动机在高频状态下输出足够的转矩，以保证加速过程不会堵转，通常都会选取较高的最大静转矩。本例中，如式（6-9），选择安全系数 $K = 3$。

3）最快空载移动时电动机运行频率校核。最快空载移动速度 $v_{\max} = 6000\text{mm/min}$，对应的电动机运行频率 $f_{\max} = 10000\text{Hz}$。查表 4-5 可知 130BYG5501 的极限运行频率为 20000Hz，可见没有超出上限。

4）起动频率的计算。已知电动机转轴上的总转动惯量 $J_{eq} = 57.55\text{kg} \cdot \text{cm}^2$，电动机转子自身的转动惯量 $J_m = 33\text{kg} \cdot \text{cm}^2$，查表 4-5 可知电动机转轴不带任何负载时的最高空载起动频率 $f_q = 1800\text{Hz}$。则由式（4-17）可以求出步进电动机克服惯性负载的起动频率

$$f_L = \frac{f_q}{\sqrt{1 + J_{eq}/J_m}} = 1087\text{Hz}$$

这说明，要想保证步进电动机起动时不失步，任何时候的起动频率都必须小于 1087Hz。实际上，在采用软件升降频时，起动频率选得很低，通常只有 100Hz（即 100 脉冲/s）左右。

综上所述，本例中纵向进给系统选用 130BYG5501 步进电动机可以满足设计要求。

6. 同步带传递功率的校核

分两种工作情况，分别进行校核。

（1）快速空载起动　电动机从静止到加速至 $n_m = 1200\text{r/min}$，由式（6-6）可知，同步带传递的负载转矩 $T_{eq1} = 5.59\text{N} \cdot \text{m}$，传递的功率为 $P = n_m T_{eq1}/9.55 = 1200 \times 5.59/9.55\text{W} \approx 702\text{W}$。

（2）最大工作负载、最快工进速度　由式（6-8）可知，带需要传递的最大工作负载转矩 $T_{eq2} = 4.04\text{N} \cdot \text{m}$，任务书给定最快工进速度 $v_{\max f} = 800\text{mm/min}$，对应电动机转速 $n_{\max f} = (v_{\max f}/\delta_z)\alpha/360 = 160\text{r/min}$。传递功率 $P = n_{\max f} T_{eq2}/9.55 = 160 \times 4.04/9.55\text{W} \approx 68\text{W}$。

可见，两种情况下同步带传递的负载功率均小于带的额定功率 0.705kW。因此，选择的同步带功率合格。

五、横向进给传动部件的计算和选型

1. 脉冲当量的确定

根据设计任务的要求，X 方向（横向）的脉冲当量 $\delta_x = 0.005\text{mm/脉冲}$。

2. 切削力的计算

切削力的分析和计算详见第三章。以下是 X 方向（横向）车削力的详细计算过程。

X 方向（横向）的进给运动通常是在车削端面、切槽或切断时负载最大，其中切槽时的背吃刀量等于所切槽的宽度。现以车削端面为例计算横向切削力。设工件材料为碳素结构钢，$R_m = 650\text{MPa}$，选用刀具材料为硬质合金 YT15，刀具几何参数：主偏角 $\kappa_r = 45°$，前角 $\gamma_o = 10°$，刃倾角 $\lambda_s = -5°$；切削用量：背吃刀量 $a_p = 2.5\text{mm}$，进给量 $f = 0.1\text{mm/r}$，主轴转速 800r/min。

查表 3-1，得：$C_{F_c} = 3600$，$x_{F_c} = 0.72$，$y_{F_c} = 0.8$，$n_{F_c} = 0$。

查表 3-3，得：主偏角 κ_r 的修正系数 $k_{\kappa_r F} = 1.0$；刃倾角、前角和刀尖圆弧半径的修正系数均为 1.0。

由经验公式（3-2），算得主切削力 $F_c = 1103.62\mathrm{N}$，再由经验公式 $F_c : F_f : F_p = 1 : 0.35 : 0.4$，算得纵向进给切削力 $F_f = 386.27\mathrm{N}$，背向力 $F_p = 441.45\mathrm{N}$。

3. 滚珠丝杠副的计算和选型

（1）工作载荷 F_m 的计算　已知 X 向移动部件总重 $G \approx 500\mathrm{N}$；车削力 $F_c = 1103.62\mathrm{N}$，$F_p = 441.45\mathrm{N}$，$F_f = 386.27\mathrm{N}$。如图3-20所示，根据 $F_z = F_c$，$F_y = F_p$，$F_x = F_f$ 的对应关系，可得：$F_z = 1103.62\mathrm{N}$，$F_x = 386.27\mathrm{N}$，$F_y = 441.45\mathrm{N}$。

X 向为燕尾式滑动导轨，查表3-29，取 $K = 1.4$，$\mu = 0.2$，代入 $F_m = KF_x + \mu(F_z + 2F_y + G)$，求得工作载荷 $F_m = 1038.08\mathrm{N}$。

（2）最大动载荷 F_Q 的计算　设车床工作期间其横向的平均移动速度 $v = 0.3\mathrm{m/min}$，初选滚珠丝杠基本导程 $P_h = 4\mathrm{mm}$，则丝杠平均转速 $n = 1000v/P_h = 75\mathrm{r/min}$。

取滚珠丝杠的使用寿命 $T = 15000\mathrm{h}$，代入 $L_0 = 60nT/10^6$，得丝杠寿命系数 $L_0 = 67.5$（单位为 $10^6\mathrm{r}$）。

查表3-30，取载荷系数 $f_w = 1.15$，再取硬度系数 $f_H = 1.0$，代入式（3-23），求得最大动载荷 $F_Q = \sqrt[3]{L_0} f_w f_H F_m = 4860.68\mathrm{N}$。

（3）初选型号　根据计算出的最大动载荷，查表3-33，选择启东润泽机床附件有限公司生产的 FL2004 型滚珠丝杠副。其公称直径 $d_0 = 20\mathrm{mm}$，基本导程 $P_h = 4\mathrm{mm}$，双螺母滚珠总圈数为 3×2 圈 $= 6$ 圈，标准公差等级取4级，额定动载荷 $C_a = 4900\mathrm{N}$，大于 F_Q（$4860.68\mathrm{N}$）满足要求。

（4）传动效率 η 的计算　将公称直径 $d_0 = 20\mathrm{mm}$，基本导程 $P_h = 4\mathrm{mm}$，代入 $\lambda = \arctan[P_h/(\pi d_0)]$，得丝杠螺旋升角 $\lambda = 3°38'$。将摩擦角 $\varphi = 10'$，代入 $\eta = \tan\lambda/\tan(\lambda + \varphi)$，得传动效率 $\eta = 0.956$。

（5）刚度的验算

1）X 向（横向）滚珠丝杠副的支承，采用一端轴向固定，一端简支的方式，见书后插页图6-2。固定端在右侧，采用一个滑动轴承（件15与16之间）和两个平底推力球轴承；简支端在左侧，将滚珠丝杠与步进电动机直连，轴承分布在步进电动机上。丝杠加上右端的接杆后，左右支承的中心距离 $a \approx 560\mathrm{mm}$；钢的弹性模量 $E = 2.1 \times 10^5 \mathrm{MPa}$；查表3-33，得滚珠直径 $D_w = 2.3812\mathrm{mm}$，算得丝杠底径 $d_2 = d_0 - D_w = 17.6188\mathrm{mm}$，则丝杠截面积 $S = \pi d_2^2/4 = 243.8\mathrm{mm}^2$。

忽略式（3-25）中的第二项，算得丝杠在工作载荷 F_m 作用下产生的拉/压变形量 $\delta_1 = F_m a/(ES) = 0.01135\mathrm{mm}$。

2）根据公式 $Z = (\pi d_0/D_w) - 3$，求得单圈滚珠数目 $Z = 23$；该型号丝杠为双螺母，滚珠总圈数为 $3 \times 2 = 6$，则滚珠总数量 $Z_\Sigma = 23 \times 6 = 138$。滚珠丝杠预紧时，取轴向预紧力 $F_{YJ} = F_m/3 = 346.03\mathrm{N}$。则由式（3-27），求得滚珠与螺纹滚道间的接触变形量 $\delta_2 = 0.00116\mathrm{mm}$。

因为丝杠加有预紧力，且高达轴向负载的 $1/3$，所以实际变形量可减小一半，取 $\delta_2 = 0.00058\mathrm{mm}$。

3）将以上算出的 δ_1 和 δ_2 代入 $\delta_\text{总} = \delta_1 + \delta_2$，求得丝杠总变形量（对应跨度560mm）$\delta_\text{总} = 0.01193\mathrm{mm} = 11.93\mathrm{\mu m}$。

由书后插页图6-2可知，本例中横向滚珠丝杠的有效行程（螺纹长度）$l_u = 330\mathrm{mm}$。由表3-27查得，标准公差等级为4级的定位型滚珠丝杠副，当有效行程 $315\mathrm{mm} \leqslant l_u \leqslant 400\mathrm{mm}$

时，其有效行程内的平均行程偏差 $e_p = 18\mu m$。而本例中滚珠丝杠总的变形量 $\delta_{总}$ 只有 $11.93\mu m$，可见丝杠的刚度足够。

（6）压杆稳定性校核　根据式（3-28）计算失稳时的临界载荷 F_k。查表 3-34，取支承系数 $f_k = 2$；由丝杠底径 $d_2 = 17.6188mm$，求得截面惯性矩 $I = \pi d_2^4/64 \approx 4730.15mm^4$；取压杆稳定安全系数 $K = 3$（丝杠卧式水平安装）；滚动螺母至轴向固定处的距离 a 取最大值 560mm。代入式（3-28），得临界载荷 $F_k = 20841.39N$，远大于工作载荷 F_m（1038.08N），故丝杠不会失稳。

4. 步进电动机的计算与选型

步进电动机的计算与选型参见第四章第三节相关内容。根据改造经验，C6140 车床横向步进电动机最大静转矩通常在 $10 \sim 16N \cdot m$ 之间选择。现初选电动机型号为 110BYG5802，五相混合式，最大静转矩 $16N \cdot m$，十拍驱动时步距角为 $0.45°$。该电动机的详细技术参数见表 4-5，其运行矩频特性曲线如图 6-8 所示。

（1）计算加在步进电动机转轴上的总转动惯量 J_{eq}　已知：滚珠丝杠的公称直径 $d_0 = 20mm$，总长（带接杆）$l = 635mm$，导程 $P_h = 4mm$，材料密度 $\rho = 7.85 \times 10^{-3} kg/cm^3$；横向移动部件总重约 500N，步进电动机与丝杠直连，传动比 $i = 1$。

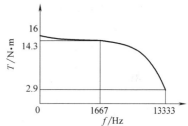

图 6-8　110BYG5802 步进电动机的运行矩频特性曲线

参照表 4-1，可以算得各个零部件的转动惯量如下（具体计算过程从略）：滚珠丝杠的转动惯量 $J_s = 0.783 \, kg \cdot cm^2$；横向移动部件折算到丝杠上的转动惯量 $J_w = 0.207 kg \cdot cm^2$。初选步进电动机型号为 110BYG5802，由表 4-5 可查得该型号电动机转子的转动惯量 $J_m = 15kg \cdot cm^2$。

则加在步进电动机转轴上的总转动惯量

$$J_{eq} = J_m + (J_s + J_w)/i^2 = 15.99kg \cdot cm^2$$

（2）计算加在步进电动机转轴上的等效负载转矩 T_{eq}　分快速空载起动和承受最大工作负载两种情况进行计算。

1）快速空载起动时电动机转轴所承受的负载转矩 T_{eq1}。由式（4-8）可知，T_{eq1} 包括三部分：快速空载起动时折算到电动机转轴上的最大加速转矩 $T_{a\,max}$、移动部件运动时折算到电动机转轴上的摩擦转矩 T_f、滚珠丝杠预紧后折算到电动机转轴上的附加摩擦转矩 T_0。则有

$$T_{eq1} = T_{a\,max} + T_f + T_0 \tag{6-10}$$

根据式（4-9），考虑横向传动链的总效率 η，计算快速空载起动时折算到电动机转轴上的最大加速转矩

$$T_{a\,max} = \frac{2\pi J_{eq} n_m}{60t_a} \frac{1}{\eta} \tag{6-11}$$

式中　n_m——对应横向空载最快移动速度的步进电动机最高转速，单位为 r/min；

　　　　t_a——步进电动机由静止到加速至 n_m 转速所需的时间，单位为 s。

其中

$$n_m = \frac{v_{max}\alpha}{360°\delta} \tag{6-12}$$

式中　$v_{\max}$——横向空载最快移动速度，任务书中指定为 4000mm/min；

　　　α——横向步进电动机步距角，为 0.45°；

　　　δ——横向脉冲当量，本例中 $\delta = 0.005$mm/脉冲。

将以上各值代入式（6-12），算得 $n_{\mathrm{m}} = 1000$r/min。

设步进电动机由静止到加速至 n_{m} 转速所需时间 $t_{\mathrm{a}} = 0.1$s，横向传动链总效率 $\eta = 0.7$，则由式（6-11）求得

$$T_{\mathrm{a\,max}} = \frac{2\pi \times 15.99 \times 10^{-4} \times 1000}{60 \times 0.1} \times \frac{1}{0.7} \mathrm{N \cdot m} \approx 2.392 \mathrm{N \cdot m}$$

由式（4-10）可知，移动部件运动时，折算到电动机转轴上的摩擦转矩

$$T_{\mathrm{f}} = \frac{\mu(F_{\mathrm{c}} + G)P_{\mathrm{h}}}{2\pi \eta i} \tag{6-13}$$

式中　μ——导轨的摩擦因数，滑动导轨取 0.16；

　　　F_{c}——垂直方向的工作负载，空载时取 0；

　　　η——横向传动链总效率，取 0.7。

则由式（6-13）可得

$$T_{\mathrm{f}} = \frac{0.16 \times (0 + 500) \times 0.004}{2\pi \times 0.7 \times 1} \mathrm{N \cdot m} \approx 0.07 \mathrm{N \cdot m}$$

由式（4-12）可知，滚珠丝杠预紧后，折算到电动机转轴上的附加摩擦转矩

$$T_0 = \frac{F_{\mathrm{YJ}} P_{\mathrm{h}}}{2\pi \eta i}(1 - \eta_0^2) \tag{6-14}$$

式中　F_{YJ}——滚珠丝杠的预紧力，一般取滚珠丝杠工作载荷 F_{m} 的 1/3，单位为 N；

　　　η_0——滚珠丝杠未预紧时的传动效率，一般取 $\eta_0 \geqslant 0.9$；

　　　η——纵向传动链总效率，取 0.7。

则由式（6-14）可得

$$T_0 = \frac{346.03 \times 0.004}{2\pi \times 0.7 \times 1} \times (1 - 0.9^2) \mathrm{N \cdot m} \approx 0.06 \mathrm{N \cdot m}$$

最后由式（6-10）求得快速空载起动时电动机转轴所承受的负载转矩

$$T_{\mathrm{eq1}} = T_{\mathrm{a\,max}} + T_{\mathrm{f}} + T_0 = 2.522 \mathrm{N \cdot m} \tag{6-15}$$

2）最大工作负载状态下电动机转轴所承受的负载转矩 T_{eq2}。由式（4-13）可知，T_{eq2} 包括三部分：折算到电动机转轴上的最大工作负载转矩 T_{t}、移动部件运动时折算到电动机转轴上的摩擦转矩 T_{f}、滚珠丝杠预紧后折算到电动机转轴上的附加摩擦转矩 T_0。则有

$$T_{\mathrm{eq2}} = T_{\mathrm{t}} + T_{\mathrm{f}} + T_0 \tag{6-16}$$

其中，折算到电动机转轴上的最大工作负载转矩 T_{t} 由式（4-14）计算。本例中在对滚珠丝杠进行计算时，已知进给方向的最大工作载荷 $F_{\mathrm{m}} = 1038.08$N，则有

$$T_{\mathrm{t}} = \frac{F_{\mathrm{m}} P_{\mathrm{h}}}{2\pi \eta i} = \frac{1038.08 \times 0.004}{2\pi \times 0.7 \times 1} \mathrm{N \cdot m} \approx 0.944 \mathrm{N \cdot m}$$

再由式（4-10）计算在承受最大工作负载（$F_{\mathrm{c}} = 1103.62$N）情况下，移动部件运动时折算到电动机转轴上的摩擦转矩

$$T_f = \frac{\mu(F_c + G)P_h}{2\pi\eta i} = \frac{0.16 \times (1103.62 + 500) \times 0.004}{2\pi \times 0.7 \times 1} N \cdot m \approx 0.233 N \cdot m$$

由式（6-14）可知，滚珠丝杠预紧后，折算到电动机转轴上的附加摩擦转矩 $T_0 = 0.06 N \cdot m$。

最后由式（6-16），求得最大工作负载状态下电动机转轴所承受的负载转矩

$$T_{eq2} = T_t + T_f + T_0 = 1.237 N \cdot m \tag{6-17}$$

经过上述计算后，得到加在步进电动机转轴上的最大等效负载转矩

$$T_{eq} = \max\{T_{eq1}, T_{eq2}\} = 2.522 N \cdot m \tag{6-18}$$

（3）步进电动机最大静转矩的选定　考虑步进电动机采用的是开环控制，当电网电压降低时，其输出转矩会下降，可能造成丢步，甚至堵转。因此，根据 T_{eq} 来选择步进电动机的最大静转矩时，需要考虑安全系数。本例中取安全系数 $K = 4$，则步进电动机的最大静转矩应满足

$$T_{jmax} \geq 4T_{eq} = 4 \times 2.522 N \cdot m = 10.088 N \cdot m \tag{6-19}$$

对于前面预选的 110BYG5802 型步进电动机，由表 4-5 可知，其最大静转矩 $T_{jmax} = 16 N \cdot m$，完全满足式（6-17）的要求。

（4）步进电动机的性能校核

1）最快工进速度时电动机输出转矩校核。任务书中给定横向最快工进速度 $v_{maxf} = 500mm/min$，脉冲当量 $\delta = 0.005mm/$脉冲，由式（4-16）求出电动机对应的运行频率 $f_{maxf} = 500/(60 \times 0.005)Hz \approx 1667Hz$。由图 6-8 可以看出，在此频率下，电动机的输出转矩 $T_{maxf} \approx 14.3N \cdot m$，远远大于最大工作负载转矩 $T_{eq2} = 1.237N \cdot m$，满足要求。

2）最快空载移动时电动机输出转矩校核。任务书中给定横向最快空载移动速度 $v_{max} = 4000mm/min$，仿照式（4-16）求出电动机对应的运行频率 $f_{maxf} = 4000/(60 \times 0.005)Hz \approx 13333Hz$。从图 6-8 查得，在此频率下，电动机的输出转矩 $T_{max} \approx 2.9N \cdot m$，大于快速空载起动时的负载转矩 $T_{eq1} = 2.522N \cdot m$，满足要求。需要说明的是，为了使得步进电动机在高频状态下输出足够的转矩，以保证加速过程不会堵转，通常都会选取较高的最大静转矩。本例中，如式（6-19），选择安全系数 $K = 4$。

3）最快空载移动时电动机运行频率校核。最快空载移动速度 $v_{max} = 4000mm/min$，对应的电动机运行频率 $f_{max} \approx 13333Hz$。查表 4-5 可知，110BYG5802 电动机的极限运行频率为 20000Hz，没有超出上限。

4）起动频率的计算。已知电动机转轴上的总转动惯量 $J_{eq} = 15.99kg \cdot cm^2$，电动机转子自身的转动惯量 $J_m = 15kg \cdot cm^2$，查表 4-5 可知，电动机转轴不带任何负载时的最高空载起动频率 $f_q = 1800Hz$。则由式（4-17）可以求出步进电动机克服惯性负载的起动频率

$$f_L = \frac{f_q}{\sqrt{1 + J_{eq}/J_m}} \approx 1252Hz$$

这说明，要想保证步进电动机起动时不失步，任何时候的起动频率都必须小于1252Hz。实际上，在采用软件控制升降频时，起动频率选得很低，通常只有100Hz（即 100 脉冲/s）左右。

综上所述可以看出，横向进给系统选用 110BYG5802 步进电动机，可以满足设计要求。

■　六、伺服电动机的计算与选型

在上述四、五两小节中，纵、横向驱动选用的是步进电动机，本小节给出第二种改造方案，选用交流伺服电动机作为驱动电动机，C6140 车床改造后的横向与纵向进给系统分别如书后插页图 6-4 ~ 图 6-6 所示。

数控机床的进给系统是交流伺服系统的典型应用领域。伺服进给系统的设计通常包括伺服电动机的选择、进给系统的稳态设计以及进给系统的动态设计等。伺服电动机的选择包括确定电动机的类型、安装形式、额定转速、额定转矩以及加/减速能力等；稳态设计的任务是根据负载条件确定电动机的连续输出转矩；动态设计的任务是分析和计算系统的瞬态响应特性（如加/减速过程、过渡过程、动态稳定性等）。本小节仅仅针对卧式车床纵向进给系统的交流伺服电动机进行计算和选型，横向类似，在此从略。

1. 交流伺服电动机的类型选择

永磁转子的同步伺服电动机由于永磁材料性能不断提高，价格不断下降，控制又比异步电动机简单，因此永磁同步电动机的交流伺服系统得到了广泛应用。目前，在机电一体化装置的进给伺服系统中，通常选用三相交流永磁同步伺服电动机。相比于直流伺服电动机，交流伺服电动机没有机械换向器和电刷，转子惯量小，动态响应快；同样体积下，输出功率高于直流伺服电动机，同时又可获得与直流伺服电动机相同的调速性能。进给系统的交流伺服电动机一般选用高速、中/小惯量型，以满足运动部件的高速、高精度传动要求。本例选用三相交流永磁同步伺服电动机作为进给系统的驱动电动机。

2. 交流伺服电动机的转速选择

一般而言，伺服电动机的调速范围与调速性能都可以满足绝大多数进给传动系统的控制要求。因此，伺服电动机的转速选择相对简单，只需要选择额定转速就可以了。对于数控车床，进给机构的最大快进速度、滚珠丝杠的导程以及传动机构的减速比是决定伺服电动机最高转速的三个要素。

本例中，任务书要求纵向最快移动速度 $v_{zmax} = 6000\text{mm/min}$。已知滚珠丝杠导程 $P_h = 6\text{mm}$，伺服电动机与丝杠直连，由下式即可确定伺服电动机的最高转速，即

$$n_{max} = \frac{v_{zmax}i}{P_h} < n_N \tag{6-20}$$

式中　n_N——伺服电动机的额定转速，单位为 r/min；

　　　v_{max}——纵向最快移动速度，单位为 mm/min；

　　　i——系统传动比，直连时 $i = 1$。

由式（6-20）可得电动机最高转速 $n_{max} = 1000\text{r/min}$，选择交流伺服电动机时，必须满足其额定转速 $n_N > 1000\text{r/min}$。

3. 进给伺服驱动系统的稳态设计

稳态设计的目的在于确定交流伺服电动机的额定转矩。与前面的步进电动机计算类似，可由式（6-6）和式（6-8）求得加在伺服电动机转轴上的最大等效负载转矩 $T_{eq} = \max\{T_{eq1}, T_{eq2}\} = 5.59\text{N} \cdot \text{m}$。设伺服电动机的额定转矩为 T_N，取安全系数 $K = 1.6$，则根据 $T_N \geqslant KT_{eq} = 8.944\text{N} \cdot \text{m}$ 和 $n_N \geqslant n_{max} = 1000\text{r/min}$，即可初选交流伺服电动机。

本例选取台达公司 ASMT30L250AK 型低惯量三相交流永磁同步伺服电动机，由表 4-23

可知，该电动机的额定功率为 3.0kW，额定转矩为 9.5N·m，最大转矩为 31.5N·m，额定转速为 3000r/min，极限转速为 4500r/min。

4. 进给伺服驱动系统的动态设计

（1）惯量匹配验算　根据前面的计算结果可知，纵向滚珠丝杠的转动惯量 $J_s = 30.78$ kg·cm^2，纵向移动部件折算到丝杠上的转动惯量 $J_w = 1.21$kg·cm^2。则折算到伺服电动机转轴上的总的负载转动惯量 $J_L = J_w + J_s = 31.99$kg·cm^2。

查产品设计手册得，ASMT30L250AK 型伺服电动机转子的转动惯量 $J_m = 19.8$kg·cm^2。为使伺服电动机具有良好的起动能力和较快的响应速度，一般要求 $0.5 \leqslant J_L/J_m \leqslant 2.0$。本例中 $J_L/J_m \approx 1.62$，满足要求。

（2）加速能力验算　纵向伺服电动机转轴上的总转动惯量 $J_{eq} = J_m + J_L = 5.179 \times 10^{-3}$kg·m^2，电动机的最高转速 $n_{max} = 1000$r/min。设伺服电动机的加速时间 $t_a = 0.05$s，则最大加速转矩 $T_{a\,max} = 2\pi J_{eq} n_{max}/(60t_a) = 10.85$N·m，该值远小于伺服电动机的最大转矩 31.5N·m。因此，纵向床鞍具有足够的加速能力。

▌ 七、绘制进给传动机构的装配图

在完成滚珠丝杠副、减速箱和驱动电动机的计算、选型后，就可以着手绘制进给传动机构的装配图了。在绘制装配图时，需要考虑以下问题：

1）了解原车床的详细结构，从有关资料中查阅床身、床鞍、中滑板、刀架等的结构尺寸。

2）根据载荷特点和支承形式，确定丝杠两端轴承的型号、轴承座的结构，以及轴承的预紧和调节方式。

3）考虑各部件之间的定位、连接和调整方法。例如：应保证丝杠两端支承与螺母座同轴，保证丝杠与机床导轨平行，考虑螺母座、支承座在安装面上的连接与定位，同步带减速箱的安装与定位，同步带的张紧力调节，驱动电动机的连接与定位等。

4）考虑密封、防护、润滑以及安全机构等问题。例如：丝杠螺母的润滑、防尘防切屑保护、轴承的润滑及密封、行程限位保护装置等。

5）在进行各零部件设计时，应注意装配的工艺性，考虑装配的顺序，保证安装、调试和拆卸的方便。

6）注意绘制装配图时的一些基本要求。例如：制图标准，视图布置及图形画法要求，重要的中心距、中心高、联系尺寸和轮廓尺寸的标注，重要配合尺寸的标注，装配技术要求，标题栏等。

▌ 八、控制系统硬件电路设计（步进电动机驱动）

根据任务书的要求，设计控制系统的硬件电路时主要考虑以下功能：

1）接收键盘数据，控制 LED 显示。

2）接收操作面板的开关与按钮信号。

3）接收车床限位开关信号。

4）接收螺纹编码器信号。

5）接收电动卡盘夹紧信号与电动刀架刀位信号。

6）控制 *X*、*Z* 向步进电动机的驱动器。

7）控制主轴的正转、反转与停止。

8）控制多速电动机，实现主轴有级变速。

9）控制交流变频器，实现主轴无级变速。

10）控制切削液泵的起动/停止。

11）控制电动卡盘的夹紧与松开。

12）控制电动刀架的自动选刀。

13）与 PC 的串行通信。

图 6-9 所示为控制系统的原理框图。CPU 选用 ATMEL 公司的 8 位单片机 AT89S52；由于 AT89S52 本身资源有限，所以扩展了一片 EPROM 芯片 W27C512 用作程序存储器，存放系统底层程序；扩展了一片 SRAM 芯片 6264 用作数据存储器，存放用户程序；键盘与 LED 显示采用 8279 来管理；输入/输出口的扩展选用了并行接口 8255 芯片，一些进/出的信号均做了隔离放大；模拟电压的输出借助于 DAC0832；与 PC 的串行通信经过 MAX233 芯片。

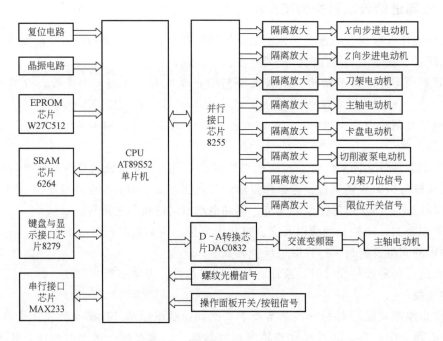

图 6-9　控制系统的原理框图

数控系统的操作面板布置如图 6-10 所示。面板设置了 48 个微动按键，3 个船形开关，1 个急停按钮，显示器包括 1 组数码显示管和 7 只发光二极管。

控制系统的主机板电原理图如书后插页图 6-11 所示，键盘与 LED 显示电原理图如书后插页图 6-12 所示。详细的电路设计原理及电路分析请参考第五章的相关内容。

▍九、步进电动机驱动电源的选用

本例中 *X* 向步进电动机的型号为 110BYG5802，*Z* 向步进电动机的型号为 130BYG5501，

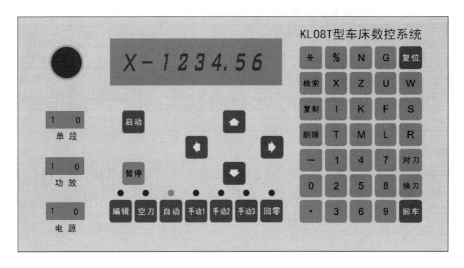

图 6-10　车床数控系统操作面板布置

生产厂家为常州宝马前杨电机电器有限公司。这两种电动机除了外形尺寸、步距角和输出转矩不同外，电气参数基本相同，均为 5 相混合式，5 线输出，电动机供电电压为直流 120 ~ 310V，电流 5A。这样，两台电动机的驱动电源可用同一型号。在此，选择合肥科林数控科技有限责任公司生产的五相混合式调频调压型步进驱动器，型号为 BD5A。它与控制系统的连接如图 6-13 所示。

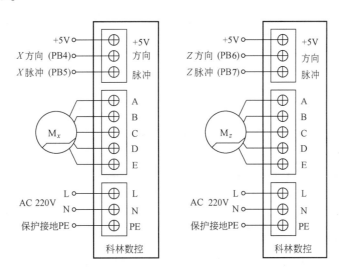

图 6-13　BD5A 驱动器与控制系统的连接

十、控制系统的部分软件设计

1. 存储器与 I/O 芯片地址分配

根据书后插页图 6-11 中地址译码器 U4（74LS138）的连接情况，可以算出主机板中存储器与 I/O 芯片的地址分配，见表 6-1。

表 6-1 主机板中存储器与 I/O 芯片的地址分配

器件名称	地址选择线 (A15~A0)	片内地址单元数	地址编码
6264	000×,××××,××××,××××	8K	0000H~1FFFH
8255	0011,1111,1111,11××	4	3FFCH~3FFFH
8279	0101,1111,1111,111×	2	5FFEH~5FFFH
DAC0832	0111,1111,1111,1111	1	7FFFH

2. 控制系统的监控管理程序

系统设有 7 挡功能可以相互切换，分别是"编辑""空刀""自动""手动 1""手动 2""手动 3"和"回零"。选中某一功能时，对应的指示灯点亮，进入相应的功能处理。控制系统的监控管理程序流程如图 6-14 所示。

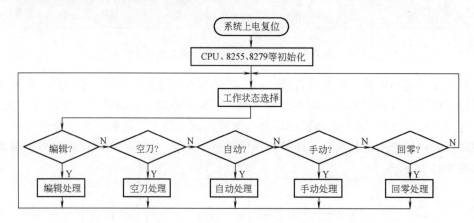

图 6-14 控制系统的监控管理程序流程

3. 8255 芯片初始化子程序

```
8255：  MOV    DPTR, #3FFFH        ;指向 8255 的控制口地址
        MOV    A, #10001001B       ;PA 口输出，PB 口输出，PC 口输入，均为
                                   方式 0
        MOVX   @ DPTR, A           ;控制字被写入
        MOV    DPTR, #3FFCH        ;指向 PA 口
        MOV    A, #0FFH            ;预置 PA 口全"1"
        MOVX   @ DPTR, A           ;输出全"1"到 PA 口
        MOV    DPTR, #3FFDH        ;指向 PB 口
        MOV    A, #0FFH            ;预置 PB 口全"1"
        MOVX   @ DPTR, A           ;输出全"1"到 PB 口
        RET
```

4. 8279 芯片初始化子程序

```
8279：  MOV    DPTR, #5FFFH        ;指向 8279 控制口地址
        MOV    A, #0CFH            ;清除 FIFO 与显示 RAM 命令
        MOVX   @ DPTR, A           ;命令字被写入
```

WAIT:	MOVX	A，@DPTR	；从 8279 的控制口读取 8279 的状态字
	JB	ACC.7，WAIT	；测试显示 RAM 有没有被清除完毕。只有状态字的 D7=0 时，清除才结束
	MOV	A，#08H	；编码扫描，左入口，16 位字符显示，双键互锁
	MOVX	@DPTR，A	
	MOV	A，#34H	；分频系数取 20
	MOVX	@DPTR，A	
	RET		

5. 8279 控制 LED 显示子程序

设显示缓冲区的首地址为 6BH，系统在指定的工作状态下，需要显示的字符段码的编码，事先存储在 CPU 内部 RAM 的 6BH~73H 这 9B 中。已知 8279 的控制口地址为 5FFFH，数据口地址为 5FFEH，则显示程序如下：

DIR:	MOV	DPTR，#5FFFH	；8279 的控制口地址
	MOV	A，#90H	；写 8279 显示 RAM 的命令
	MOVX	@DPTR，A	；从显示 RAM 的 00H 地址开始写，每写一次，显示 RAM 的地址自动加 1
	MOV	R0，#6BH	；显示缓冲区的首地址为 6BH
	MOV	R7，#09H	；显示缓冲区的长度为 9B
	MOV	DPTR，#5FFEH	；8279 的数据口地址
DIR0:	MOV	A，@R0	；从 CPU 的 RAM 中读取显示段码的编码
	ADD	A，#05H	；PC 与 DTAB 表格之间的偏移量
	MOVC	A，@A+PC	；查表，取出显示段码
	MOVX	@DPTR，A	；送到 8279 显示 RAM 中指定的字节
	INC	R0	；写 8279 的下一个显示 RAM
	DJNZ	R7，DIR0	；循环 9 次，完成 9 位显示
	RET		
;		段码	字符　编码
DTAB:	DB	6FH	；F　00-01
	DB	0DAH	
	DB	0BEH	；X　02-03
	DB	0E7H	
	DB	0A3H	；Z　04-05
	DB	0CBH	
	DB	0D1H	；U　06-07
	DB	0D3H	
	DB	0DCH	；W　08-09
	DB	0CEH	
	DB	0DFH	；-　0A

```
        DB      21H             ; 0      0B
        DB      7BH             ; 1      0C
        DB      91H             ; 2      0D
        DB      19H             ; 3      0E
        DB      4BH             ; 4      0F
        DB      0DH             ; 5      10
        DB      05H             ; 6      11
        DB      69H             ; 7      12
        DB      01H             ; 8      13
        DB      09H             ; 9      14
        DB      20H             ; 0.     15
        DB      7AH             ; 1.     16
        DB      90H             ; 2.     17
        DB      18H             ; 3.     18
        DB      4AH             ; 4.     19
        DB      0CH             ; 5.     1A
        DB      04H             ; 6.     1B
        DB      68H             ; 7.     1C
        DB      00H             ; 8.     1D
        DB      08H             ; 9.     1E
        ……                      ; 根据系统需要编制字库
```

当需要显示一组字符时，首先给显示缓冲区的 6BH~73H 这 9B 赋值，然后调用 DIR 子程序即可。例如，要显示"X-1234.56"，程序如下：

```
        MOV     6BH, #02H       ; "X"的一半
        MOV     6CH, #03H       ; "X"的另一半
        MOV     6DH, #0AH       ; -
        MOV     6EH, #0CH       ; 1
        MOV     6FH, #0DH       ; 2
        MOV     70H, #0EH       ; 3
        MOV     71H, #19H       ; 4.
        MOV     72H, #10H       ; 5
        MOV     73H, #11H       ; 6
        CALL    DIR             ; 向 8279 的显示 RAM 写数
        ……
```

显示缓冲区(CPU 内部 RAM)：(6BH)(6CH) (6DH) (6EH) (6FH) (70H) (71H) (72H) (73H)

```
            |        |      |      |      |      |      |      |      |
```

显示字符：　　　　X　　　　－　　　1　　　2　　　3　　　4　　　5　　　6

```
            |        |      |      |      |      |      |      |      |
```

字符编码：02H　　　　03H　　0AH　　0CH　　0DH　　0EH　　19H　　10H　　11H

6. 8279 管理键盘子程序

如书后插页图 6-11 所示，当矩阵键盘有键按下时，8279 即向 CPU 的 INT1 申请中断，CPU 随即执行中断服务程序，从 8279 的 FIFO 中读取键值，程序如下：

```
        CLR     EX1                 ; 关 CPU 的 INT1 中断
        MOV     DPTR, #5FFFH        ; 指向 8279 控制口地址
        MOV     A, #01000000B       ; 准备读 8279FIFO 的命令
        MOVX    @DPTR, A            ; 写入 8279 控制口
        MOV     DPTR, #5FFEH        ; 指向 8279 数据口地址
        MOVX    A, @DPTR            ; 读出键值
        CJNE    A, #KEY0, NEXT0     ; 依次进行判别
        JMP     _KEY0               ; 对应键进行处理
NEXT0:  CJNE    A, #KEY1, NEXT1
        JMP     _KEY1
NEXT1:  CJNE    A, #KEY2, NEX2
        JMP     _KEY2
NEXT2:  ……
```

7. D-A 电路输出模拟电压程序

如书后插页图 6-11 所示，当 CPU 执行写指令时，只要选中 7FFFH 这个地址，DAC0832 与 741 组成的 D-A 转换电路即可输出直流电压。程序如下：

```
        MOV     DPTR, #7FFFH        ; 指向 DAC0832 口地址
        MOV     A, #DATA            ; 准备输出的数字量 00H~0FFH
        MOVX    @DPTR, A            ; 输出直流电压 0~10V
```

8. 步进电动机的运动控制程序

步进电动机的运动控制采用的是硬环分，其走步程序包括匀速与升降速两种，详细的设计思路见第四章第四节。

9. 电动刀架的转位控制程序

电动刀架的转位包括控制刀架电动机的正转、反转与停止，以及四个刀位信号的识别，具体程序参考本章第二节。

10. 主轴、卡盘与切削液泵的控制程序

车床主轴的控制，就是控制主电动机的正/反/停，以及自动变速；电动卡盘需要控制其夹紧与松开；切削液泵需要控制其起/停。这些程序都非常简单，对于某个动作的控制，只要从输出接口芯片的某个引脚输出一个电平信号即可。

现以主轴正转为例，从书后插页图 6-11 中可以看出，主轴的正转由 8255 的 PA0 来控制，当用低电平信号来控制主轴正转时，程序如下：

```
        MOV     DPTR, #3FFCH        ; 8255PA 口地址
        MOVX    A, @DPTR            ; 读出 PA 口锁存器内容
        CLR     ACC.0               ; 修改
        MOVX    @DPTR, A            ; 置 PA0=0，直流继电器 K+闭合，主轴正转
```

控制系统的软件还包括两坐标直线和圆弧的插补程序、直螺纹和锥螺纹的插补程序，另

外还有串行通信程序等。由于这些软件的设计工作量都比较大，课程设计时一般不要求编制详细的程序清单，但建议设计软件的流程图。

第二节　数控车床自动回转刀架机电系统设计

数控车床为了能在工件的一次装夹中完成多工序加工，缩短辅助时间，减少多次安装所引起的加工误差，必须带有自动回转刀架。根据装刀数量的不同，自动回转刀架分为四工位、六工位和八工位等多种形式。根据安装方式的不同，自动回转刀架可分为立式和卧式两种。根据机械定位方式的不同，自动回转刀架又可分为端齿盘定位型和三齿盘定位型等。其中端齿盘定位型换刀时刀架需抬起，换刀速度较慢且密封性较差，但其结构较简单。三齿盘定位型又叫免抬型，其特点是换刀时刀架不抬起，因此换刀速度快且密封性好，但其结构较复杂。图 6-15 所示为常见的四工位立式自动回转刀架和六工位卧式自动回转刀架的外形。

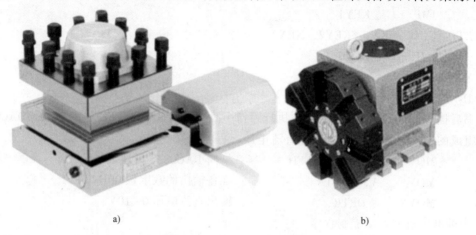

a)　　　　　　　　　　　　　　　　　　　　　　b)

图 6-15　自动回转刀架的外形
a）四工位立式　b）六工位卧式

自动回转刀架在结构上必须具有良好的强度和刚性，以承受粗加工时的切削力。为了保证转位之后具有高的重复定位精度，自动回转刀架还要选择可靠的定位方案和合理的定位结构。自动回转刀架的自动换刀是由控制系统和驱动电路来实现的。

一、设计任务

题目：数控车床自动回转刀架机电系统设计

任务：设计一台四工位的立式自动回转刀架，适用于 C616 或 C6132 经济型数控车床。要求绘制自动回转刀架的机械结构图，设计控制刀架自动转位的硬件电路，编写刀架的控制软件。推荐刀架所用电动机的额定功率为 90W，额定转速为 1440r/min，换刀时要求刀架转动的速度为 30r/min。

二、总体结构设计

1. 减速传动机构的设计

普通的三相异步电动机因转速太快，不能直接驱动刀架进行换刀，必须经过适当的减速。根据立式转位刀架的结构特点，采用蜗杆副减速是最佳选择。蜗杆副传动可以改变运动的方向，获得较大的传动比，保证传动精度和平稳性，并且具有自锁功能，还可以实现整个装置的小型化。

2. 上刀体锁紧与精定位机构的设计

由于刀具直接安装在上刀体上，因此上刀体要承受全部的切削力，其锁紧与定位的精度将直接影响工件的加工精度。本设计上刀体的锁紧与定位机构选用端面齿盘，将上刀体和下刀体的配合面加工成梯形端面齿。当刀架处于锁紧状态时，上、下端面齿相互啮合，这时上刀体不能绕刀架的中心轴转动；换刀时电动机正转，抬起机构使上刀体抬起，等上、下端面齿脱开后，上刀体才可以绕刀架中心轴转动，完成转位动作。

3. 刀架抬起机构的设计

要想使上、下刀体的两个端面齿脱离，就必须设计合适的机构使上刀体抬起。本设计选用螺杆-螺母副，在上刀体内部加工出内螺纹，当电动机通过蜗杆-蜗轮带动螺杆绕中心轴转动时，作为螺母的上刀体要么转动，要么上下移动。当刀架处于锁紧状态时，上刀体与下刀体的端面齿相互啮合，因为这时上刀体不能与螺杆一起转动，所以螺杆的转动会使上刀体向上移动。当端面齿脱离啮合时，上刀体就与螺杆一同转动。

设计螺杆时要求选择适当的螺距，以便当螺杆转动一定角度时，使得上刀体与下刀体的端面齿能够完全脱离啮合状态。

图 6-16 所示为自动回转刀架的传动机构示意图，详细的装配图如书后插页图 6-17 所示。

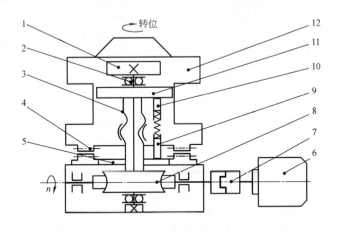

图 6-16 自动回转刀架的传动机构示意图

1—发信盘　2—推力轴承　3—螺杆-螺母副　4—端面齿盘　5—反靠圆盘　6—三相异步电动机
7—联轴器　8—蜗杆副　9—反靠销　10—圆柱销　11—上盖圆盘　12—上刀体

三、自动回转刀架的工作原理

自动回转刀架的换刀流程如图 6-18 所示。

图 6-19 所示为自动回转刀架在换刀过程中有关销的位置。其中上部的圆柱销 2 和下部的反靠销 6 起着重要作用。

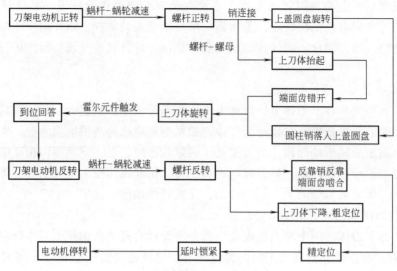

图 6-18　自动回转刀架的换刀流程

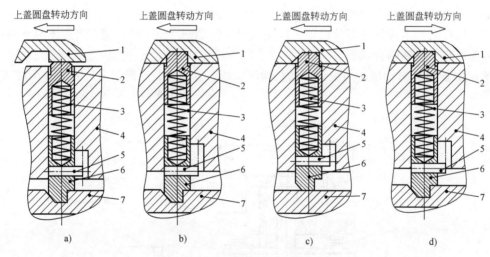

图 6-19　刀架转位过程中销的位置

a）换刀开始时，圆柱销 2 与上盖圆盘 1 可以相对滑动

b）上刀体 4 完全抬起后，圆柱销 2 落入上盖圆盘 1 槽内，上盖圆盘 1 将带动圆柱销 2 以及上刀体 4 一起转动

c）上刀体 4 连续转动时，反靠销 6 可从反靠圆盘 7 的槽左侧斜坡滑出

d）找到刀位时，刀架电动机反转，反靠销 6 反靠，上刀体停转，实现粗定位

1—上盖圆盘　2—圆柱销　3—弹簧　4—上刀体　5—圆柱销　6—反靠销　7—反靠圆盘

　　当刀架处于锁紧状态时，两销的情况如图 6-19a 所示，此时反靠销 6 落在反靠圆盘 7 的十字槽内，上刀体 4 的端面齿和下刀体的端面齿处于啮合状态（上、下端面齿在图 6-19a 中未画出）。

　　需要换刀时，控制系统发出刀架转位信号，三相异步电动机正向旋转，通过蜗杆副带动螺杆正向转动，与螺杆配合的上刀体 4 逐渐抬起，上刀体 4 与下刀体之间的端面齿慢慢脱开；与此同时，上盖圆盘 1 也随着螺杆正向转动（上盖圆盘 1 通过圆柱销与螺杆连接），当转过约 170°时，上盖圆盘 1 直槽（见图 6-20）的另一端转到圆柱销 2 的正上方，由于弹簧 3 的作用，圆柱销 2 落入直槽内，于是上盖圆盘 1 就通过圆柱销 2 使得上刀体 4 转动起来（此时端面齿已完全脱开），如图 6-19b 所示。

上盖圆盘 1、圆柱销 2 以及上刀体 4 在正转的过程中，反靠销 6 能够从反靠圆盘 7 中十字槽的左侧斜坡滑出，而不影响上刀体 4 寻找刀位时的正向转动，如图 6-19c 所示。

上刀体 4 带动磁铁转到需要的刀位时，发信盘上对应的霍尔元件输出低电平信号，控制系统收到后，立即控制刀架电动机反转，上盖圆盘 1 通过圆柱销 2

图 6-20　上盖圆盘的开槽情况

带动上刀体 4 开始反转，反靠销 6 马上就会落入反靠圆盘 7 的十字槽内，至此，完成粗定位，如图 6-19d 所示。此时，反靠销 6 从反靠圆盘 7 的十字槽内爬不上来，于是上刀体 4 停止转动，开始下降，而上盖圆盘 1 继续反转，其直槽的左侧斜坡将圆柱销 2 的头部压入上刀体 4 的销孔内，之后，上盖圆盘 1 的下表面开始与圆柱销 2 的头部滑动。在此期间，上、下刀体的端面齿逐渐啮合，实现精定位，经过设定的延时时间后，刀架电动机停转，整个换刀过程结束。

由于蜗杆副具有自锁功能，因此刀架可稳定地工作。

四、主要传动部件的设计计算

1. 蜗杆副的设计计算

自动回转刀架的动力源是三相异步电动机，其中蜗杆与电动机直连，刀架转位时蜗轮与上刀体直连。已知电动机额定功率 $P_1 = 90W$，额定转速 $n_1 = 1440r/min$，上刀体设计转速 $n_2 = 30r/min$，则蜗杆副的传动比 $i = n_1/n_2 = 1440/30 = 48$。刀架从转位到锁紧时，需要蜗杆反向，工作载荷不均匀，起动时冲击较大，现要求蜗杆副的使用寿命 $L_h = 10000h$。

（1）蜗杆的选型　GB/T 10085—2018 推荐采用渐开线蜗杆（ZI 蜗杆）和锥面包络蜗杆（ZK 蜗杆）。本设计采用结构简单、制造方便的渐开线型圆柱蜗杆（ZI 型）。

（2）蜗杆副的材料　刀架中的蜗杆副传递的功率不大，但蜗杆转速较高，因此，蜗杆的材料选用 45 钢，其螺旋齿面要求淬火，硬度为 45~55HRC，以提高表面的耐磨性；蜗轮的转速较低，其材料主要考虑耐磨性，选用铸锡磷青铜 ZCuSn10P1，采用金属模铸造。

（3）按齿面接触疲劳强度进行设计　刀架中的蜗杆副采用闭式传动，多因齿面胶合或点蚀而失效。因此，在进行承载能力计算时，先按齿面接触疲劳强度进行设计，再按齿根弯曲疲劳强度进行校核。

按蜗轮接触疲劳强度条件设计计算的公式为

$$a \geqslant \sqrt[3]{KT_2\left(\frac{Z_E Z_\rho}{[\sigma_H]}\right)^2} \tag{6-21}$$

式中　a——蜗杆副的传动中心距，单位为 mm；

　　　　K——载荷系数；

　　　　T_2——作用在蜗轮上的转矩，单位为 N·mm；

　　　　Z_E——弹性影响系数，单位为 $MPa^{1/2}$；

　　　　Z_ρ——接触系数；

　　　　$[\sigma_H]$——许用接触应力，单位为 MPa。

　　由式（6-21）算出蜗杆副的中心距 a 之后，根据已知的传动比 $i=48$，从表 6-2 中选择一个合适的中心距 a 值，以及相应的蜗杆、蜗轮参数。

　　1）确定作用在蜗轮上的转矩 T_2。设蜗杆头数 $z_1=1$，蜗杆副的传动效率取 $\eta=0.8$。由电动机的额定功率 $P_1=90W$，可以算得蜗轮传递的功率 $P_2=P_1\eta$，再由蜗轮的转速 $n_2=30r/min$，求得作用在蜗轮上的转矩

$$T_2=9.55\frac{P_2}{n_2}=9.55\frac{P_1\eta}{n_2}=9.55\times\frac{90\times0.8}{30}N\cdot m=22.92N\cdot m=22920N\cdot mm$$

　　2）确定载荷系数 K。载荷系数 $K=K_AK_\beta K_V$。其中，K_A 为使用系数，由表 6-3 查得，由于工作载荷不均匀，起动时冲击较大，因此取 $K_A=1.15$；K_β 为齿向载荷分布系数，因工作载荷在起动和停止时有变化，故取 $K_\beta=1.15$；K_V 为动载系数，由于转速不高、冲击不大，可取 $K_V=1.05$。则载荷系数

$$K=K_AK_\beta K_V=1.15\times1.15\times1.05\approx1.39$$

表 6-2　普通圆柱蜗杆基本尺寸和参数及其与蜗轮参数的匹配

中心距 a /mm	模数 m /mm	蜗杆分度圆直径 d_1 /mm	m^2d_1 /mm³	蜗杆头数 z_1	直径系数 q	分度圆导程角 γ	蜗轮齿数 z_2	蜗轮变位系数 x_2
40 50	1	18	18	1	18.00	3°10′47″	62 82	0 0
40		20	31.25		16.00	3°34′35″	49	−0.500
50 63	1.25	22.4	35	1	17.92	3°11′38″	62 82	+0.040 +0.440
50	1.6	20	51.2	1	12.50	4°34′26″	51	−0.500
				2		9°05′25″		
				4		17°44′41″		
63 80		28	71.68	1	17.50	3°16′14″	61 82	+0.125 +0.250
40	2	22.4	89.6	1	11.20	5°06′08″	29	−0.100
（50）				2		10°07′29″		
（63）				4		19°39′14″	（39）	（−0.100）
				6		28°10′43″	（51）	（+0.400）
80 100		35.5	142	1	17.75	3°13′28″	62 82	+0.125

（续）

中心距 a /mm	模数 m /mm	蜗杆分度圆直径 d_1 /mm	$m^2 d_1$ /mm³	蜗杆头数 z_1	直径系数 q	分度圆导程角 γ	蜗轮齿数 z_2	蜗轮变位系数 x_2
50 (63) (80)	2.5	28	75	1	11.20	5°06′08″	29 (39) (53)	−0.100 (+0.100) (−0.100)
				2		10°07′29″		
				4		19°39′14″		
				6		28°10′43″		
100		45	281.25	1	18.00	3°10′47″	62	0
63 (80) (100)	3.15	35.5	352.25	1	11.27	5°04′15″	29 (39) (53)	−0.1349 (+0.2619) (−0.3889)
				2		10°03′48″		
				4		19°32′29″		
				6		28°01′50″		
125		56	555.66	1	17.778	3°13′10″	62	−0.2063
80 (100) (125)	4	40	640	1	10.00	5°42′38″	31 (41) (51)	−0.500 (−0.500) (+0.750)
				2		11°18′36″		
				4		21°48′05″		
				6		30°57′50″		
160		71	1136	1	17.75	3°13′28″	62	+0.125

注：1. 本表中导程角 γ 小于 3°30′ 的圆柱蜗杆均为自锁蜗杆。

2. 括号中的参数不适用于蜗杆头数 $z_1 = 6$。

3. 本表摘自 GB/T 10085—2018。

表 6-3　使用系数 K_A

工作类型	Ⅰ	Ⅱ	Ⅲ
载荷性质	均匀、无冲击	不均匀、小冲击	不均匀、大冲击
每小时起动次数	<25	25~50	>50
起动载荷	小	较大	大
K_A	1	1.15	1.2

3）确定弹性影响系数 Z_E。铸锡磷青铜蜗轮与钢蜗杆相配时，从有关手册查得弹性影响系数 $Z_E = 160\text{MPa}^{1/2}$。

4）确定接触系数 Z_ρ。先假设蜗杆分度圆直径 d_1 和传动中心距 a 的比值 $d_1/a = 0.35$，从图 6-21 中可查得接触系数 $Z_\rho = 2.9$。

5）确定许用接触应力 $[\sigma_H]$。根据蜗轮材料为铸锡磷青铜 ZCuSn10P1、金属模铸造、蜗杆螺旋齿面硬度大于 45HRC，可从表 6-4 中查得蜗轮的基本许用应力 $[\sigma_H]' = 268\text{MPa}$。已知蜗杆为单头，蜗轮每转一转时每个轮齿啮合的次数 $j = 1$；蜗轮转速 $n_2 = 30\text{r/min}$；蜗杆副

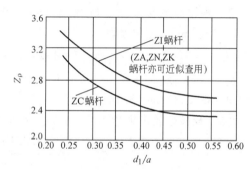

图 6-21　圆柱蜗杆传动的接触系数 Z_ρ

的使用寿命 $L_h = 10000h$。则应力循环次数

$$N = 60jn_2L_h = 60 \times 1 \times 30 \times 10000 = 1.8 \times 10^7$$

表 6-4 铸锡青铜蜗轮的基本许用接触应力 $[\sigma_H]'$

蜗轮 材料	铸造方法	蜗杆螺旋面的硬度	
		≤45HRC	>45HRC
铸锡磷青铜 ZCuSn10P1	砂模铸造	150	180
	金属模铸造	220	268
铸锡锌铅青铜 ZCuSn5Pb5Zn5	砂模铸造	113	135
	金属模铸造	128	140

寿命系数

$$K_{HN} = \sqrt[8]{\frac{10^7}{N}} = 0.929$$

许用接触应力

$$[\sigma_H] = K_{HN}[\sigma_H]' = 0.929 \times 268\text{MPa} \approx 249\text{MPa}$$

6）计算中心距。将以上各参数代入式（6-21），求得中心距

$$a \geqslant \sqrt[3]{1.39 \times 22920 \times \left(\frac{160 \times 2.9}{249}\right)^2} \text{mm} \approx 48\text{mm}$$

查表 6-2，取中心距 $a = 50\text{mm}$，已知蜗杆头数 $z_1 = 1$，设其模数 $m = 1.6\text{mm}$，得蜗杆分度圆直径 $d_1 = 20\text{mm}$。这时 $d_1/a = 0.4$，由图 6-21 查得接触系数 $Z'_\rho = 2.74$。因为 $Z'_\rho < Z_\rho$，所以上述计算结果可用。

（4）蜗杆和蜗轮的主要参数与几何尺寸　由蜗杆和蜗轮的基本尺寸和主要参数，算得蜗杆和蜗轮的主要几何尺寸后，即可绘制蜗杆副的工作图了。

1）蜗杆参数与尺寸。头数 $z_1 = 1$，模数 $m = 1.6\text{mm}$，轴向齿距 $P_a = \pi m = 5.027\text{mm}$，轴向齿厚 $s_a = 0.5\pi m = 2.513\text{mm}$，分度圆直径 $d_1 = 20\text{mm}$，直径系数 $q = d_1/m = 12.5$，分度圆导程角 $\gamma = \arctan(z_1/q) = 4°34'26''$。

取齿顶高系数 $h_a^* = 1$，径向间隙系数 $c^* = 0.2$，则齿顶圆直径 $d_{a1} = d_1 + 2h_a^* m = 20\text{mm} + 2 \times 1 \times 1.6\text{mm} = 23.2\text{mm}$，齿根圆直径 $d_{f1} = d_1 - 2m(h_a^* + c^*) = [20 - 2 \times 1.6 \times (1 + 0.2)]\text{mm} = 16.16\text{mm}$。

2）蜗轮参数与尺寸。齿数 $z_2 = 48$，模数 $m = 1.6\text{mm}$，分度圆直径为 $d_2 = mz_2 = 1.6 \times 48\text{mm} = 76.8\text{mm}$，变位系数 $x_2 = [a - (d_1 + d_2)/2]/m = [50 - (20 + 76.8)/2]/1.6 = 1$，蜗轮喉圆直径为 $d_{a2} = d_2 + 2m(h_a^* + x_2) = [76.8 + 2 \times 1.6 \times (1 + 1)]\text{mm} = 83.2\text{mm}$，蜗轮齿根圆直径 $d_{f2} = d_2 - 2m(h_a^* - x_2 + c^*) = [76.8 - 2 \times 1.6 \times (1 - 1 + 0.2)]\text{mm} = 76.16\text{mm}$，蜗轮咽喉母圆半径 $r_{g2} = a - d_{a2}/2 = (50 - 83.2/2)\text{mm} = 8.4\text{mm}$。

（5）校核蜗轮齿根弯曲疲劳强度　检验下式是否成立，即

$$\sigma_F = \frac{1.53KT_2}{d_1 d_2 m} Y_{Fa2} Y_\beta \leqslant [\sigma_F] \tag{6-22}$$

式中　σ_F——蜗轮齿根弯曲应力，单位为 MPa；

Y_{Fa2}——蜗轮齿形系数，如图 6-22 所示；

Y_β——螺旋角影响系数；

$[\sigma_F]$——蜗轮的许用弯曲应力，单位为 MPa。

由蜗杆头数 $z_1 = 1$，传动比 $i = 48$，可以算出蜗轮齿数 $z_2 = iz_1 = 48$。则蜗轮的当量齿数

$$z_{v2} = \frac{z_2}{\cos^3\gamma} = 48.46$$

根据蜗轮变位系数 $x_2 = 1$ 和当量齿数 $z_{v2} = 48.46$，查图 6-22，得齿形系数

$$Y_{Fa2} = 1.95$$

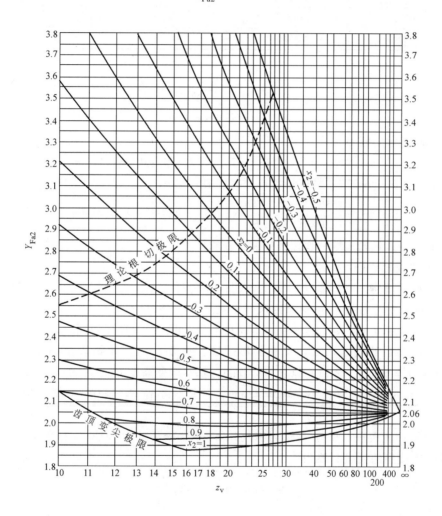

图 6-22 蜗轮的齿形系数 Y_{Fa2}

螺旋角影响系数

$$Y_\beta = 1 - \frac{\gamma}{140°} = 0.967$$

根据蜗轮的材料和制造方法，查表 6-5，可得蜗轮基本许用弯曲应力

$$[\sigma_F]' = 56\text{MPa}$$

表 6-5　蜗轮的基本许用弯曲应力 $[\sigma_F]$　　　　　　　　　　（单位：MPa）

蜗 轮 材 料		铸造方法	单侧工作$[\sigma_{0F}]'$	双侧工作$[\sigma_{-1F}]'$
铸锡青铜 ZCuSn10P1		砂模铸造	40	29
		金属模铸造	56	40
铸锡锌铅青铜 ZCuSn5Pb5Zn5		砂模铸造	26	22
		金属模铸造	32	26
铸铝铁青铜 ZCuAl10Fe3		砂模铸造	80	57
		金属模铸造	90	64
灰铸铁	HT150	砂模铸造	40	28
	HT200	砂模铸造	48	34

蜗轮的寿命系数

$$K_{FN} = \sqrt[9]{\frac{10^6}{N}} = \sqrt[9]{\frac{10^6}{1.8 \times 10^7}} = 0.725$$

蜗轮的许用弯曲应力

$$[\sigma_F] = [\sigma_F]'K_{FN} = 56 \times 0.725 \text{MPa} = 40.6 \text{MPa}$$

将以上参数代入式（6-22），得蜗轮齿根弯曲应力

$$\sigma_F = \frac{1.53 \times 1.39 \times 22920}{20 \times 76.8 \times 1.6} \times 1.95 \times 0.967 \text{MPa} \approx 37.4 \text{MPa}$$

可见，$\sigma_F < [\sigma_F]$，蜗轮齿根的弯曲强度满足要求。

2. 螺杆的设计计算

（1）螺距的确定　刀架转位时，要求螺杆在转动约170°的情况下，上刀体的端面齿与下刀体的端面齿完全脱离；在锁紧的时候，要求上、下端面齿的啮合深度达 2mm。因此，螺杆的螺距 P 应满足 $P \times 170/360 > 2$mm，即 $P > 4.24$mm，现取螺杆的螺距 $P = 6$mm。

（2）其他参数的确定　采用单头梯形螺杆，头数 $n = 1$，牙侧角 $\beta = 15°$，外螺纹大径（公称直径）$d_1 = 50$mm，牙顶间隙 $a_c = 0.5$mm，基本牙型高度 $H_1 = 0.5P = 3$mm，外螺纹牙高 $h_3 = H_1 + a_c = 3.5$mm，外螺纹中径 $d_2 = 47$mm，外螺纹小径 $d_3 = 43$mm，螺杆螺纹部分长度 $H = 50$mm。

（3）自锁性能校核　螺杆-螺母材料均用 45 钢，查表 6-6，取两者的摩擦因数 $f = 0.11$；再求得梯形螺旋副的当量摩擦角

$$\varphi_v = \arctan \frac{f}{\cos\beta} \approx 6.5°$$

表 6-6　滑动螺旋副材料的许用压力 $[p]$ 及摩擦因数 f

螺杆-螺母的材料	滑动速度/m·min⁻¹	许用压力/MPa	摩擦因数 f
钢-青铜	低速	18 ~ 25	0.08 ~ 0.10
	≤3.0	11 ~ 18	
	6 ~ 12	7 ~ 10	
	>15	1 ~ 2	

（续）

螺杆-螺母的材料	滑动速度/m·min⁻¹	许用压力/MPa	摩擦因数 f
淬火钢-青铜	6~12	10~13	0.06~0.08
钢-铸铁	<2.4	13~18	0.12~0.15
	6~12	4~7	
钢-钢	低速	7.5~13	0.11~0.17

而螺纹升角

$$\psi = \arctan \frac{nP}{\pi d_2} = \arctan \frac{1 \times 6}{3.14 \times 47} = 2.33°$$

小于当量摩擦角，因此，所选几何参数满足自锁条件。

五、电气控制部分设计

1. 硬件电路设计

自动回转刀架的电气控制部分主要包括收信电路和发信电路两大块，如图 6-23 所示。

（1）收信电路 图 6-23a 中，发信盘上的 4 只霍尔开关（型号为 UGN3120U）都有 3 个

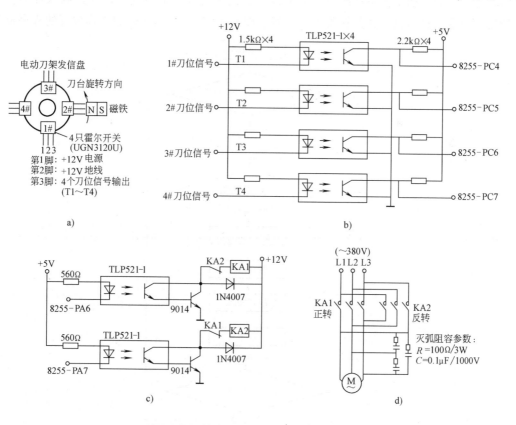

图 6-23 自动回转刀架电气控制原理图

a）发信盘上的霍尔元件 b）刀位信号的处理

c）刀架电动机正反转控制 d）刀架电动机正反转的实现

引脚，第 1 脚接 +12V 电源，第 2 脚接 +12V 地线，第 3 脚为输出。转位时刀台带动磁铁旋转，当磁铁对准某一个霍尔开关时，其输出端第 3 脚输出低电平；当磁铁离开时，第 3 脚输出高电平。4 只霍尔开关输出的 4 个刀位信号 T1~T4 分别送到图 6-23b 中的 4 只光电耦合器进行处理，经过光电隔离的信号再送给 I/O 接口芯片 8255 的 PC4~PC7。

（2）发信电路　图 6-23c 所示为刀架电动机正反转控制电路，I/O 接口芯片 8255 的 PA6 与 PA7 分别控制刀架电动机的正转与反转。其中，KA1 为正转继电器的线圈，KA2 为反转继电器的线圈。因刀架电动机的功率只有 90W，所以图 6-23d 中刀架电动机与 380V 市电的接通可以选用大功率直流继电器，而不必采用继电器-接触器控制电路，以节省成本，降低故障率。图 6-23c 中，正转继电器的线圈 KA1 与反转继电器的一组常闭触点串联，而反转继电器的线圈 KA2 又与正转继电器的一组常闭触点串联，这样就构成了正转与反转的互锁电路，以防控制系统失控时导致短路现象。当 KA1 或 KA2 的触点接通 380V 电压时，会产生较强的火花，并通过电网影响控制系统的正常工作，为此，在图 6-23d 中布置了 3 对 *R-C* 阻容用来灭弧，以抑制火花的产生。

2. 控制软件设计

在清楚了自动回转刀架的机械结构和电气控制电路后，就可以着手编制刀架自动转位的控制软件了。对于四工位自动回转刀架来说，它最多装有 4 把刀具，设计控制软件的任务，就是选中任意一把刀具，让其转到工作位置。图 6-24 表示让 1#刀转到工作位置的程序流程，

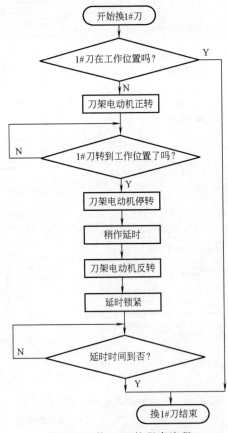

图 6-24　换 1#刀的程序流程

2#～4#刀的转位流程与 1#刀相似。

设控制系统的 CPU 为 AT89C51 单片机,扩展 8255 芯片作为自动回转刀架的收信与发信控制,已知 8255 芯片的控制口地址为 2FFFH,则基于图 6-23 和图 6-24 的汇编程序清单如下:

T01:	MOV	DPTR, #2FFEH	; 指向 8255 的 PC 口
	MOVX	A, @DPTR	; 读取 PC 口内容
	JNB	ACC.4, TEND	; 测试 PC4 = 0? 若是,则说明 1#已在工作位置,程序转到 TEND
	MOV	DPTR, #2FFCH	; 指向 8255 的 PA 口地址
	MOVX	A, @DPTR	; 读取 PA 口锁存器内容
	CLR	ACC.6	; 令 PA6 = 0,刀架电动机正转有效
	SETB	ACC.7	; 令 PA7 = 1,刀架电动机反转无效
	MOVX	@DPTR, A	; 刀架电动机开始正转
	CALL	DE20MS	; 延时 20ms
YT01:	MOV	DPTR, #2FFEH	; 指向 8255 的 PC 口
	MOVX	A, @DPTR	; 读取 PC 口内容
	JB	ACC.4, YT01	; PC4 = 0 吗? 即 1#刀转到工作位置了吗?
	CALL	DE20MS	; 延时 20ms
YT11:	MOV	DPTR, #2FFEH	; 指向 8255 的 PC 口
	MOVX	A, @DPTR	; 第二次读取 PC 口内容
	JB	ACC.4, YT11	; PC4 = 0?
	CALL	DE20MS	; 延时 20ms
YT21:	MOV	DPTR, #2FFEH	; 指向 8255 的 PC 口
	MOVX	A, @DPTR	; 第三次读取 PC 口内容
	JB	ACC.4, YT21	; PC4 = 0?
	MOV	DPTR, #2FFCH	; 指向 PA 口
	MOVX	A, @DPTR	; 读取 PA 口锁存器内容
	SETB	ACC.6	; 令 PA6 = 1,刀架电动机正转无效
	SETB	ACC.7	; 令 PA7 = 1,刀架电动机反转无效
	MOVX	@DPTR, A	; 刀架电动机停转
	CALL	DE150MS	; 延时 150ms
	CLR	ACC.7	; 令 PA7 = 0,刀架电动机反转有效
	SETB	ACC.6	; 令 PA6 = 1,刀架电动机正转无效
	MOVX	@DPTR, A	; 刀架电动机开始反转
	CALL	DELAY	; 延时设定的反转锁紧时间
	SETB	ACC.6	; 令 PA6 = 1,刀架电动机正转无效
	SETB	ACC.7	; 令 PA7 = 1,刀架电动机反转无效
	MOVX	@DPTR, A	; 刀架电动机停转
TEND:	RET		; 换 1#刀结束

六、国内有关产品参数介绍

　　国内生产自动回转刀架的厂家很多，这里列举常州亚兴数控设备有限公司生产的 LD_4 系列四工位自动回转刀架。该产品采用无触点发信、对销反靠、双端齿精定位、螺纹升降夹紧，工作可靠、刚性好、寿命长，适用于各种车床。其外形尺寸和技术参数如图 6-25 所示、见表 6-7 及表 6-8。

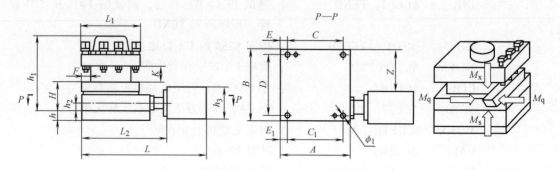

图 6-25　刀架的外形尺寸

表 6-7　刀架的型号与尺寸参数　　　　　　　　　　　　　　（单位：mm）

型　　号	尺　　寸																	
	H	h	A	B	C	C_1	D	E	E_1	L	L_1	L_2	h_1	h_2	h_3	F	ϕ_1	Z	K
LD_4-48（0620）	48		80	112	44	44	98	18	18	205	80	115	120	15	68	12.5	6.5	53	20
LD_4-54（0625）	54		133	126	100	95	110	15	20	300	110	170	136	18	90	15	9	35	27
LD_4-57（6125）	57		136	148	108	108	126	14	14	320	136	182	166	18	90	20	11	45	34
LD_4-70（6132）	70		161	171	126	126	146	12	12	340	152	193	168	21	90	25	13	50	40
LD_4-70（6136）	70	7	161	171	126	126	146	12	12	340	152	193	168	21	90	25	13	50	40
LD_4-81（6140）	81		192	192	152	152	168	20	20	365	162	224	203	23	90	25	13	50	40
LD_4-125（6150）	125		192	192	152	152	168	20	20	365	162	224	225	67	90	25	13	50	41

　　注：垫板厚度 h 可按客户要求订做。

表 6-8　刀架的技术参数

型　　号	换刀时间/s			最大许用力矩 /N·m			重复定位精度 /mm	电动机功率 /W	电动机转速 /r·min⁻¹	净质量 /kg
	90°	180°	270°	M_q	M_x	M_s				
LD_4-48（0620）	1.5	2	2.5	100	200	100	<0.005	20	1250	5
LD_4-54（0625）	1.9	2.4	2.9	300	700	250	<0.005	60	1400	14
LD_4-57（6125）	2.2	2.8	3.4	400	900	300	<0.005	60	1400	20
LD_4-70（6132）	2.1	2.6	3.1	500	1100	350	<0.005	90	1400	25
LD_4-70（6136）	2.1	2.6	3.1	500	1100	350	<0.005	90	1400	28
LD_4-81（6140）	2.1	2.6	3.1	600	1400	450	<0.005	90	1400	32
LD_4-125（6150）	2.1	2.6	3.1	600	1400	450	<0.005	120	1400	35

第三节　*X-Y* 数控工作台机电系统设计

X-Y 数控工作台是许多机电一体化设备的基本部件，如数控车床的纵-横向进刀机构、数控铣床和数控钻床的 *X-Y* 工作台、激光加工设备的工作台、电子元件表面贴装设备等。因此，选择 *X-Y* 数控工作台作为机电综合课程设计的内容，对于机电一体化专业的教学具有普遍意义。

模块化的 *X-Y* 数控工作台，通常由导轨座、移动滑块、工作平台、滚珠丝杠副以及伺服电动机等部件构成。其外观形式如图 6-26 所示。其中，伺服电动机作为执行元件用来驱动滚珠丝杠，滚珠丝杠的螺母带动滑块和工作平台在导轨上运动，完成工作台在 *X*、*Y* 方向的直线移动。导轨副、滚珠丝杠副和伺服电动机等均已标准化，由专门厂家生产，设计时只需根据工作载荷选取即可。控制系统根据需要，可以选用标准的工业控制计算机，也可以设计专用的微机控制系统。

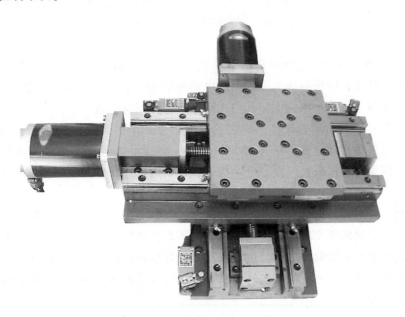

图 6-26　*X-Y* 数控工作台的外观形式

一、设计任务

题目：*X-Y* 数控工作台机电系统设计

任务：设计一种供立式数控铣床使用的 *X-Y* 数控工作台，主要参数如下：

1) 立铣刀最大直径 $d = 15\text{mm}$。

2) 立铣刀齿数 $z = 3$。

3) 最大铣削宽度 $a_e = 15\text{mm}$。

4) 最大背吃刀量 $a_p = 8\text{mm}$。

5) 加工材料为碳素钢或有色金属。

6）X、Y 方向的脉冲当量 $\delta_x = \delta_y = 0.005\text{mm}/$脉冲。

7）X、Y 方向的定位精度均为 $\pm 0.01\text{mm}$。

8）工作台面尺寸为 $230\text{mm} \times 230\text{mm}$，加工范围为 $250\text{mm} \times 250\text{mm}$。

9）工作台空载最快移动速度 $v_{x\max} = v_{y\max} = 3000\text{mm}/\text{min}$。

10）工作台进给最快移动速度 $v_{x\max f} = v_{y\max f} = 400\text{mm}/\text{min}$。

二、总体方案的确定

1. 机械传动部件的选择

（1）导轨副的选用　要设计的 X-Y 工作台是用来配套轻型立式数控铣床的，需要承受的载荷不大，但脉冲当量小、定位精度高，因此，决定选用直线滚动导轨副，它具有摩擦因数小、不易爬行、传动效率高、结构紧凑、安装预紧方便等优点。

（2）丝杠副的选用　伺服电动机的旋转运动需要通过丝杠副转换成直线运动，要满足 0.005mm 的脉冲当量和 $\pm 0.01\text{mm}$ 的定位精度，滑动丝杠副无能为力，只有选用滚珠丝杠副才能达到。滚珠丝杠副的传动精度高、动态响应快、运转平稳、寿命长、效率高，预紧后可消除反向间隙。

（3）减速装置的选用　选择好步进电动机和滚珠丝杠副以后，为了圆整脉冲当量，放大电动机的输出转矩，降低运动部件折算到电动机转轴上的转动惯量，可能需要减速装置，且应有消间隙机构。为此，本例决定采用无间隙齿轮传动减速箱。

（4）伺服电动机的选用　任务书规定的脉冲当量尚未达到 0.001mm，定位精度也未达到微米级，空载最快移动速度也只有 $3000\text{mm}/\text{min}$。因此，本设计不必采用高档次的伺服电动机，如交流伺服电动机或直流伺服电动机等，可以选用性能好一些的步进电动机，如混合式步进电动机，以降低成本，提高性价比。

（5）检测装置的选用　选用步进电动机作为伺服电动机后，可选开环控制，也可选闭环控制。任务书所给的精度对于步进电动机来说还是偏高的，为了确保电动机在运转过程中不受切削负载和电网的影响而失步，决定采用半闭环控制，拟在电动机的尾部转轴上安装增量式旋转编码器，用以检测电动机的转角与转速。增量式旋转编码器的分辨力应与步进电动机的步距角相匹配。

考虑到 X、Y 两个方向的加工范围相同，承受的工作载荷相差不大，为了减少设计工作量，X、Y 两个坐标的导轨副、丝杠副、减速装置、伺服电动机以及检测装置拟采用相同的型号与规格。

2. 控制系统的设计

1）设计的 X-Y 工作台准备用在数控铣床上，其控制系统应该具有单坐标定位、两坐标直线插补与圆弧插补的基本功能，所以控制系统应该设计成连续控制型。

2）对于步进电动机的半闭环控制，选用 MCS-51 系列的 8 位单片机 AT89S52 作为控制系统的 CPU，应该能够满足任务书给定的相关指标。

3）要设计一台完整的控制系统，在选择 CPU 之后，还需要扩展程序存储器、数据存储器、键盘与显示电路、I/O 接口电路、D-A 转换电路、串行接口电路等。

4）选择合适的驱动电源，与步进电动机配套使用。

三、机械传动部件的计算与选型

1. 导轨上移动部件的重量估算

按照下导轨上面移动部件的重量来进行估算。包括工件、夹具、工作平台、上层电动机、减速箱、滚珠丝杠副、直线滚动导轨副及导轨座等，估计重量约为800N。

2. 铣削力的计算

设零件的加工方式为立式铣削，采用硬质合金立铣刀，工件的材料为碳钢，则由表3-7查得立铣时的铣削力计算公式为

$$F_c = 118 a_e^{0.85} f_z^{0.75} d^{-0.73} a_p^{1.0} n^{0.13} z \tag{6-23}$$

现选择铣刀直径 $d=15\text{mm}$，齿数 $z=3$，为了计算最大铣削力，在不对称铣削情况下，取最大铣削宽度 $a_e = 15\text{mm}$，背吃刀量 $a_p = 8\text{mm}$，每齿进给量 $f_z = 0.1\text{mm}$，铣刀转速 $n = 300\text{r/min}$。则由式（6-23）求得最大铣削力

$$F_c = 118 \times 15^{0.85} \times 0.1^{0.75} \times 15^{-0.73} \times 8^{1.0} \times 300^{0.13} \times 3\text{N} \approx 1463\text{N}$$

采用立铣刀进行圆柱铣削时，各铣削力之间的比值可由表3-5查得，结合图3-4a，考虑逆铣时的情况，可估算三个方向的铣削力分别为 $F_f = 1.1 F_c \approx 1609\text{N}$，$F_e = 0.38 F_c \approx 556\text{N}$，$F_{f_n} = 0.25 F_c \approx 366\text{N}$。图3-4a所示为卧铣情况，现考虑立铣，则工作台受到垂直方向的铣削力 $F_z = F_e = 556\text{N}$，受到水平方向的铣削力分别为 F_f 和 F_{f_n}。现将水平方向较大的铣削力分配给工作台的纵向（丝杠轴线方向），则纵向铣削力 $F_x = F_f = 1609\text{N}$，径向铣削力 $F_y = F_{f_n} = 366\text{N}$。

3. 直线滚动导轨副的计算与选型

（1）滑块承受工作载荷 F_{max} 的计算及导轨型号的选取　工作载荷是影响直线滚动导轨副使用寿命的重要因素。本例中的 X-Y 工作台为水平布置，采用双导轨、四滑块的支承形式。考虑最不利的情况，即垂直于台面的工作载荷全部由一个滑块承担，则单滑块所受的最大垂直方向载荷

$$F_{max} = \frac{G}{4} + F \tag{6-24}$$

其中，移动部件重量 $G = 800\text{N}$，外加载荷 $F = F_z = 556\text{N}$，代入式（6-24），得最大工作载荷 $F_{max} = 756\text{N} = 0.756\text{kN}$。

查表3-41，根据工作载荷 $F_{max} = 0.756\text{kN}$，初选直线滚动导轨副的型号为 KL 系列的 JSA-LG15 型，其额定动载荷 $C_a = 7.94\text{kN}$，额定静载荷 $C_{0a} = 9.5\text{kN}$。

任务书规定工作台面尺寸为 230mm×230mm，加工范围为 250mm×250mm，考虑工作行程应留有一定余量，查表3-35，按标准系列，选取导轨的长度为520mm。

（2）距离额定寿命 L 的计算　上述选取的 KL 系列 JSA-LG15 型导轨副的滚道硬度为 60HRC，工作温度不超过100℃，每根导轨上配有两只滑块，精度为4级，工作速度较低，载荷不大。查表3-36~表3-40，分别取硬度系数 $f_H = 1.0$、温度系数 $f_T = 1.00$、接触系数 $f_C = 0.81$、精度系数 $f_R = 0.9$、载荷系数 $f_W = 1.5$，代入式（3-33）得距离寿命

$$L = \left(\frac{f_H f_T f_C f_R}{f_W} \times \frac{C_a}{F_{max}} \right)^3 \times 50 \approx 6649\text{km}$$

远大于期望值50km，故距离额定寿命满足要求。

4. 滚珠丝杠副的计算与选型

（1）最大工作载荷 F_m 的计算　如前文所述，在立铣时，工作台受到进给方向的载荷（与丝杠轴线平行）$F_x = 1609N$，受到横向的载荷（与丝杠轴线垂直）$F_y = 366N$，受到垂直方向的载荷（与工作台面垂直）$F_z = 556N$。

已知移动部件总重量 $G = 800N$，按矩形导轨进行计算，查表 3-29，取颠覆力矩影响系数 $K = 1.1$，滚动导轨上的摩擦因数 $\mu = 0.005$。求得滚珠丝杠副的最大工作载荷

$$F_m = KF_x + \mu(F_z + F_y + G) = [1.1 \times 1609 + 0.005 \times (556 + 366 + 800)]N \approx 1779N$$

（2）最大动载荷 F_Q 的计算　设工作台在承受最大铣削力时的最快进给速度 $v = 400mm/min$，初选丝杠导程 $P_h = 5mm$，则此时丝杠转速 $n = v/P_h = 80r/min$。

取滚珠丝杠的使用寿命 $T = 15000h$，代入 $L_0 = 60nT/10^6$，得丝杠寿命系数 $L_0 = 72$（单位为 $10^6 r$）。

查表 3-30，取载荷系数 $f_W = 1.2$，滚道硬度为 60HRC 时，取硬度系数 $f_H = 1.0$，代入式（3-23），求得最大动载荷

$$F_Q = \sqrt[3]{L_0} f_W f_H F_m \approx 8881N$$

（3）初选型号　根据计算出的最大动载荷和初选的丝杠导程，查表 3-31，选择济宁博特精密丝杠制造有限公司生产的 G 系列 2005-3 型滚珠丝杠副，为内循环固定反向器单螺母式，其公称直径为 20mm，导程为 5mm，循环滚珠为 3 圈×1 列，精度等级取 5 级，额定动载荷为 9309N，大于 F_Q，满足要求。

（4）传动效率 η 的计算　将公称直径 $d_0 = 20mm$，导程 $P_h = 5mm$，代入 $\lambda = \arctan[P_h/(\pi d_0)]$，得丝杠螺旋升角 $\lambda = 4°33'$。将摩擦角 $\varphi = 10'$，代入 $\eta = \tan\lambda/\tan(\lambda + \varphi)$，得传动效率 $\eta = 96.4\%$。

（5）刚度的验算

1）X-Y 工作台上、下两层滚珠丝杠副的支承均采用"单推-单推"的方式，见书后插页图 6-27。丝杠的两端各采用一对推力角接触球轴承，面对面组配，左、右支承的中心距离 $a \approx 500mm$；钢的弹性模量 $E = 2.1 \times 10^5 MPa$；查表 3-31，得滚珠直径 $D_w = 3.175mm$，丝杠底径 $d_2 = 16.2mm$，丝杠截面面积 $S = \pi d_2^2/4 = 206.12mm^2$。

忽略式（3-25）中的第二项，算得丝杠在工作载荷 F_m 作用下产生的拉/压变形量 $\delta_1 = F_m a/(ES) = [1779 \times 500/(2.1 \times 10^5 \times 206.12)]mm \approx 0.0205mm$。

2）根据公式 $Z = (\pi d_0/D_w) - 3$，求得单圈滚珠数 $Z = 17$；该型号丝杠为单螺母，滚珠的圈数×列数为 3×1，代入公式 $Z_\Sigma = Z \times 圈数 \times 列数$，得滚珠总数量 $Z_\Sigma = 51$。丝杠预紧时，取轴向预紧力 $F_{YJ} = F_m/3 = 593N$。则由式（3-27），求得滚珠与螺纹滚道间的接触变形量 $\delta_2 \approx 0.0029mm$。

因为丝杠加有预紧力，且为轴向负载的 1/3，所以实际变形量可减小一半，取 $\delta_2 = 0.0015mm$。

3）将以上算出的 δ_1 和 δ_2 代入 $\delta_总 = \delta_1 + \delta_2$，求得丝杠总变形量（对应跨度 500mm）$\delta_总 = 0.0220mm = 22\mu m$。

本例中，丝杠的有效行程为 330mm，由表 3-27 知，5 级精度滚珠丝杠有效行程在 315～400mm 时，行程偏差允许达到 $25\mu m$，可见丝杠的刚度足够。

（6）压杆稳定性校核　根据式（3-28）计算失稳时的临界载荷 F_k。查表 3-34，取支承系数 $f_k = 1$；由丝杠底径 $d_2 = 16.2\text{mm}$，求得截面惯性矩 $I = \pi d_2^4/64 \approx 3380.88\text{mm}^4$；取压杆稳定安全系数 $K = 3$（丝杠卧式水平安装）；滚动螺母至轴向固定处的距离 a 取最大值 500mm。代入式（3-28），得临界载荷 $F_k \approx 9343\text{N}$，远大于工作载荷 $F_m = 1779\text{N}$，故丝杠不会失稳。

综上所述，初选的滚珠丝杠副满足使用要求。

5. 步进电动机减速箱的选用

为了满足脉冲当量的设计要求，增大步进电动机的输出转矩，同时也为了使滚珠丝杠和工作台的转动惯量折算到电动机转轴上尽可能地小，故在步进电动机的输出轴上安装一套齿轮减速箱。采用一级减速，步进电动机的输出轴与小齿轮连接，滚珠丝杠的轴头与大齿轮连接。其中大齿轮设计成双片结构，采用图 3-8 所示的弹簧错齿法消除侧隙。

已知工作台的脉冲当量 $\delta = 0.005\text{mm/脉冲}$，滚珠丝杠的导程 $P_h = 5\text{mm}$，初选步进电动机的步距角 $\alpha = 0.75°$。根据式（3-12），算得传动比

$$i = (\alpha P_h)/(360°\delta) = (0.75 \times 5)/(360 \times 0.005) = 25/12$$

本设计选用常州市新月电机有限公司生产的 JBF-3 型齿轮减速箱。大、小齿轮模数均为 1mm，齿数比为 75∶36，材料为 45 调质钢，齿表面淬硬后达 55HRC。减速箱中心距为 $[(75+36) \times 1/2]\text{mm} = 55.5\text{mm}$，小齿轮厚度为 20mm，双片大齿轮厚度均为 10mm。

6. 步进电动机的计算与选型

步进电动机的计算与选型参见第四章第三节相关内容。

（1）计算加在步进电动机转轴上的总转动惯量 J_{eq}　已知：滚珠丝杠的公称直径 $d_0 = 20\text{mm}$，总长 $l = 500\text{mm}$，导程 $P_h = 5\text{mm}$，材料密度 $\rho = 7.85 \times 10^{-3}\text{kg/cm}^3$；移动部件总重力 $G = 800\text{N}$；小齿轮宽度 $b_1 = 20\text{mm}$，直径 $d_1 = 36\text{mm}$；大齿轮宽度 $b_2 = 20\text{mm}$，直径 $d_2 = 75\text{mm}$；传动比 $i = 25/12$。

参照表 4-1，算得各个零部件的转动惯量如下（具体计算过程从略）：滚珠丝杠的转动惯量 $J_s = 0.617\text{kg}\cdot\text{cm}^2$；滑板折算到丝杠上的转动惯量 $J_w = 0.517\text{kg}\cdot\text{cm}^2$；小齿轮的转动惯量 $J_{z1} = 0.259\text{kg}\cdot\text{cm}^2$；大齿轮的转动惯量 $J_{z2} = 4.877\text{kg}\cdot\text{cm}^2$。

初选步进电动机型号为 90BYG2602，为两相混合式，由常州宝马前杨电机电器有限公司生产，二相八拍驱动时步距角为 0.75°，从表 4-5 查得该型号电动机转子的转动惯量 $J_m = 4\text{kg}\cdot\text{cm}^2$。则加在步进电动机转轴上的总转动惯量

$$J_{eq} = J_m + J_{z1} + (J_{z2} + J_w + J_s)/i^2 = 5.644\text{kg}\cdot\text{cm}^2$$

（2）计算加在步进电动机转轴上的等效负载转矩 T_{eq}　分快速空载起动和承受最大工作负载两种情况进行计算。

1）快速空载起动时电动机转轴所承受的负载转矩 T_{eq1}。由式（4-8）可知，T_{eq1} 包括三部分：一部分是快速空载起动时折算到电动机转轴上的最大加速转矩 T_{amax}；一部分是移动部件运动时折算到电动机转轴上的摩擦转矩 T_f；还有一部分是滚珠丝杠预紧后折算到电动机转轴上的附加摩擦转矩 T_0。因为滚珠丝杠副传动效率很高，根据式（4-12）可知，T_0 相对于 T_{amax} 和 T_f 很小，可以忽略不计。则有

$$T_{eq1} = T_{amax} + T_f \tag{6-25}$$

根据式（4-9），考虑传动链的总效率 η，计算快速空载起动时折算到电动机转轴上的最

大加速转矩

$$T_{a\,max} = \frac{2\pi J_{eq} n_m}{60 t_a} \frac{1}{\eta} \tag{6-26}$$

式中　n_m——对应空载最快移动速度的步进电动机最高转速，单位为 r/min；

　　　　t_a——步进电动机由静止到加速至 n_m 转速所需的时间，单位为 s。

　　其中

$$n_m = \frac{v_{max}\alpha}{360\delta} \tag{6-27}$$

式中　v_{max}——空载最快移动速度，任务书指定为 3000mm/min；

　　　　α——步进电动机步距角，预选电动机为 0.75°；

　　　　δ——脉冲当量，本例 $\delta = 0.005$mm/脉冲。

　　将以上各值代入式 (6-27)，算得 $n_m = 1250$r/min。

　　设步进电动机由静止到加速至 n_m 转速所需时间 $t_a = 0.4$s，传动链总效率 $\eta = 0.7$。则由式 (6-26) 求得

$$T_{a\,max} = \frac{2\pi \times 5.644 \times 10^{-4} \times 1250}{60 \times 0.4 \times 0.7} \text{N} \cdot \text{m} \approx 0.264 \text{N} \cdot \text{m}$$

　　由式 (4-10) 可知，移动部件运动时，折算到电动机转轴上的摩擦转矩

$$T_f = \frac{\mu(F_z + G)P_h}{2\pi\eta i} \tag{6-28}$$

式中　μ——导轨的摩擦因数，滚动导轨取 0.005；

　　　　F_z——垂直方向的铣削力，空载时取 0；

　　　　η——传动链总效率，取 0.7。

　　由式 (6-28) 可得

$$T_f = \frac{0.005 \times (0 + 800) \times 0.005}{2\pi \times 0.7 \times 25/12} \text{N} \cdot \text{m} \approx 0.002 \text{N} \cdot \text{m}$$

　　最后由式 (6-25)，求得快速空载起动时电动机转轴所承受的负载转矩

$$T_{eq1} = T_{amax} + T_f = 0.266 \text{N} \cdot \text{m} \tag{6-29}$$

　　2) 最大工作负载状态下电动机转轴所承受的负载转矩 T_{eq2}。由式 (4-13) 可知，T_{eq2} 包括三部分：一部分是折算到电动机转轴上的最大工作负载转矩 T_t；一部分是移动部件运动时折算到电动机转轴上的摩擦转矩 T_f；还有一部分是滚珠丝杠预紧后折算到电动机转轴上的附加摩擦转矩 T_0，T_0 相对于 T_t 和 T_f 很小，可以忽略不计。则有

$$T_{eq2} = T_t + T_f \tag{6-30}$$

其中，折算到电动机转轴上的最大工作负载转矩 T_t 由式 (4-14) 计算。本例中在对滚珠丝杠进行计算的时候，已知沿着丝杠轴线方向的最大进给载荷 $F_x = 1609$N，则有

$$T_t = \frac{F_f P_h}{2\pi\eta i} = \frac{1609 \times 0.005}{2\pi \times 0.7 \times 25/12} \text{N} \cdot \text{m} \approx 0.88 \text{N} \cdot \text{m}$$

　　再由式 (4-10) 计算垂直方向承受最大工作负载（$F_z = 556$N）情况下，移动部件运动时折算到电动机转轴上的摩擦转矩

$$T_f = \frac{\mu(F_z+G)P_h}{2\pi\eta i} = \frac{0.005\times(556+800)\times0.005}{2\pi\times0.7\times25/12}\text{N}\cdot\text{m}\approx0.004\text{N}\cdot\text{m}$$

最后由式（6-30），求得最大工作负载状态下电动机转轴所承受的负载转矩

$$T_{eq2} = T_t + T_f = 0.884\text{N}\cdot\text{m} \tag{6-31}$$

经过上述计算后，得到加在步进电动机转轴上的最大等效负载转矩

$$T_{eq} = \max\{T_{eq1}, T_{eq2}\} = 0.884\text{N}\cdot\text{m}$$

（3）步进电动机最大静转矩的选定 考虑步进电动机的驱动电源受电网电压影响较大，当输入电压降低时，其输出转矩会下降，可能造成丢步，甚至堵转。因此，根据 T_{eq} 来选择步进电动机的最大静转矩时，需要考虑安全系数。本例中取安全系数 $K=4$，则步进电动机的最大静转矩应满足

$$T_{jmax} \geqslant 4T_{eq} = 4\times0.884\text{N}\cdot\text{m} = 3.536\text{N}\cdot\text{m} \tag{6-32}$$

上述初选的步进电动机型号为 90BYG2602，由表 4-5 查得该型号电动机的最大静转矩 $T_{jmax}=6\text{N}\cdot\text{m}$。可见，满足式（6-32）的要求。

（4）步进电动机的性能校核

1）最快工进速度时电动机输出转矩校核。任务书给定工作台最快工进速度 $v_{maxf} = 400\text{mm/min}$，脉冲当量 $\delta=0.005\text{mm/脉冲}$，由式（4-16）求出电动机对应的运行频率 $f_{maxf} = [400/(60\times0.005)]\text{Hz}\approx1333\text{Hz}$。由 90BYG2602 电动机的运行矩频特性曲线（见图 6-28）可以看出，在此频率下，电动机的输出转矩 $T_{maxf}\approx5.6\text{N}\cdot\text{m}$，远远大于最大工作负载转矩 $T_{eq2}=0.884\text{N}\cdot\text{m}$，满足要求。

2）最快空载移动时电动机输出转矩校核。任务书给定工作台最快空载移动速度 $v_{max} = 3000\text{mm/min}$，仿照式（4-16）求出电动机对应的运行频率 $f_{max} = [3000/(60\times0.005)]\text{Hz} = 10000\text{Hz}$。由图 6-28 查得，在此频率下，电动机的输出转矩 $T_{max} = 1.8\text{N}\cdot\text{m}$，大于快速空载起动时的负载转矩 $T_{eq1} = 0.266\text{N}\cdot\text{m}$，满足要求。

3）最快空载移动时电动机运行频率校核。与最快空载移动速度 $v_{max} = 3000\text{mm/min}$ 对应的电动机运行频率为 $f_{max} = 10000\text{Hz}$。查表 4-5 可知，90BYG2602 电动机的空载运行频率可达 20000Hz，可见没有超出上限。

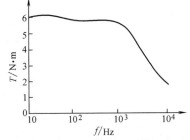

图 6-28 90BYG2602 步进电动机的运行矩频特性曲线

4）起动频率的计算。已知电动机转轴上的总转动惯量 $J_{eq} = 5.644\text{kg}\cdot\text{cm}^2$，电动机转子的转动惯量 $J_m = 4\text{kg}\cdot\text{cm}^2$，电动机转轴不带任何负载时的空载起动频率 $f_q = 1800\text{Hz}$（查表 4-5）。则由式（4-17）可以求出步进电动机克服惯性负载的起动频率

$$f_L = \frac{f_q}{\sqrt{1+J_{eq}/J_m}} = 1159\text{Hz}$$

这说明，要想保证步进电动机起动时不失步，任何时候的起动频率都必须小于 1159Hz。实际上，在采用软件升降频时，起动频率选得更低，通常只有 100Hz（即 100 脉冲/s）。

综上所述，本例中工作台的进给传动选用 90BYG2602 步进电动机，完全满足设计要求。

7. 增量式旋转编码器的选用

本设计所选步进电动机采用半闭环控制，可在电动机的尾部转轴上安装增量式旋转编码器，用以检测电动机的转角与转速。增量式旋转编码器的分辨力应与步进电动机的步距角相匹配。由步进电动机的步距角 $\alpha = 0.75°$，可知电动机转动一转时，需要控制系统发出 $360°/\alpha = 480$ 个步进脉冲。考虑增量式旋转编码器输出的 A、B 相信号，可以送到四倍频电路进行电子四细分（见第四章第五节相关内容），因此，编码器的分辨力可选 120 线。这样控制系统每发一个步进脉冲，电动机转过一个步距角，编码器对应输出一个脉冲信号。

本例选择编码器的型号为 ZLK-A-120-05VO-10-H：盘状空心型，孔径 10mm，与电动机尾部出轴相匹配，电源电压+5V，每转输出 120 个 A/B 脉冲，信号为电压输出，生产厂家为长春光机数显技术有限公司。

四、工作台机械装配图的绘制

在完成直线滚动导轨副、滚珠丝杠副、齿轮减速箱、步进电动机以及旋转编码器的计算与选型后，就可以着手绘制工作台的机械装配图了。绘图过程中的有关注意事项参见本章第一节相关内容。绘制后的 X-Y 数控工作台机械装配图如书后插页图 6-27 所示。

五、工作台控制系统的设计

X-Y 数控工作台的控制系统设计，可以参考本章第一节的车床数控系统，但在硬件电路上需要考虑步进电动机（编码器）反馈信号的处理，在软件上要实现半闭环的控制算法。

六、步进电动机驱动电源的选用

本例中 X、Y 向步进电动机均为 90BYG2602 型，生产厂家为常州宝马前杨电机电器有限公司。查表4-14，选择与之配套的驱动电源为 BD28Nb 型，输入电压 100VAC，相电流 4A，分配方式为二相八拍。该驱动电源与控制器的接线方式如图 6-29 所示。

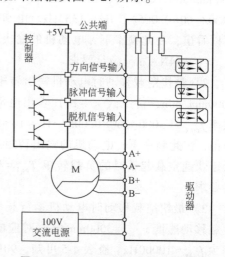

图 6-29　BD28Nb 驱动电源的接线图

第四节　可升降双轴旋转云台机电系统设计

可升降双轴旋转云台是一种可升降的两轴转台，由一个电动推缸和两个旋转轴组成。转台在竖直方向具有 1 个直线移动自由度，另外还具有 2 个转动自由度；使用 PLC 作为底层控制器（下位机），可对升降、偏航和俯仰电动机分别进行运动控制。采用便携式计算机作为上层控制器（上位机），进行视觉传感器等的数据处理，并通过与 PLC 之间的数据通信，实现转台的自动控制。可升降双轴旋转云台是一种基于分层控制系统的通用型机电一体化装置，系统的开放性好，便于用户根据需要进行多自由度转台的应用开发研究。

本节所要介绍的可升降双轴旋转云台如图 6-30 所示。该装置在两轴转台的基础上，增加

图 6-30　可升降双轴旋转云台

了竖直方向的直线运动，控制系统基于 PLC，灵活、通用，可靠性高，开放性好，不仅可用于自动测量、机器人轴孔装配、辅助医疗检测等，还可为机电类专业的本科生提供一种典型的机电一体化试验教学平台。

一、设计任务

题目：可升降双轴旋转云台机电系统设计

任务：设计一种可升降双轴旋转云台的机电系统，底层控制器采用 PLC，要求控制系统具有开放性，为进一步进行机器人应用开发研究提供试验平台。其主要技术参数如下：

1）升降机构的工作行程 0~240mm，运动速度 50mm/s。

2）偏航机构的工作行程-180°~+180°，运动速度 50°/s。

3）俯仰机构的工作行程-45°~+45°，运动速度 90°/s。

4）负载质量 5kg。

5）升降机构的定位精度±0.1mm。

6）偏航机构和俯仰机构的定位精度均为±0.5°。

具体要求：

1. 机械系统设计

1）升降机构的计算、设计与选型。

2）偏航机构设计，电动机和减速机构的计算、设计与选型。

3）俯仰机构设计，电动机和减速机构的计算、设计与选型。

4）编码器和限位传感器的选型与安装等。

2. 控制系统硬件设计

1）PLC 的 CPU 和扩展模块的选型以及 I/O 端口的分配。

2）电动机驱动器的选型和控制方式选择，锂电池的容量计算与选型，电气控制柜的设计。

3. 控制系统软件设计

1）电动机回零点的顺序功能图设计与实现。

2）手动控制下的电动机运动控制顺序功能图设计与实现。

3）双轴旋转云台的直线插补和圆弧插补流程图。

二、总体方案的确定

可升降双轴旋转云台由机械系统、电气系统和控制系统组成。

1. 机械系统

转台的机械系统主要由升降机构、偏航机构和俯仰机构组成。

（1）升降机构 用于带动转台在竖直方向实现直线运动。选择 IAI 电动缸，型号为 RCP2-RA4C-I-42P-5-250-P1-P-B，它是一种步进电动机型电动缸，步进电动机带有制动器，传动机构采用导程为 5mm 的滚珠丝杠。它在垂直方向上的最大可搬质量为 12kg，行程为 250mm。

（2）偏航机构 用于带动转台在水平面内绕竖直轴转动。使用 MAXON RE35 直流伺服电动机，先经减速比为 50 的谐波减速器，再经减速比为 3 的带轮传动，带动转台的竖直转轴做偏航转动。

（3）俯仰机构 用于带动转台的输出轴绕水平轴转动。采用 MAXON RE35 直流伺服电动机，先经减速比为 50 的谐波减速器，再经减速比为 2 的带轮传动，带动转台的水平转轴做俯仰运动。

2. 电气系统

转台的电气控制系统由电源、控制面板、控制器、外围电路以及输入设备等组成。电源使用 24V×20Ah 的锂电池，为主电路提供 24V 直流稳压电源，并作为控制器和电动机驱动器的工作电源。使用启动按钮、急停按钮和继电器等，组成电源开关的"启-保-停"控制电路。转台的底层控制器选用西门子 S7-1200 系列 PLC，主要用于 I/O 控制和电动机控制等。

3. 控制系统

转台的控制系统由下位机和上位机共同组成。下位机为西门子 S7-1200 系列 PLC，包括 CPU（型号为 1214C）和扩展模块（SM1223 数字量 I/O 模块和 SB1232 模拟量模块），用于进行 I/O 控制、编码器数据采集以及电动机控制等。上位机使用便携式计算机，一方面用于采集视觉传感器等的数据，另一方面与 PLC 进行通信。PLC 程序和上位机监控程序的编程开发环境分别为 TIA Portal V14 和 Visual C++6.0。

三、机械传动系统的计算与选型

机械传动系统的计算与选型主要包括：确定升降机构电动缸的型号，确定偏航机构和俯仰机构的传动形式，选择伺服电动机和减速器等。

1. 电动缸型号的确定

（1）升降机构上移动部件的质量估算 升降机构上的移动部件包括摄像头、驱动电动机、减速箱、轴承、同步带、同步带轮以及 U 形台支架等，质量约为 5kg。设负载质量 5kg，则总质量 $m \approx 10kg$。

（2）电动缸的选型 根据升降机构要求的行程范围（0~240mm）以及升降机构上移动部件的总质量（10kg），初选 IAI 电动缸，型号为 RCP2-RA4C-I-42P-5-250-P1-P-B。该型号电动缸的主要参数见表 6-9。

表 6-9 IAI 电动缸的主要参数

型 号	导程/mm	最大垂直负载/kg	最大推压力/N	行程/mm
RCP2-RA4C-I-42P-10-①-P1-②-③	10	4.5	150	
RCP2-RA4C-I-42P-5-①-P1-②-③	5	12	284	50~300
RCP2-RA4C-I-42P-2.5-①-P1-②-③	2.5	19	358	

注：①—行程，②—电缆长度，③—选项。

（3）电动缸主要参数的校核　由表 6-9 可知，电动缸内部丝杠导程为 5mm 时，其最大垂直负载质量为 12kg，满足设计要求（10kg）；最大行程 300mm 也满足设计要求（240mm）。根据表 6-10，所选型号电动缸最高垂直速度为 237mm/s。

表 6-10　IAI 电动缸的最高垂直速度　　　　　　　　　　　（单位：mm/s）

导　　程/mm	行　　程/mm		
	50~200	250	300
10	458	458	350
5	250	237	175
2.5	114	114	87

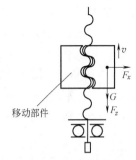

下面对电动缸的最大推力进行校核。由于电动缸内部的直线传动机构为滚珠丝杠副，因此只需计算滚珠丝杠的轴向工作载荷 F_m。图 6-31 所示为电动缸内部丝杠的受力情况，当移动部件加速上升时，丝杠的轴向需要承受移动部件的总重力 G 与惯性力 F_z；丝杠所受径向力 F_x 很小，可忽略不计。

图 6-31　电动缸内部
丝杠的受力情况

其中移动部件的总重力 $G = mg = 10 \times 9.8\text{N} = 98\text{N}$。根据设计条件，电动缸的快进速度 $v = 150\text{mm/s} = 0.15\text{m/s}$，加速时间 $t = 0.3\text{s}$，则移动部件的加速度 $a = v/t = (0.15\text{m/s})/0.3\text{s} = 0.5\text{m/s}^2$，移动部件的惯性力 $F_z = ma = 10 \times 0.5\text{N} = 5\text{N}$。由此可以求得滚珠丝杠的轴向工作载荷 $F_m = G + F_z = 98\text{N} + 5\text{N} = 103\text{N}$。取安全系数 $K = 2$，可得滚珠丝杠最大轴向载荷 $F_Q = KF_m = 206\text{N}$，根据表 6-9 可知，该值小于电动缸的最大推压力 284N，满足要求。

2. 偏航机构和俯仰机构传动形式的确定

（1）偏航机构　偏航机构用于实现转台绕竖直转轴做旋转运动，是一种回转运动。现有的偏航机构类型主要有以下三种方案。

方案一：同步带传动型。伺服电动机输出轴连接减速器，再通过同步带进行传动，带动旋转平台做偏航运动。该机构的特点是承载较大、精度较高、运行平稳、结构简单、安装方便、成本低。

方案二：行星齿轮减速型。行星齿轮减速器由太阳轮、行星轮、内齿圈和行星架等组成。多个行星轮通过行星架连接在一起，内齿圈与减速器外壳固定连接。太阳轮与输入轴连接并转动，与太阳轮啮合的多个行星轮在内齿圈内同步转动，带动行星架以较低的速度转动，并与输出轴连接，从而控制转台做回转运动。该机构的优点是刚性好、精度高、效率高，应力低、寿命长；缺点是结构复杂、质量较大。

方案三：蜗杆蜗轮减速型。电动机通过蜗杆蜗轮减速后，将运动传递到输出轴，输出轴再带动回转平台旋转，从而实现偏航运动。该机构的优点是结构紧凑、传动比大，输出扭矩大，运行平稳，噪声小，寿命长；缺点是输出转速不高，传动效率低，容易产生齿面黏附。

综合以上分析，本例的偏航机构选择方案一的同步带传动方式。为了带动俯仰机构旋转，使用交叉滚子轴承（Cross Roller Bearing，CRB）作为旋转部件。

（2）俯仰机构　现有的可实现摆动功能的系统中，所采用的传动机构主要有锥齿轮传动、行星轮系传动、链传动以及带传动等。

方案一：锥齿轮传动型。在电动机的输入轴与输出轴之间，通过齿轮箱中锥齿轮之间的啮合传递旋转运动。该结构的特点是结构紧凑、传动平稳、精度较高、空间占有率低；但存在成本较高、结构复杂、质量较大、维护困难等缺陷。

方案二：同步带传动型，其应用方式如图6-32所示。电动机通过减速器减速增扭后，再通过同步带传动控制U形架的摆动。同步带传动对带轮的安装精度要求不是很高，通常适用于中心距较大的传动；且带传动具有柔性，可缓冲、吸振，运转平稳。

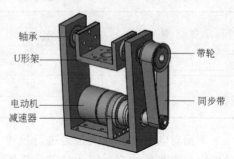

本例中考虑转台U形架上的负载体积较大，传动中心距较大，因此俯仰机构选择方案二的同步带传动方式。

图 6-32 同步带传动应用方式

3. 俯仰机构传动系统的计算与选型

（1）负载功率计算 将转台U形架上的负载（如视觉传感器、激光测距传感器等）看作圆柱体，已知负载质量 $m = 5\text{kg}$，圆柱体半径 $r = 100\text{mm}$，则负载的转动惯量 $J_{负} = mr^2/2 = 0.025\text{kg} \cdot \text{m}^2$。设计任务给定俯仰机构运动速度为 $90°/\text{s}$，即 $\omega_{负} = 0.5\pi\text{rad/s}$，则负载转矩

$$T_{负} = T_{惯性} + T_{重力} + T_{摩擦} \tag{6-33}$$

式中 $T_{惯性}$——负载惯性转矩，单位为 $\text{N} \cdot \text{m}$；

$T_{重力}$——重力方向上的转矩，单位为 $\text{N} \cdot \text{m}$；

$T_{摩擦}$——摩擦力产生的转矩，单位为 $\text{N} \cdot \text{m}$。

假设俯仰机构从静止到加速至 $90°/\text{s}$ 需要 0.1s，则角加速度 $\varepsilon_{负} = 15.708\text{rad/s}^2$，因此，$T_{惯性} = J_{负}\varepsilon_{负} \approx 0.393\text{N} \cdot \text{m}$。假设转动中心处于负载重心位置，则重力产生的转矩 $T_{重力}$ 可忽略不计；另外，当使用深沟球轴承时，$T_{摩擦}$ 也可忽略。故 $T_{负} \approx T_{惯性} = 0.393\text{N} \cdot \text{m}$，负载功率 $P_{负} = T_{负}\omega_{负} \approx 0.617\text{W}$。

（2）传动比分配 按照设计要求，俯仰机构工作转速 $n_{俯} = 15\text{r/min}$，此时俯仰电动机转速 $n_m = 1500\text{r/min}$。传动机构由谐波减速器与同步带传动共同组成，则俯仰机构总传动比 $i_{总} = n_m/n_{俯} = 100$。常用谐波减速器的减速比有50、80、100，初选谐波减速比 $i_1 = 50$，则同步带传动减速比 $i_2 = 2$。

（3）同步带减速机构选型 根据第三章第三节的选型和计算步骤，最终确定同步带传动的减速比 $i_2 = 2$，小带轮齿数为19，大带轮齿数为38，中心距为80mm，采用圆弧齿形带轮，带的型号为 HTD300-5M-15。

（4）谐波减速器选型 首先，确定谐波减速器的输入功率

$$P_N = \frac{P_{负}}{\eta_1} = 0.686\text{W} \tag{6-34}$$

式中 η_1——同步带的传动效率，取0.9。

然后，确定谐波减速器的输出转矩

$$T_M = \frac{9.55P_N}{n_1} = \frac{9.55 \times 0.686}{30}\text{N} \cdot \text{m} \approx 0.218\text{N} \cdot \text{m}$$

式中 n_1——谐波减速器的输出转速，$n_1 = n_m/i_1 = 30\text{r/min}$。

由于设计所需谐波减速器的输出转矩 T_M 较小，因此选取 Harmonic 公司的 RH 系列最小型号 14 型谐波减速器即可满足要求。当减速比为 50 时，其代号为 RH-14-50-CC-SP，额定参数见表 6-11。

表 6-11 RH-14 型谐波减速器的额定参数

型号	减速比	输入转速为 2000r/min 时的额定转矩 /N·m	起停时的最大容许转矩 /N·m	平均负载转矩的最大容许值 /N·m	瞬间最大转矩 /N·m	最高容许输入转速 /r·min⁻¹
14	50	5.4	18	6.9	35	
	80	7.8	23	11	47	8500
	100	7.8	28	11	54	

（5）俯仰电动机 折算到俯仰电动机转轴上的总转动惯量

$$J'_T = J'_M + J'_1 + \frac{J'_2}{i_1^2} + \frac{J'_3}{i_1^2 i_2^2} \tag{6-35}$$

式中 J'_M——俯仰电动机的转动惯量，单位为 kg·m²；

J'_1——谐波减速器的转动惯量，单位为 kg·m²；

J'_2——小带轮及其转轴的转动惯量，单位为 kg·m²；

J'_3——大带轮及其回转部件的转动惯量，单位为 kg·m²。

式（6-35）中等号右侧第 3、4 两项的值较小，可以忽略不计。

根据惯量匹配原则，初选小功率直流伺服电动机 MAXON RE35，其参数见表 6-12。该电动机的转动惯量 $J'_M = 0.792×10^{-5} \text{kg·m}^2$，已知谐波减速器的转动惯量 $J'_1 = 0.59×10^{-5} \text{kg·m}^2$，根据式（6-35）算得折算到俯仰电动机转轴上的总转动惯量 $J'_T = 1.382×10^{-5} \text{kg·m}^2$。

表 6-12 MAXON RE35 电动机的参数

型号	额定电压 /V	额定转矩 /N·m	额定功率 /W	额定电流 /A	转动惯量×10⁻⁵ /kg·m²	机身长度 /mm	额定转速 /r·min⁻¹
RE35	24	0.101	86.88	3.6	0.792	111.0	7000

根据第四章第二节式(4-1)和式（4-4），并考虑传动系统的传动效率，俯仰机构所需电动机的输入功率

$$P' = J'_T \frac{2\pi n}{60 t_A} \frac{1}{\eta_1 \eta_2} \frac{2\pi n}{60} = 30.56 \text{W}$$

式中 n——电动机额定转速，取值 7000r/min；

t_A——电动机加速时间，取值 0.3s；

η_1——同步带的传动效率，取值 0.9；

η_2——谐波减速器的传动效率，取值 0.9。

俯仰机构所需的输出转矩

$$T'_L = \frac{9.55 P'}{n} = \frac{9.55×30.56}{7000} \text{N·m} ≈ 0.042 \text{N·m}$$

由表 6-12 可知，所选电动机的额定转矩 $T_N = 0.101 N \cdot m$，额定功率 $P_N = 86.88 W$，满足 $T_N > T'_L$，$P_N > P'$，因此所选俯仰电动机符合俯仰机构的设计要求。

4. 偏航机构传动系统的计算与选型

与俯仰机构电动机及减速器选型与计算过程类似，得到偏航机构各关键部件的参数如下：①谐波减速器型号为 RH-14-50-CC-SP；②同步带传动比为 3；③小带轮齿数为 19；④大带轮齿数为 57；⑤中心距为 76mm；⑥使用圆弧齿形带轮，同步带型号为 HTD 370-5M-20；⑦直流伺服电动机型号为 MAXON RE35。

四、控制系统的设计

1. 底层 PLC 控制系统设计

（1）PLC 选型　转台控制系统的资源需求见表 6-13。

表 6-13　转台控制系统的资源需求

I/O 类型	数量	细　　　节	用　　途
数字量输入	2	电子手轮 A、B(各 1 路)	脉冲输入(HSC1)
	3	俯仰角度检测编码器 A、B、Z(各 1 路)	位置控制(HSC3)
	10	电子手轮(10 路)	手动控制
	1	偏航角度检测编码器 Z(1 路)	位置检测
	2	偏航电动机左、右限位(2 路)	
	2	俯仰电动机上、下限位(2 路)	
	2	电动缸上、下限位(2 路)	
	2	手动、自动旋钮(各 1 路)	功能切换
数字量输出	4	偏航电动机、电动缸(各 2 路)	脉冲+方向输出
	2	PLC 工作状态指示灯(各 2 路)	状态显示
	2	上位机工作状态指示灯(各 2 路)	
	2	上、下位机通信状态指示灯(各 2 路)	
模拟量输出	1	俯仰电动机电压控制(1 路)	速度控制
合计		数字量输入:24 路,数字量输出:10 路,模拟量输出:1 路	

转台主要通过电子手轮进行手动控制。为了精确测量转台俯仰机构、偏航机构的零点和绝对转角，在俯仰机构水平转轴和偏航机构竖直转轴处，分别安装了俯仰角度检测编码器和偏航角度检测编码器。PLC 的输入信号主要来自电子手轮输出、运动机构的限位开关，以及俯仰角度检测编码器（A、B、Z 相）、偏航角度检测编码器（Z 相）输出等，输入信号均为数字量，其中包含脉冲输入。PLC 的输出口主要控制电动机的驱动器和上、下位机的工作指示灯，输出信号包括数字量和模拟电压两种。

由表 6-13 可知，转台共需要数字量输入口 24 个，数字量输出口 10 个，模拟量输出口 1 个。本例选择 S7-1200 系列 PLC 作为转台的底层控制器，其中 CPU 选择西门子 S7-1214C DC/DC/DC、扩展 SM1223 数字量 I/O 模块和 SB1232 模拟量输出模块。CPU 及其扩展模块 I/O 口的数量见表 6-14。

表 6-14　CPU 及其扩展模块 I/O 口的数量

模块名称	DI	DQ	AI	AQ
S7-1214C	14	10	2	0
SM1223	16	16	0	0
SB1232	0	0	0	1
合计	30	26	2	1

　　为了便于手动控制转台运动，本例使用电子手轮作为输入设备，其外观如图 6-33 所示。电子手轮操作面板的下方为手摇脉冲发生器，手动旋转时产生相位差为 90° 的 A、B 相脉冲信号，可以用于精确控制转台的位移和速度。电子手轮上的输入信号和按键的功能分配见表 6-15。

图 6-33　电子手轮外观和操作面板布局

表 6-15　电子手轮上的输入信号和按键的功能分配

输入信号	功　　能	输入信号	功　　能
手轮 A 相脉冲	运动位移/速度	急停按钮	紧急停止
手轮 B 相脉冲		F1	前进
X	偏航机构	F2	后退
Y	俯仰机构	F3	加速
Z	升降机构	F4	减速
4	回零点	X1	—
OFF	上位机控制模式	X10	—
F5	位置/速度输入切换	X100	—

　　图 6-33 中，左旋钮的 4 个挡位"X、Y、Z、4"分别用于选择"偏航机构、俯仰机构、升降机构、回零点"4 种运动模式。控制电动机运动之前，先选择"X、Y、Z"中的一个，以对应不同的运动机构，然后通过旋转电子手轮控制转台的运动。按钮"F1、F2、F3、F4"分别通过点动方式控制转台的前进、后退和加速、减速。当旋钮位于挡位"4"时，转台的 3 个运动机构同时回零。当旋钮位于挡位"OFF"时，转台只受上位机控制。

　　图 6-33 中，左侧面有 1 个按钮 F5。如果 F5 按钮没有按下，则旋转手轮用于改变当前运动机构的位移；如果 F5 按钮按下了，则旋转手轮用于调节当前运动机构的速度。面板右上方的蘑菇头状按钮为"急停"控制钮。当遇到异常情况时，按下该按钮，所有运动立即停止。

本例中 PLC 输入口、输出口的地址分配分别见表 6-16 和表 6-17。

表 6-16　转台系统输入口的地址分配

名　称	地址	名　称	地址	名　称	地址
手轮 A 相脉冲	I0.0	偏航电动机右限位	I1.0	电动缸	I8.2
手轮 B 相脉冲	I0.1	偏航角度检测编码器 Z 相	I1.1	回原点	I8.3
电动缸上限位	I0.2	俯仰电动机上限位	I1.2	前进	I8.4
电动缸下限位	I0.3	俯仰电动机下限位	I1.3	后退	I8.5
俯仰角度检测编码器 A 相	I0.4	俯仰角度检测编码器 Z 相	I1.4	加速	I8.6
俯仰角度检测编码器 B 相	I0.5	按钮 F5	I1.5	减速	I8.7
偏航电动机左限位	I0.6	偏航电动机	I8.0	手动	I9.0
急停按钮	I0.7	俯仰电动机	I8.1	自动	I9.1

表 6-17　转台系统输出口的地址分配

名　称	地址	名　称	地址
偏航电动机脉冲	Q0.0	上、下位机通信状态指示灯绿	Q0.6
偏航电动机方向	Q0.1	上、下位机通信状态指示灯红	Q0.7
电动缸脉冲	Q0.2	上位机工作状态指示灯绿	Q1.0
电动缸方向	Q0.3	上位机工作状态指示灯红	Q1.1
PLC 工作状态指示灯绿	Q0.4	俯仰电动机模拟电压输入信号	QW80
PLC 工作状态指示灯红	Q0.5	—	—

（2）PLC 程序设计　TIA Portal（Totally Integrated Automation Portal）是一款由西门子公司推出的全集成自动化软件，该软件具有仿真和在线诊断的功能。借助该软件能够方便地对 S7-1200、S7-300 和 S7-400 等系列 PLC 进行组态和编程。CPU 1214C 最大可以扩展 12 个模块，在硬件组态界面中，可将选定的 CPU 和各种模块按顺序依次拖到机架上，如图 6-34 所示。

1）程序流程图。使用脉冲串输出（Pulse Train Output，PTO）运动控制方式，分别控制偏航电动机和电动缸的位置和速度，以控制偏航机构和升降机构的运动。在位置模式下，通过改变脉冲串的数目，控制电动机转动的角位移，改变脉冲的方向来控制电动机的旋转方向。在速度模式下，通过改变脉冲串的频率来实现电动机速度的调节。位置和速度两种模式的切换需要通过 F5 按钮来实现。以偏航电动机为例，当电子手轮拨到"X"档时，手轮控制偏航电动机。此时若 F5 按钮松开，则对应位置控制模式，转动手轮发送的脉冲数（保存在高速计数器 HSC1 中），用于改变电动机的转角。若 F5 按钮按下，则进入速度控制模式，转动手轮发送的脉冲数，用于改变电动机的转速。偏航机构的转动角度使用偏航角度检测编码器进行测量，数值保存在高速计数器 HSC2 中。判定电动机是否运动到位的条件是高速计数器 HSC1 与 HSC2 的数值是否相等。每次电动机运转结束或者 F5 按钮的弹起都会使高速计数器 HSC1 清零。偏航电动机的手动控制流程如图 6-35 所示。俯仰电动机使用模拟电压信号进行控制，其手动控制过程与偏航电动机类似。

2）顺序功能图。顺序功能图是描述控制系统控制过程、功能和特性的一种图形，它是设计 PLC 顺序控制程序的重要工具，是为满足顺序逻辑控制而设计的一种特殊的编程语言。

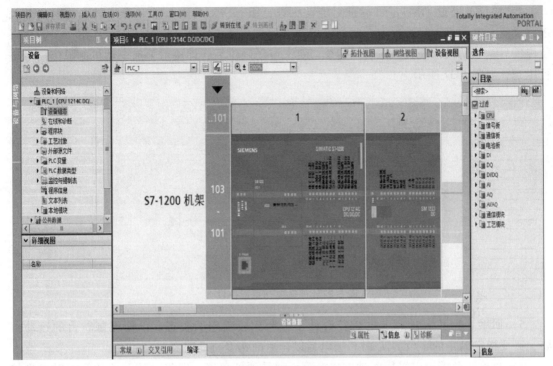

图 6-34　设备组态界面

　　俯仰机构回零时，转台先向上摆动，如果遇到零位，则电动机停转；如果碰到上限位时仍然没有遇到零位，则电动机反转继续寻找零位。同轴安装于 U 形架转轴上的编码器，其 Z 相信号用作俯仰机构的零位信号。俯仰机构回零时的顺序功能图如图 6-36 所示。

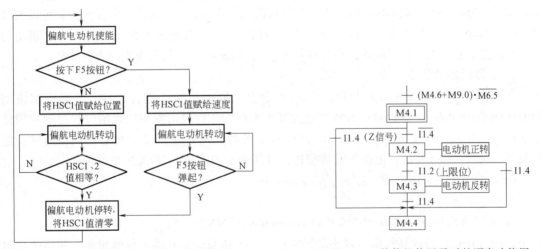

图 6-35　偏航电动机的手动控制流程　　　　　　**图 6-36　俯仰机构回零时的顺序功能图**

　　3）运动方向和速度控制。偏航电动机和电动缸的前进、后退是通过点动控制指令块实现的，俯仰电动机则是采用加、减法函数指令将电动机的运动位移进行加、减运算的。对于加速和减速过程，三者都是通过检测按钮信号的上升沿对其速度值进行相应的加、减运算。修改全局变量中的加、减值就能调节每按一次加、减速按钮时转台速度的改变值。

4）限位。通过 TIA Portal 软件对电动机进行组态，对偏航机构和升降机构的限位开关进行设定。电动机运行过程中，碰到限位开关后立刻停止运动，以起到限位作用。当到达限位位置后，电动机只接收反向运动指令。定义好硬限位后，即可对偏航电动机的限位信号进行组态，如图 6-37 所示。

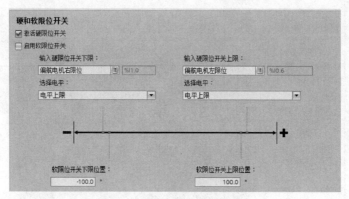

图 6-37 偏航电动机限位设置

5）回零。为了使 PLC 上电后转台处于一个比较理想的姿态，以便控制转台的运动位姿，需要指定固定的零位，使 PLC 上电后以合适的速度自动回零。

6）急停。急停可以采用两种方式。第一种是硬件急停，即将急停开关的常闭触点串接在电源回路中，一旦按下急停按钮，常闭触点断开，电源回路被切断，以达到快速停机的目的。第二种是软件急停，即把急停开关的触点信号输入 PLC，然后调用急停中断控制程序，实现紧急停止的控制。

7）工作状态指示。工作状态指示灯共有 3 只，安装在控制面板上，分别表示当前 PLC 的工作状态、PLC 与上位机的通信状态以及上位机的工作状态。一旦状态异常，使用者可以及时进行故障排除，以免发生危险。PLC 与上位机通信状态的读取通过上位机发信给 PLC 指定的中间继电器，若该继电器对应的位存储器的值为 1，则表明 PLC 与上位机的通信正常。

2. 上位机通信程序设计

上位机（便携式计算机）与底层 PLC 控制器之间采用网线进行连接，数据通信使用 OPC（OLE for Process Control）方法，它为基于 Windows 的应用程序和现场过程控制应用建立了联系。首先，在便携式计算机上建立 OPC 服务器，建立计算机和 PLC 的网络连接；然后使用 Visual C++6.0 编写上位机监控程序，并添加与 OPC 通信相关的数据项：

const LPWSTR szItemID0 = L"S7:[s7 connection_1]MX28.0";

……

const LPWSTR szItemID1 = L"S7:[s7 connection_1]MX28.8";

其中，项（Item）是读写数据的最小逻辑单位，一个项与一个具体的位号相连。在每个组对象中，用户可以加入多个 OPC 数据项。本程序中使用的数据项数为 9，从 MX28.0 ~ MX28.8，依次对应底层 PLC 中的继电器 M28.0 ~ M28.8，主要用于控制转台的升降、偏航和俯仰以及运动速度等。

在 Windows 程序的人-机界面中设置多个按钮，分别控制不同的运动，每个按钮对应的数据项状态见表 6-18。当某个运动按钮被按下，其对应的机构按照指定的方向运动，此时

MX28.0~MX28.2 中某个项的值置为 1；如果该运动按钮弹起，则该项的值恢复为 0。表 6-18 中括号内为其常态下的默认值。急停钮由于其特殊性，被按下时项的值为 0，弹起时则为 1。由上面也可以推知，在输入设备上，多个按钮同时按下是无效的操作。需要注意的是，应先将电子手轮左侧的旋钮拨到"OFF"档位，才可以使用上位机控制转台的运动。

表 6-18　数据项状态分布与运动状态的关系

运动状态 ＼ 数据项	MX								
	28.0	28.1	28.2	28.3	28.4	28.5	28.6	28.7	28.8
升降机构上升	0	0	1(0)	0	1	0	0	0	0
升降机构下降	0	0	1(0)	0	0	1	0	0	0
偏航机构右转	1(0)	0	0	0	1	0	0	0	0
偏航机构左转	1(0)	0	0	0	0	1	0	0	0
俯仰机构上转	0	1(0)	0	0	1	0	0	0	0
俯仰机构下转	0	1(0)	0	0	0	1	0	0	0
加速	0	0	0	0	0	0	1	0	0
减速	0	0	0	0	0	0	0	1	0
回零	0	0	0	1	0	0	0	0	0
急停	0	0	0	0	0	0	0	0	0(1)

五、控制系统的硬件电路图

本例中，可升降双轴旋转云台的控制系统硬件电路如书后插页图 6-38 所示。

六、转台的机械装配图

本例中，可升降双轴旋转云台的机械装配图如书后插页图 6-39 所示。

第五节　波轮式全自动洗衣机机电系统设计

随着经济发展，各种各样的现代家用电器已经普及到千家万户，与此同时家用电器的机电一体化设计技术也在迅速发展。本节以波轮式全自动洗衣机为实例，系统地介绍洗衣机的机电系统结构及其设计过程。

一、设计任务

题目：波轮式全自动洗衣机机电系统设计

任务：设计一种波轮式全自动洗衣机的机电系统，要求最大洗衣质量为 3.8kg，内桶直径为 φ400mm，洗衣转速为 140~200r/min，脱水转速为 700~800r/min。要求具有自动调节水位、根据衣服种类设定洗涤模式、自动进水、排水和自动脱水等功能。

二、波轮式全自动洗衣机的总体结构

目前在我国生产的洗衣机中，波轮式洗衣机占了 80% 以上。早期生产的波轮式洗衣机

波轮较小，直径都在 165～185mm 之间，转速为 320～500r/min。现在基本都是大波轮洗衣机，其中又以碟形波轮应用最广，波轮直径约为 300mm，转速为120～300r/min。

一般来说，波轮式全自动洗衣机具有洗涤、脱水、水位自动控制，以及根据不同衣物选择洗涤方式和洗涤时间等基本功能，其结构主要由洗涤和脱水系统、进水和排水系统、电动机和传动系统、电气控制系统、支承机构五大部分组成，如图 6-40 所示。波轮式全自动洗衣机多采用套筒式结构，波轮装在内桶的底部，内桶为带有加强筋和均布小孔的网状结构，并可绕轴旋转。外桶弹性悬挂于机箱外壳上，主要用于盛水，并配有一套进水和排水系统，用两个电磁阀控制洗衣机的进、排水动作。外桶的底部装有电动机、减速离合器以及传动机构、排水电磁阀等部件。动力和传动系统能提供两种转速，低速用于洗涤和漂洗，高速用于脱水，通过减速离合器来实现两种转速的切换。

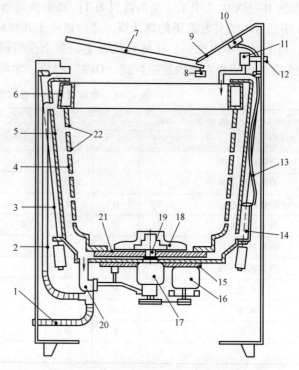

图 6-40 波轮式全自动洗衣机的结构

1—排水管 2—溢水管 3—吊杆 4—脱水桶（内桶）
5—盛水桶（外桶） 6—平衡环 7—盖板 8—安全开关
9—控制面板 10—水位控制器 11—进水电磁阀
12—进水接头 13—压力软管 14—贮气室 15—支架
16—电动机 17—离合器 18—波轮 19—脱水轴
20—排水电磁阀 21—法兰盘 22—脱水孔

三、进水、排水系统

全自动洗衣机的进水、排水系统主要由进水电磁阀、排水电磁阀和水位开关等组成。

1. 水位开关

水位开关又称压力开关。洗衣机洗涤桶进水时的水位和洗涤桶排水时的状况是由压力开关检测的。当洗衣机工作在洗涤或漂洗程序时，若桶内无水或水量不够，压力开关则发出供水信号。当水位达到设定位置时，压力开关将发出关闭水源的信号。微机全自动洗衣机工作在排水程序时，若排水系统有故障，水位开关则发出排水系统受阻信号。

（1）结构 波轮式全自动洗衣机上使用最多的水位开关是空气压力式，其结构如图 6-41 所示。这类压力开关按其功能可大致分为气压传感装置、控制装置及触点开关三部分。

气压传感装置由气室 11、橡胶膜 10、塑料盘 9、顶心 6 等组成；控制装置由压力弹簧 4、导套 2、调压螺钉 3、杠杆 1 和凸轮 5 等组成；触点开关由动簧片 8、开关小弹簧 7、动静触点组成，其中公共触点 COM 和常闭触点 NC 组成动断触点，公共触点 COM 和常开触点 NO 组成动合触点。动簧片 8 是由铍青铜板制成的，其结构如图 6-42 所示。在内动簧片和外动簧片的 a、b 点安装一个小弹簧，即图 6-41 中的开关小弹簧 7，c 点为内动簧片的力驱动点，位于顶心和塑料盘的轴线上。

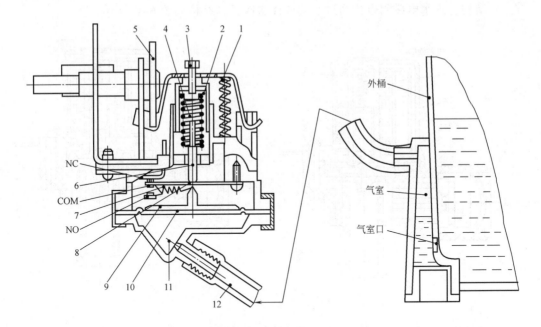

图 6-41　水位开关的结构及其水压传递系统

1—杠杆　2—导套　3—调压螺钉　4—压力弹簧　5—凸轮　6—顶心　7—开关小弹簧

8—动簧片　9—塑料盘　10—橡胶膜　11—气室　12—软管

（2）工作原理　当水注入内桶时，气室很快被封闭。随着水位上升，封闭在气室内的空气压力也不断提高，压力经软管 12 传到水位开关气室 11，水位开关气室 11 内的空气压力向上推动橡胶膜 10 和塑料盘 9，推动动簧片 8 中的内动簧片向上移动，压力弹簧 4 被压缩。当注水到了选定水位时，此时内动簧片移动到预定的力平衡位置，开关小弹簧 7 将拉动外动簧片，并产生

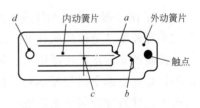

图 6-42　动簧片的结构

一个向下的推力，使开关的常闭触点 NC 与公共触点 COM 迅速断开，常开触点 NO 与公共触点 COM 闭合，从而发出关闭水源信号。

排水时，当水位下降到规定的复位水位时，水位产生的压力减小，压力弹簧 4 回复伸长，推动顶心 6，使动簧片 8 中的内动簧片向下移动，当移动到预定的力平稳位置时，开关小弹簧 7 对外动簧片产生一个向上的推力，使开关的常开触点 NO 与公共触点 COM 迅速断开，常闭触点 NC 与公共触点 COM 闭合，从而改变控制电路的通断。

水位开关的主要技术参数见表 6-19。

表 6-19　水位开关的主要技术参数

配用的程序控制器	额定电压/V	额定电流	气密性	接触电阻/Ω	绝缘电阻/MΩ	电气强度（交流）
机械式程序控制器	AC220	3A、1.5A	7.6kPa 历时 1min	≤0.03	>100	2500V 历时 1min
微机式程序控制器	DC6	10mA				

2. 进水电磁阀

（1）结构　进水电磁阀也称为进水阀或注水阀，其结构如图 6-43 所示。

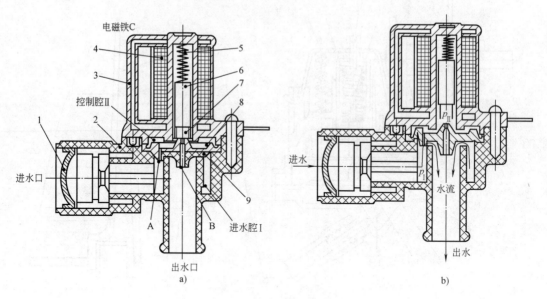

图 6-43　进水阀的结构

a）断电关闭　b）通电开启

1—金属过滤网　2—阀座　3—导磁铁框　4—线圈　5—小弹簧　6—铁心
7—小橡胶塞　8—塑料盘　9—橡胶阀

（2）工作原理　电磁阀线圈 4 断电时，铁心 6 在自重和小弹簧 5 作用下下压，使铁心 6 下端的小橡胶塞 7 堵住泄压孔 B，此时如果有水进入进水腔Ⅰ，水便由加压孔 A 进入控制腔 Ⅱ，使控制腔Ⅱ内水压逐渐增大，最终使橡胶阀 9 紧压在出水管的上端口上，将阀关闭。同时，因铁心 6 上面空间与控制腔Ⅱ相通，控制腔Ⅱ内水压的增大还会使铁心 6 上面空间气体压强增大，导致橡胶阀 9 更紧地压在泄压孔 B 上，增加了阀关闭的可靠性。

当进水电磁阀线圈 4 通电后，产生的电磁吸力将铁心 6 向上吸起，泄压孔 B 被打开。控制腔Ⅱ内的水迅速从泄压孔 B 中流入出水管，同时经加压孔 A 流入控制腔Ⅱ的水又进行补充。但由于加压孔 A 比泄压孔 B 小，使控制腔Ⅱ内的压力迅速下降。当控制腔Ⅱ中的水压降到低于进水腔Ⅰ水压时，橡胶阀 9 被进水腔Ⅰ中的水向上推开，水从进水腔Ⅰ直接进入出水管，进而流入盛水桶。水到位后，由水位开关切断进水电磁阀线圈 4 的电源，进水阀重新关闭。

3. 排水电磁阀

排水电磁阀由电磁铁与排水阀组成，如图 6-44 所示。电磁铁和排水阀是两个独立的部件，两者之间以电磁铁拉杆连接起来。

（1）结构　排水阀由排水阀座 1、橡胶阀 2、内弹簧 3、外弹簧 4、导套 5 和阀盖 6 等组成。排水阀门采用橡胶材料制成，内有一个由硬质塑料制作的导套 5。导套 5 内装有内弹簧 3，它一端卡在导套左边槽口，另一端钩挂在电磁铁拉杆 7 上，内弹簧 3 处于拉紧状态。在导套 5 外装有一个外弹簧 4，它的刚度比内弹簧 3 小，它的一端与阀盖 6 接触，另一端与导套 5 的基座接触，外弹簧 4 处在压缩变形状态。

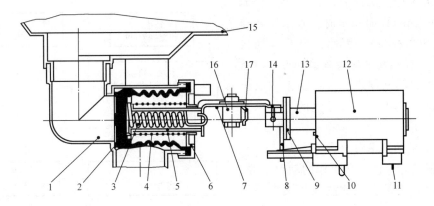

图6-44　排水阀的结构与电磁铁的装配关系

1—排水阀座　2—橡胶阀　3—内弹簧　4—外弹簧　5—导套　6—阀盖　7—电磁铁拉杆

8—销钉　9—基板（铁垫圈）　10—微动开关压钮　11—引线端子　12—排水电磁铁

13—衔铁　14—开口销　15—外桶　16—挡套　17—制动扭簧伸出端

　　电磁铁有交流和直流两种。机械式全自动洗衣机一般采用交流电磁铁，而微机式全自动洗衣机一般采用直流电磁铁。交流电磁铁的主要技术参数见表6-20。直流电磁铁的主要技术参数见表6-21。

表6-20　交流电磁铁的主要技术参数

额定拉力/N	额定行程/mm	额定电流/A	使用电压/V	绝缘电阻/MΩ	电气强度
20	14	0.2			
40	15	0.3	187~242	>100	1500V 历时1min
50	16.5	0.48			

表6-21　直流电磁铁的主要技术参数

额定拉力/N	额定行程/mm	电流/A		额定电压/V	电压范围/V	绝缘电阻/MΩ	电气强度
		起动	保持				
40	16	1.7	0.06	200	170~220	>100	1500V 历时1min
50	16	1.9	0.07				

　　（2）工作原理　洗衣机处在进水和洗涤时，排水阀处于关闭状态。此时主要由外弹簧4把橡胶阀2紧压在排水阀座1的底部。

　　排水时，排水电磁铁通电工作，衔铁13被吸入，牵动电磁铁拉杆7。由于拉杆7位移，在它上面的挡套16拨动制动装置的制动扭簧伸出端17，使制动装置处于非制动状态（脱水状态）。另外随着电磁铁拉杆7的左端离开导套5，外弹簧4被压缩，使排水阀门打开。正常排水时，橡胶阀2离开排水阀座1密封面的距离应不小于8mm，排水电磁铁的牵引力约为40N。

四、传动系统的结构及其工作原理

　　传动系统主要由电动机、减速离合器组成。套桶式全自动洗衣机使用一台电动机来完成洗涤和脱水工作。洗涤时，波轮转速较低（140~200r/min）；而脱水时，脱水桶转速较高（约 800r/min）。因此，要对电动机 1370r/min 的输出转速进行减速处理，以适应两项工作的不同要求，这主要由洗衣机的传动系统来完成，传动系统的工作示意如图 6-45 所示。

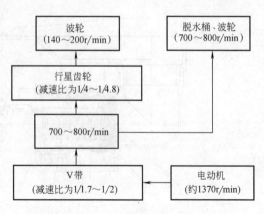

图 6-45 套桶式全自动洗衣机
传动系统示意图

1. 电动机的技术参数

电动机是整个洗衣机工作的动力来源。我国现阶段生产的套桶式洗衣机大多采用的是电容运转式电动机，产品遵循中华人民共和国机械行业标准 JB/T 3758—2011《家用洗衣机用电动机通用技术条件》。目前常用的电容运转式电动机技术参数见表 6-22。

表 6-22 XD 型洗衣机电动机技术参数

型 号	XDL-90 XDS-90	XDL-120 XDS-120	XDL-180 XDS-180	XDL-250 XDS-250
额定功率/W	90	120	180	250
额定电压/V	220			
额定频率/Hz	50			
满载时 电流/A	0.88	1.1	1.54	2.0
满载时 转速/r·min⁻¹	1370			
满载时 效率(%)	49	52	56	59
满载时 功率因数	0.95			
堵转电流/A	2.0	2.5	4.0	5.5
堵转转矩：额定转矩 （转矩的单位为 N·m）	0.95	0.9	0.8	0.7
最大转矩：额定转矩 （转矩的单位为 N·m）	1.7	1.7	1.7	1.7

2. 减速离合器的结构和工作原理

早期设计的小波轮全自动洗衣机的离合器没有减速功能，故洗涤和脱水转速相同。新型大波轮全自动洗衣机的离合器都具有洗涤减速功能，称为减速离合器。其种类很多，但主要结构和工作原理基本相同。目前应用最为广泛的有两种：单向轴承式减速离合器与带制动式减速离合器。

（1）单向轴承式减速离合器

1）基本结构。单向轴承式减速离合器主要由离合器和行星减速器两部分组成，其具体结构如书后插页的设计装配图 6-46、图 6-47 和图 6-48 所示。

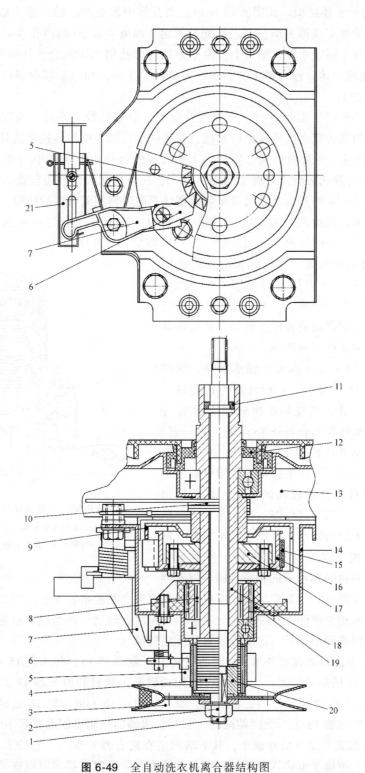

图 6-49　全自动洗衣机离合器结构图
1—输入轴　2—螺母　3—带轮　4—方丝离合弹簧　5—棘轮　6—棘爪　7—拨叉　8—单向滚针轴承
9—制动装置外罩　10—制动扭簧　11、12—密封圈　13—支架　14—离合器外罩　15—制动带
16—制动盘　17—十字轴套　18—脱水轴　19—支承架　20—离合套　21—拉杆

① 离合器的主要结构。如图 6-49 所示，离合器中部有两根轴：输入轴 1 和脱水轴 18。输入轴 1 的下端加工成四方形，与之相配的带轮 3 和离合套 20 的内孔也是方形。离合套 20 和带轮 3 被螺母 2 固定在输入轴 1 上，由于方轴与方孔的紧密配合，从而带轮 3、输入轴 1 和离合套 20 连成一体。输入轴 1 的上端加工成齿形花键，和行星减速器的太阳轮内孔配合连接（见图 6-52）。

输入轴 1 的外部是脱水轴 18。在衣服洗涤时，脱水轴静止不转；而洗涤结束后，脱水轴应将带轮 3 的高转速直接传递给脱水桶，完成脱水功能。这种转换功能是由方丝离合弹簧 4 完成的。方丝离合弹簧的形状呈锥形，上端几圈的直径比下端略小一些。由于脱水轴 18 和离合套 20 的外径比方丝离合弹簧的内径略大，在自由状态时，方丝离合弹簧就抱紧在离合套 20 和脱水轴 18 的外壁上。当带轮带动离合套向弹簧旋紧方向旋转时，通过方丝离合弹簧就将带轮 3 的转动由离合套 20 传递到脱水轴 18，这就是"合"时的脱水状态。在洗涤时，可以将方丝离合弹簧向反方向旋松，使其内径变大，从而与离合套 20 脱离接触，这就是"离"时的洗涤状态。实现弹簧旋松的机构是棘轮棘爪装置，其工作原理如图 6-50 所示。方丝离合弹簧下端的弹簧卡 2 卡在棘轮 3 的内槽中，通过棘爪 5 的摆动使棘轮 3 转动，从而带动方丝离合弹簧向旋松方向转动。

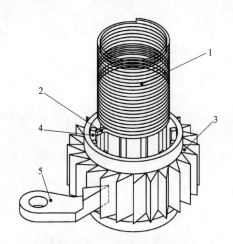

图 6-50　离合棘轮的工作原理
1—方丝离合弹簧　2—弹簧卡
3—棘轮　4—棘轮卡槽　5—棘爪

图 6-49 中的 8 是单向滚针轴承部件，它的内圈与脱水轴 18 相接触，它的外圈与齿轮轴承座过盈配合成一体，齿轮轴承座嵌在支承架 19 中，支承架用螺栓和离合器外罩 14 固定在一起。在单向滚针轴承 8 的作用下，脱水轴 18 只能向一个方向自由旋转。单向滚针轴承是滚针轴承产品领域中一种科技含量较高的产品，其结构紧凑，径向截面小。因为其外圈工作面是楔形，所以只允许一个方向的转动，可以起到单向离合器的作用。洗衣机单向滚针离合器的工作原理如图 6-51 所示，它由带楔形面的轴承外圈 7 以及利用滚针保持架 3 隔开的一系列滚针 6 组成，轴承直接套在脱水轴 5 上。当脱水轴 5 顺时针转动时，滚针落入楔形槽的大端中，此时脱水轴可顺时针转动；而当脱水轴逆时针转动时，滚针则卡紧在楔形槽的小端处，这时脱水轴将无法转动。

在图 6-49 中，制动装置外罩 9、制动扭簧 10、制动带 15、制动盘 16 和十字轴套 17 等组成了脱水轴 18 的制动装置。十字轴套 17 用两颗紧定螺钉和脱水轴 18 固定在一起，制动盘 16 又和十字轴套 17 用螺栓固定在一起，所以制动盘 16 和脱水轴 18 连成一体。制动装置外罩 9 安装在脱水轴 18 上，为间隙配合，它对脱水轴的作用由制动扭簧 10 控制。制动扭簧 10 套装在制动装置外罩 9 的外圆上，其下端固定在离合器外罩上，它的上端则嵌在拉杆 21 的一个方孔中，由排水电磁铁带动拉杆控制其状态。洗涤时，排水电磁铁断电，制动扭簧处于自由旋紧的状态。当脱水轴 18 顺时针旋转时，由于刚性制动带 15 紧紧抱住制动盘 16，而其一端又卡在制动装置外罩 9 的方槽中，所以制动盘、制动带以及制动装置外罩 9 都将一起

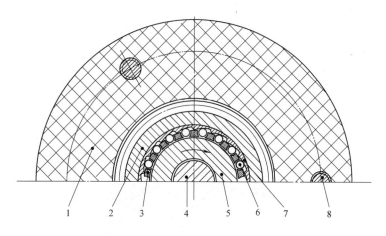

图 6-51　单向滚针离合器的工作原理

1—支承架　2—齿轮轴承座　3—滚针保持架　4—输入轴　5—脱水轴

6—滚针　7—轴承外圈　8—螺栓

顺时针旋转。制动装置外罩 9 在顺时针旋转过程中，制动扭簧 10 将被迅速旋紧，强大的摩擦力使制动装置外罩 9 无法动作，此时制动带 15 和制动盘 16 将发生剧烈摩擦，对脱水轴 18 产生制动作用，防止脱水桶产生跟转现象。在脱水时，排水阀通电，排水电磁铁带动拉杆使制动扭簧处于放松状态。由于制动装置外罩 9 在顺时针旋转过程中，与旋松的制动扭簧之间可以自由滑动，制动不起作用，因此制动装置外罩 9、制动盘 16、制动带 15 都将与脱水轴 18 一起高速旋转，完成脱水功能。

　② 行星减速器的结构。减速器的结构如图 6-52 所示。减速器外罩 8 和减速器底盖 10 用螺钉紧固在一起，再安装在法兰盘 12 上，法兰盘 12 和脱水轴 2 通过锁紧块 13 固定在一起，因为法兰盘 12 和脱水桶相连，所以减速器外罩 8、减速器底盖 10、法兰盘 12 和脱水桶成一整体。减速器底盖 10 有上、下两个止口，从而保证了减速器和脱水轴 2 安装时的同心度。对行星减速器来说，输入轴 1 是动力的传入轴，其花键端插入太阳轮 11 的内孔中。行星轮 4 共有四个，与太阳轮 11 以及内齿圈 6 相啮合。内齿圈 6 通过其圆周槽卡在减速器底盖 10 上，与之连成一体。行星轮通过销轴 5 安装在行星架 7 上，当行星轮绕太阳轮公转时，将带动行星架一起旋转。波轮轴 9 两端都加工成齿形花键，其下端与行星架 7 连接，上端与波轮相连，从而使波轮以低速旋转洗涤衣物。

　2）工作原理。

　① 脱水状态。减速离合器脱水时的状态及装配关系如图 6-53 所示，在脱水状态下，排水电磁铁通电吸合，牵引拉杆移动约 13mm，使排水阀开启。拉杆在带动阀门开启的同时，一方面拨动旋松制动弹簧，使其松开制动装置外罩，这时制动盘随脱水轴 5 一起转动，制动不起作用；另一方面又推动拨叉旋转，致使棘爪 18 脱开棘轮 4，棘轮被放松，方丝离合弹簧 3 在自身的作用力下回到自由旋紧状态，这时也就抱紧了离合套 2。大带轮 1 在脱水时是顺时针旋转的，由于摩擦力的作用，方丝离合弹簧 3 将会越抱越紧。这样脱水轴 5 就和离合套 2 连在一起，跟随大带轮 1 一起做高速运转。由于此时脱水轴 5 做顺时针运动，和单向滚针轴承 7 的运动方向一致，因此单向滚针轴承 7 对它的运动无限制。由于脱水轴 5 通过锁紧

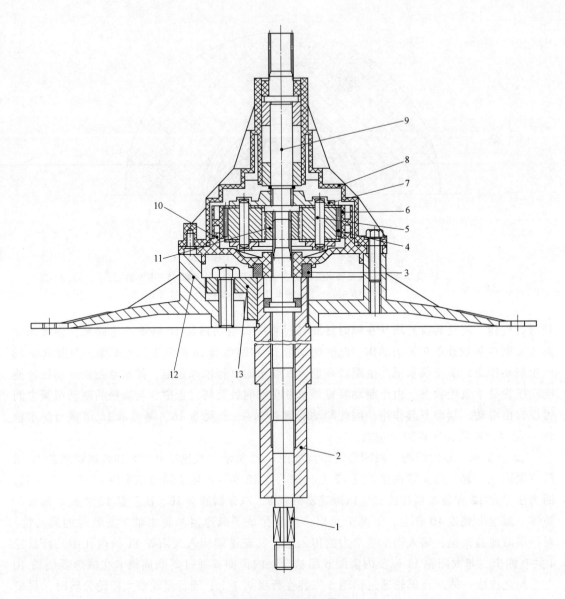

图 6-52 减速器的结构

1—输入轴 2—脱水轴 3—密封圈 4—行星轮 5—销轴 6—内齿圈 7—行星架
8—减速器外罩 9—波轮轴 10—减速器底盖 11—太阳轮 12—法兰盘 13—锁紧块

块与法兰盘 9 连接，而内桶 12 与行星减速器 10 均固定在法兰盘 9 上，因此脱水轴 5 带动内桶 12 以及减速器内齿圈的转速，与输入轴带动减速器太阳轮的转速相同，这样致使行星轮无法自转而只能公转，从而行星架的转速与脱水轴是一样的，即波轮与脱水桶以等速旋转，保证了脱水桶内的衣物不会发生拉伤。

脱水状态传动路线：电动机→小带轮→大带轮 1→输入轴 6→离合套 2→方丝离合弹簧 3→脱水轴 5→法兰盘 9→内桶 12。由于电动机输出转速只经带轮一级减速，因此内桶转速较高，为 680 ~ 800r/min。

② 洗涤状态。如图 6-54 所示，在洗涤状态下，排水电磁铁断电，排水阀关闭，拉杆复

位。这时制动扭簧 16 被恢复到自然旋紧状态，扭簧抱紧制动装置外罩，制动装置 8 起作用；同时拨叉回转复位，棘爪 18 伸入棘轮 4，将棘轮拨过一个角度，方丝离合弹簧 3 被旋松，其下端与离合套 2 脱离，这时离合套只是随输入轴空转。大带轮 1 带动输入轴 6 转动，经行星减速器减速后，带动波轮轴 11 转动，实现洗涤功能。输入轴至波轮轴的传动称为二级减速，其工作过程为：输入轴通过太阳轮驱动行星轮，行星轮既绕自己的轴自转又沿着内齿圈绕输入轴公转。因为行星轮固定在行星架上，所以行星轮的公转也将带动行星架转动；行星架以花键孔与波轮轴下端的花键相连，带动波轮轴和波轮转动。行星减速器的减速比 i 计算公式为：$i=1+$内齿圈齿数/太阳轮齿数。

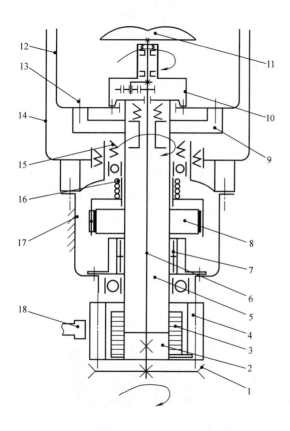

图 6-53 脱水工作状态示意图

1—大带轮 2—离合套 3—方丝离合弹簧 4—棘轮
5—脱水轴 6—输入轴 7—单向滚针轴承 8—制动
装置 9—法兰盘 10—减速器 11—波轮 12—内桶
13—紧固螺钉 14—外桶 15—密封圈 16—制动扭簧
17—离合器外罩 18—棘爪

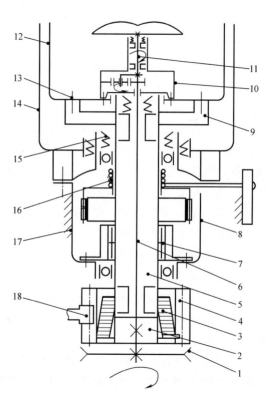

图 6-54 洗涤工作状态示意图

1—大带轮 2—离合套 3—方丝离合弹簧 4—棘轮
5—脱水轴 6—输入轴 7—单向滚针轴承 8—制动
装置 9—法兰盘 10—减速器 11—波轮轴
12—内桶 13—紧固螺钉 14—外桶 15—密封圈
16—制动扭簧 17—离合器外罩 18—棘爪

洗涤状态传动路线：电动机→小带轮→大带轮 1→输入轴 6→太阳轮→行星轮→行星架→波轮轴→波轮。其间，电动机输出转速经带轮一级减速后，又经减速比约为 4 的行星减速器减速，所以转速为 140~200r/min。

对于洗衣机传动系统的三种工作情况，各零部件的工作状态见表 6-23。

表 6-23　三种工作情况下零部件的工作状态

工作情况 零部件状态	洗　涤		脱　水
波轮转向	顺时针	逆时针	顺时针
排水电磁铁	断电	断电	通电,牵引拉杆移动约 13mm
单向滚针轴承	随脱水轴一起旋转	制动脱水轴	随脱水轴一起旋转
棘爪与棘轮	棘爪伸入棘轮齿高 2/3,将棘轮及方丝离合弹簧向旋松方向拨转一个角度,棘爪指向轴心		棘爪脱离棘轮,弹簧回转到自由旋紧状态
方丝离合弹簧	被棘轮旋松并固定,和离合套分离		在自由旋紧状态,转动时更加旋紧在离合套上,起到传递转矩的作用
离合套	因方丝离合弹簧内径被旋大,故离合套空转		方丝离合弹簧被旋紧随离合套转动
制动扭簧	抱紧制动装置外罩	旋松方向,不起作用	被拉杆牵引放松,对制动装置外罩不起作用
传动情况	带轮→输入轴→行星减速器→波轮轴→波轮		带轮→离合套→方丝离合弹簧→脱水轴→脱水桶

③ 内桶跟转现象的解决。洗涤时防止内桶出现跟转是设计中一个非常重要的问题。洗涤时,波轮将传动力矩传递给水和洗涤物,而转动的水和洗涤物又将转矩传递给内桶。因此,内桶如果不固定或固定不可靠,就要随之转动,这就是跟转现象。洗涤时,内桶跟转现象将减弱洗涤效果并对洗衣机不利,所以要防止内桶出现跟转。因为内桶和脱水轴是连成一体的,所以只要将脱水轴可靠固定,就可使内桶不跟转。为此,除了制动装置外,在脱水轴上还安装有单向滚针轴承,其工作原理如图 6-51 所示。

当波轮逆时针方向旋转时,内桶有逆时针方向跟转的倾向,这时与内桶成一体的脱水轴被单向滚针轴承卡住,不能转动,所以内桶也就不能转动。但在波轮顺时针方向转动时,单向滚针轴承允许转动的方向与之一致,所以对脱水桶没有制动作用。

当波轮顺时针方向转动时,内桶有顺时针方向跟转的倾向,这时自然状态的制动扭簧将被旋紧,紧紧抱住制动装置外罩的轴端,相互之间产生足够的摩擦力使两者成为一整体。制动装置外罩的顺时针旋转摩擦力将制动带拉紧,制动带对制动盘转动产生摩擦阻力,这样就阻止了内桶跟转。制动装置的工作原理如图6-55 所示。

综合所述,当波轮逆时针转动时,依靠单向滚针轴承来防止内桶跟转;当波轮顺时针方向转动时,依靠制动装置来防止内桶跟转。

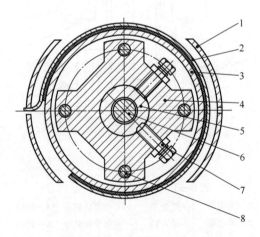

图 6-55　制动装置的工作原理
1—制动装置外罩　2—制动带　3—制动盘
4—锁紧十字轴套　5—脱水轴　6—输入轴
7—紧定螺栓　8—螺栓

脱水过程中突然打开洗衣机上盖,排水电磁铁失电,方丝离合弹簧恢复到洗涤状态,由于脱水是顺时针旋转,制动扭簧将抱紧,制动装置起作用,制动带将使内桶迅速制动。

（2）带制动式减速离合器 带制动式减速离合器与单向轴承式离合器的结构和原理大体相同，其结构如图6-56所示，减速器和制动器合二为一，即借用减速器外壳作为制动盘。洗涤输入轴5、方孔离合套29、大带轮2与大带轮螺母1刚性连接。大带轮2的扭矩由洗涤输入轴5经过行星齿轮减速器（传动比约为4），最后由行星架传给波轮轴14，作为波轮工作的动力。

带制动式减速离合器是由排水阀电磁铁来切换高低速状态的。洗涤时，排水阀电磁铁断电，排水阀关闭，由制动杆21通过棘爪拨叉25，使棘爪27卡住棘轮3，棘轮内的方丝离合弹簧4松开，带轮的动力无法传给上半轴15。同时制动带6抱住制动轮16，避免上半轴15因波轮轴转动而跟转。

方丝离合弹簧4外部同轴安装棘轮3，上端处于自由状态，下端插入棘轮3内壁孔中。方丝离合弹簧4内部套住方孔离合套29和下半轴28，为柔性接触，旋紧时使两者连为一体。脱水时，排水阀电磁铁得电，排水阀处于排水状态，电磁铁带动制动杆21移动一个距离，制动带6放松，制动轮16可自由转动。同时，棘爪拨叉25随制动杆转过一个角度，棘爪和棘轮3分开，方丝离合弹簧4旋紧，方孔离合套29和下半轴28两者联动。大带轮2的扭矩由方孔离合套29、方丝离合弹簧4、下半轴28、制动轮16传给上半轴15，为高速脱水提供动力。

带制动式减速离合器主要有三种工作情况，见表6-24。

表6-24 带制动式减速离合器的三种工作情况

工作情况 零部件状态	洗 涤		脱 水
波轮转向	顺时针	逆时针	顺时针
排水电磁铁	断电	断电	通电，牵引拉杆移动约13mm
棘爪与棘轮	棘爪伸入棘轮齿高2/3，将棘轮及方丝离合弹簧逆时针方向拨转一个角度，棘爪指向轴心		棘爪脱离棘轮，弹簧回转到自由旋紧状态
方丝离合弹簧	被棘轮逆时针方向旋松并固定，和离合套分离		在自由旋紧状态，转动时更加旋紧在离合套上，起到传递转矩的作用
离合套	因方丝离合弹簧内径被旋大，故离合套空转		方丝离合弹簧被旋紧，随离合套转动
圆抱簧	旋松方向，不起作用	被旋紧在脱水轴上，防止内桶跟转	被旋松，不起作用
制动带	贴压在制动盘上，并被拉紧，使脱水轴不能转动，起到防止跟转的作用	虽贴压在制动盘上，但摩擦力使其松弛，所以不起作用	脱离脱水轴，不起作用
传动情况	带轮→输入轴→行星减速器→波轮轴→波轮		带轮→离合套→方丝离合弹簧→下半轴→制动轮→上半轴→脱水桶

五、机械传动系统设计计算

波轮式全自动洗衣机传动系统的设计计算内容较多，但大多数零部件可以选用而无需进行设计，一般设计内容主要有方案设计、电动机选用、带传动设计、行星减速器设计等。

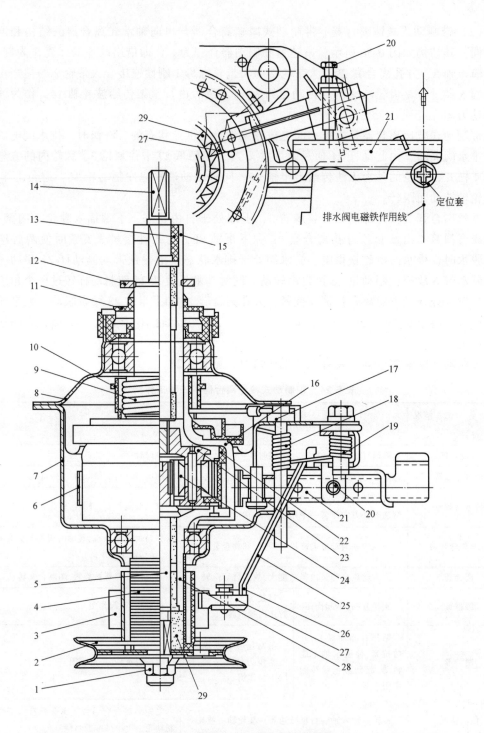

定位套

排水阀电磁铁作用线

图 6-56　带制动式减速离合器的结构

1—大带轮螺母　2—大带轮　3—棘轮　4—方丝离合弹簧　5—洗涤输入轴　6—制动带　7—下端盖
8—上端盖　9—圆抱簧　10—抱簧套　11—大水封　12—挡圈　13—小水封　14—波轮轴
15—上半轴　16—制动轮　17—制动轴　18—制动弹簧　19—拨叉弹簧　20—调节螺栓
21—制动杆　22—内齿轮　23—行星架　24—行星齿轮　25—棘爪拨叉　26—棘爪弹簧
27—棘爪　28—下半轴　29—方孔离合套

1. 方案设计

波轮式洗衣机常用布局为输入轴布置在内桶的中心处，整个传动系统基本上同轴布置，电动机只能偏置一边，为了保持平衡，可将排水电磁阀和排水管与电动机对称布置，必要时可加平衡块。根据设计任务中给出的内桶直径为400mm，则外桶直径约为470mm，电动机轴与洗涤输入轴之间的中心距只能为150mm左右，在此范围内选择合适的一级降速传动比和采用带传动。

2. 基本参数的选择

目前洗衣机的洗衣量、电动机功率、内桶直径等基本参数，大多数企业是通过试验进行设计选用的。表6-25是目前常用的波轮式全自动洗衣机的基本参数，可供设计时参考。

表 6-25　波轮式全自动洗衣机的基本参数

洗衣量/kg	电动机功率/W	内桶直径/mm	脱水转速/r·min^{-1}	洗涤转速/r·min^{-1}
3.8	180	$\phi400 \sim \phi520$	$700 \sim 800$	$120 \sim 300$
4.5	250	$\phi400 \sim \phi520$	$700 \sim 800$	$120 \sim 300$
5.0	250	$\phi400 \sim \phi520$	$700 \sim 800$	$120 \sim 300$
5.5	370	$\phi400 \sim \phi520$	$700 \sim 800$	$120 \sim 300$
6.0	370	$\phi400 \sim \phi520$	$700 \sim 800$	$120 \sim 300$

根据设计任务要求最大洗衣量为3.8kg，参照表6-25选用电动机功率为180W，电动机满载时转速为1370r/min。

3. V带传动设计计算

因为V带传动允许的传动比较大，结构较紧凑，在同样的张力下，V带传动较平带传动能产生更大的摩擦力，所以这里选用了最常用的V带传动作为第一级降速。

参照表6-25，初步选定电动机功率 $P = 180\text{W}$，洗衣转速为 180r/min，脱水转速为720r/min，则传动比

$$i = \frac{n_1}{n_2} = \frac{1370}{720} \approx 1.9$$

（1）计算功率 P_{ca}　由于载荷变动小，因此取工作情况系数 $K_A = 1.0$，则

$$P_{ca} = K_A P = 0.18\text{kW}$$

（2）选择带型　根据小带轮转速为1370r/min，以及小带轮安装尺寸的大概范围，选取普通Z型V带（见图6-57）。

（3）带轮的基准直径 d_{d1} 和 d_{d2}　初选小带轮的基准直径 d_{d1}，查表6-26和表6-27，选取 $d_{d1} = 55\text{mm}$，大于V带轮的最小基准直径 $d_{dmin} = 50\text{mm}$ 的要求。

表 6-26　V带轮的最小基准直径

槽　型	Z	SPZ	A	SPA	B	SPB	C	SPC
d_{dmin}/mm	50	63	75	90	125	140	200	224

大带轮的基准直径 d_{d2} 为

$$d_{d2} = i d_{d1} = 1.9 \times 55\text{mm} = 104.5\text{mm}$$

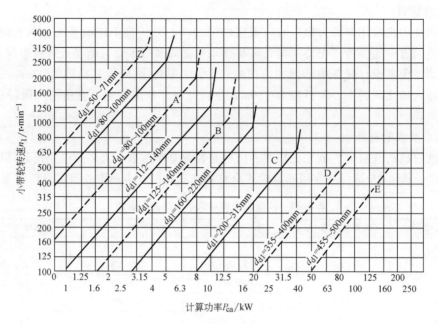

图 6-57　普通 V 带选型图

按表 6-27 圆整为 $d_{d2} = 106\text{mm}$。

（4）验算带的速度 v

$$v = \frac{\pi d_{d1} n_1}{60 \times 1000} = \frac{\pi \times 55 \times 1370}{60 \times 1000}\text{m/s} \approx 3.95\text{m/s} \qquad (6\text{-}36)$$

普通 V 带的最大带速 $v_{\max} = 25 \sim 30\text{m/s}$，故满足要求。

表 6-27　V 带轮的基准直径系列 　　　　　（单位：mm）

基准直径 d_d	带　型						
	Y	Z SPZ	A SPA	B SPB	C SPC	D	E
	外径 d_a						
50	53.2	54①					
63	66.2	67					
71	74.2	75					
75	—	79	80.5①				
80	83.2	84	85.5①				
85	—	—	90.5①				
90	93.2	94	95.5				
95	—	—	100.5				
100	103.2	104	105.5				
106	—	—	111.5				
112	115.2	116	117.5				
118	—	—	123.5				
125	128.2	129	130.5	132①			
132		136①	137.5	139①			
140		144	145.5	147			
150		154	155.5	157			

① 仅限于普通 V 带轮。

（5）中心距 a 和带的基准长度 L_d

$$0.7(d_{d1}+d_{d2})<a_0<2(d_{d1}+d_{d2}) \tag{6-37}$$

$$112.7\text{mm}<a_0<322\text{mm}$$

根据洗衣机桶体的安装尺寸，初取 $a_0=140\text{mm}$，则基准长度

$$L_d'=2a_0+\frac{\pi}{2}(d_{d1}+d_{d2})+\frac{(d_{d2}-d_{d1})^2}{4a_0}= \tag{6-38}$$

$$\left[2\times140+\frac{\pi}{2}(55+106)+\frac{(106-55)^2}{4\times140}\right]\text{mm}=$$

$$538\text{mm}$$

查表 6-28 选取和 538mm 相近的标准带的长度 L_d 为 560mm，则实际中心距

$$a\approx a_0+\frac{L_d-L_d'}{2}=\left(140+\frac{560-538}{2}\right)\text{mm}=151\text{mm} \tag{6-39}$$

在安装时，在结构上要保持 V 带有一定的张紧力，安装中心距会略有变化。

表 6-28 V 带的基准长度系列及长度系数 K_L

基准长度 L_d/mm	K_L										
	普通 V 带							窄 V 带			
	Y	Z	A	B	C	D	E	SPZ	SPA	SPB	SPC
450	1.00	0.89									
500	1.02	0.91									
560		0.94									
630		0.96	0.81					0.82			
710		0.99	0.82					0.84			
800		1.00	0.85					0.86	0.81		
900		1.03	0.87	0.81				0.88	0.83		

（6）主动轮上的包角 α_1

$$\alpha_1=180°-\frac{d_{d2}-d_{d1}}{a}\times57.5°=160.6°>120° \tag{6-40}$$

（7）带的根数 z 长度系数 K_L、包角系数 K_α、单根 V 带基本额定功率 P_0、单根 V 带额定功率增量 ΔP_0 查表 6-28、表 6-29、表 6-30a 和表 6-30b，取 $K_L=0.94$、$K_\alpha=0.95$、$P_0=0.16\text{kW}$、$\Delta P_0=0.02\text{kW}$。

表 6-29 包角系数 K_α

小带轮包角/(°)	K_α	小带轮包角/(°)	K_α
180	1	145	0.91
175	0.99	140	0.89
170	0.98	135	0.88
165	0.96	130	0.86
160	0.95	125	0.84
155	0.93	120	0.82
150	0.92		

表 6-30a 单根普通 V 带的基本额定功率 P_0 （单位：kW）

带　型	小带轮节圆直径 d_{P1}/mm	小带轮转速 n_1/r·min^{-1}						
		400	730	800	980	1200	1460	2800
Z 型	50	0.06	0.09	0.10	0.12	0.14	0.16	0.26
	63	0.08	0.13	0.15	0.18	0.22	0.25	0.41
	71	0.09	0.17	0.20	0.23	0.27	0.31	0.50
	80	0.14	0.20	0.22	0.26	0.30	0.36	0.56

表 6-30b 单根普通 V 带额定功率的增量 ΔP_0 （单位：kW）

带　型	小带轮转速 n_1/r·min^{-1}	传动比 i									
		1.00~1.01	1.02~1.04	1.05~1.08	1.09~1.12	1.13~1.18	1.19~1.24	1.25~1.34	1.35~1.51	1.52~1.99	≥2.0
Z 型	400	0.00	0.00	0.00	0.00	0.00	0.00	0.00	0.00	0.01	0.01
	730	0.00	0.00	0.00	0.00	0.00	0.00	0.01	0.01	0.01	0.02
	800	0.00	0.00	0.00	0.00	0.01	0.01	0.01	0.01	0.02	0.02
	980	0.00	0.00	0.00	0.01	0.01	0.01	0.01	0.02	0.02	0.02
	1200	0.00	0.00	0.01	0.01	0.01	0.01	0.02	0.02	0.02	0.03
	1460	0.00	0.00	0.01	0.01	0.01	0.02	0.02	0.02	0.02	0.03
	2800	0.00	0.01	0.02	0.02	0.03	0.03	0.03	0.04	0.04	0.04

$$z = \frac{P_{ca}}{(P_0 + \Delta P_0)K_\alpha K_L} = \frac{0.18}{(0.16 + 0.02) \times 0.95 \times 0.94} \approx 1.12$$

取 $z = 1$。

（8）带的预紧力 F_0 V 带单位长度的质量 q 查表 6-31 得 $q = 0.06$kg/m，单根 V 带所需的预紧力

$$F_0 = 500 \frac{P_{ca}}{zv}\left(\frac{2.5}{K_\alpha} - 1\right) + qv^2 \tag{6-41}$$

$$= \left[500 \times \frac{0.18}{1 \times 3.95}\left(\frac{2.5}{0.95} - 1\right) + 0.06 \times 3.95^2\right]N \approx 38.1N$$

表 6-31 V 带单位长度的质量

带　型	Z	SPZ	A	SPA	B	SPB	C	SPC
q/kg·m^{-1}	0.06	0.07	0.10	0.12	0.17	0.20	0.30	0.37

（9）带传动作用在轴上的力 F_L 其计算公式为

$$F_L = 2F_0 z \sin\frac{\alpha_1}{2} = 2 \times 38.1 \times 1 \times \sin\frac{160.6°}{2}N = 75.1N \tag{6-42}$$

4. 带轮的结构设计

带轮的结构设计可参考有关《机械设计手册》或《机械设计》相关教材。

5. 行星减速器设计

已知洗涤转速为 180r/min，脱水转速为 720r/min。由于脱水时行星减速器太阳轮与内齿圈顺时针等速旋转，故太阳轮与行星架的传动比为 1，波轮与内桶顺时针等速旋转，因此由洗涤状态来进行行星减速器的设计计算。

（1）洗涤状态传动比　洗涤输入轴与波轮的传动比

$$i_{AX}^{B} = \frac{720}{180} = 4$$

（2）初选太阳轮和内齿圈齿数　洗涤时太阳轮旋转，内齿圈静止，太阳轮与行星架的传动比 i_{AX}^{B} 按以下公式计算

$$i_{AX}^{B} = 1 + \frac{z_{B}}{z_{A}} \tag{6-43}$$

初选太阳轮齿数 $z_{A} = 19$，由式（6-43）计算得内齿圈齿数 $z_{B} = 57$。

（3）计算行星轮齿数　由于洗衣机工作扭矩不大，选择齿轮模数为 1mm，如选 4 个行星轮对称布置，则可计算出行星齿轮齿数 z_{X} 为

$$z_{X} = \frac{z_{B} - z_{A}}{2} = \frac{57 - 19}{2} = 19 \tag{6-44}$$

最终确定太阳轮齿数 $z_{A} = 19$，内齿圈齿数 $z_{B} = 57$，行星齿轮齿数 $z_{X} = 19$，实际传动比 $i_{AX}^{B} = 4$，洗涤转速为 180r/min。

6. 棘爪与棘轮机构设计

由于外桶尺寸已定（因内桶直径已知），在方案设计时初定位于外桶底部的出水口位置，则排水电磁阀衔铁中心与出水口中心位于同一直线上。根据选定的排水电磁阀的行程和初定的棘轮顶圆直径来设计棘爪机构。要求在洗涤时，棘爪要伸入棘轮棘齿高度的 2/3，脱水时棘爪脱离棘轮 1.5mm 以上。棘爪与棘轮机构的详细设计可参考相关书籍。

六、控制系统设计

微机式全自动洗衣机上使用的微控制器主要是 4 位或 8 位的单片机。常用的单片机型号有 Intel 公司的 MCS-48 和 MCS-51 系列，NEC 公司的 μCOM-87 和 μpd7500 系列，Motorola 公司的 MC6805 系列，Zilog 公司的 Z8 系列等。

本例中控制电路的微控制器选用 MCS-51 系列的单片机 AT89C2051。该单片机是 ATMEL 公司 8 位单片机系列产品之一，内含 2K 字节可反复擦写的程序存储器以及 128 字节的 RAM 单元，具有 15 条可编程控制的 I/O 线和 5 个中断触发源，其指令与 MCS-51 系列完全兼容。选用 AT89C2051 作为 CPU，可使洗衣机的控制电路大大简化。

1. 全自动洗衣机的功能要求

（1）强、弱洗涤功能　要求强洗时，正、反转驱动时间各为 4s，间歇时间为 1s；弱洗时，正、反转驱动时间各为 3s，间歇时间为 2s。

（2）4 种洗衣工作程序　即标准程序、经济程序、单独程序和排水程序。

1）标准程序动作顺序：进水→洗涤或漂洗→排水→脱水，如此循环三次。每循环一次，洗涤或漂洗时间比上一循环同一环节减少 2min。也即，第一循环内的洗涤时间定为 6min，第二循环内的漂洗时间减为 4min，第三循环内的漂洗时间减为 2min。排水时间采用动态时间法确定，脱水时间规定为 2min。

2）经济程序与标准程序一样，只是循环次数定为两次。

3）单独程序动作顺序：进水→洗涤（规定为 6min）→结束（留水不排不脱）。

4）排水程序动作顺序：排水→脱水→结束，时间确定与上述程序相应环节相同。

（3）进、排水系统故障自动诊断功能　洗衣机在进水或排水过程中，若在一定的时间范围内进水或排水未能达到预定的水位，就说明进、排水系统有故障，此故障由控制系统检测后通过相应程序发出报警信号，提醒操作者进行人工排除。

（4）脱水期间安全保护和防振动功能　脱水期间若打开机盖，洗衣机就会立即停止脱水操作；若出现衣物缠绕引起脱水桶重心偏移而不平衡，洗衣机也会自动停止脱水，以免振动过大，待人工处理后恢复工作。

（5）间歇驱动方式　脱水期间采取间歇驱动方式，以便节能。本系统要求驱动 5s，停止 2s，间歇期间靠惯性力使脱水桶保持高速旋转。

（6）暂停功能　不管洗衣机工作在什么状态，当按下暂停键时，洗衣机必须立即停止工作，待起动键按下后，洗衣机又能按原来所选择的工作方式继续运转。

（7）声光显示功能　洗衣机各种工作方式的选择和各种工作状态均伴有声、光提示或显示。

2. 硬件电路设计

洗衣机需要控制的工作部件主要有进水阀、排水阀和电动机。进、排水阀仅有开启和关闭两种状态，电动机则有正转、反转、停止三种状态。根据功能要求和 AT89C2051 芯片的性能特点，设计出洗衣机的电气控制电路如图 6-58 所示（见书后插页）。

电路中选用 AT89C2051 的 P1.0~P1.3 共 4 根 I/O 线通过 4 块 SP1110 型固态继电器，分别直接驱动洗衣机的进水阀、排水阀以及电动机的正、反转。SP1110 是一种交流固态继电器，内置发光二极管和光触发双向可控硅，10~50mA 的输入电流即可使双向可控硅完全导通，输出端通态电流为 3A（平均值），浪涌电流 15A（不重复）。选用交流固态继电器，既简化了电路，又使强、弱电完全隔离，保证了主板的安全。

图 6-58 中的 74LS05 为反相器，用作中间缓冲器，其中 4 个通道分别驱动 4 个 SP1110 固态继电器，另外两个通道用于驱动指示灯 LED5 和 LED6。

图 6-58 中的 74LS139 为双 "2-4" 译码器，选用它可解决 CPU 中 I/O 线数量不足的问题。从功能要求可知，洗衣机有 4 种洗衣工作程序，需要用 4 种不同的显示来加以区别。74LS139 只要 CPU 的 P3.0 和 P3.1 两根线即可提供 4 种不同显示的驱动。其逻辑关系是：P3.0、P3.1 为 "11" 时，LED1 亮，指示标准程序；为 "10" 时，LED2 亮，指示经济程序；为 "01" 时，LED3 亮，指示单独程序；为 "00" 时，LED4 亮，指示排水程序。

洗衣机的暂停功能（暂停键 S6）、安全保护与防振功能（盖开关 S3）均采用中断方式处理。这两个中断分别对应 CPU 的外部中断 0（P3.2 脚）和外部中断 1（P3.3 脚）。中断请求信号通过 TC4013BP 双 D 触发器的两个 $\overline{Q}$ 端，分别加到 CPU 的 P3.2 和 P3.3，并由触发器锁存，直到 CPU 响应结束为止。开盖（安全保护）或不平衡（防振动）中断信号（都会引起盖开关 S3 的闭合），通过由 V1 和 V2 组成的反相器送至 TC4013BP 的 CLK 端，经触发器的 $\overline{Q}$ 端加到 CPU 的 P3.3。

为了充分利用 CPU 的 I/O 口线，P3.4 和 P3.5 采用分时复用技术，每根线具有两个功能。在洗衣机未进入工作状态或洗衣机处于暂停状态期间，P3.4 为输入线，用于监测起动键的状态；当起动键按下时，洗衣机即进入工作状态或从暂停状态恢复到原来的工作状态；当洗衣机暂停导致 CPU 响应中断时，P3.4 为输出线，待中断处理完毕时，由 P3.4 发信将 D 触发器输出的中断请求信号撤销。在洗衣机进水或排水期间，P3.5 被用作输入线，用于监测水位开关状态，为 CPU 提供洗衣机的水位信息；在洗衣机高速脱水期间，当发生开盖或不平衡导致 CPU 响应中断时，P3.5 为输出线，待中断处理结束后，由 P3.5 发信将 D 触发器输出的中断请求信号撤销。

CPU 的 P3.7 用于驱动蜂鸣器发出各种报警声音。CPU 的第 4、第 5 脚外接 6MHz 的晶振。第 1 脚通过 10μF 电解电容接到+5V 电源，可实现上电自动复位，S7 为强制复位键。

洗衣机的强、弱洗涤可通过 S1 键进行循环选择。S1 键还具有第二功能，即当洗衣机发生故障转入报警程序后，按下 S1 键可以退出报警状态，回到初始待命状态。洗衣工作程序可通过 S2 键循环选择。

洗衣机的工作状态可通过 LED7~LED9 进行显示。脱水期间，系统在响应开盖或不平衡中断后，CPU 采取软件查询的方式，通过 P1.6 脚对盖开关进行监测，以确定洗衣机是否继续进行脱水操作。

3. 控制程序设计

根据全自动洗衣机的功能要求，设计控制系统的程序流程如图 6-59 所示。

系统上电复位后，首先进行初始化，并将 P1.0~P1.3 全部清"0"，以关断进/排水阀与电动机，默认强洗方式和标准洗衣工作程序，然后扫描 S1、S2 和 S4 键。使用者在操作面板上可以通过 S1 键选择强/弱洗涤方式，通过 S2 键选择洗衣工作程序（4 种）。如果对 S1、S2 不进行选择，则系统默认为执行强洗方式或标准洗衣工作程序。程序在扫描过程中，使用者按下起动键 S4 时，洗衣机即从待命状态进入工作状态。

进入工作程序后，首先根据 AT89C2051 芯片 RAM 中 57H 单元的特征字，判断洗衣机的洗衣工作程序。若特征字等于 00H，则为排水程序（等于 01H 时为单独程序，等于 02H 时为经济程序，等于 03H 时为标准程序），这时程序直接跳转到排水操作处，执行单独的排水操作；否则，进入进水操作程序。

进水操作时，将 P1.0 置"1"，进水阀开启。进水期间系统不断检测水位开关 S5 的状态，当检测到 S5 闭合时，说明进水已达预定水位，于是进入洗涤/漂洗程序。若在规定的 4min 极限时间内未检测到 S5 闭合，说明进水系统有故障，此时洗衣机退出洗衣工作状态，程序跳转到故障处理程序段进行报警，处理方法是：将 P1.0~P1.3 全部清"0"，中止洗衣机的各种动作，然后以响 1s、停 2s 的节奏连续蜂鸣报警，直到人工干预为止（软件设置按下 S1 键后，洗衣机又回到初始待命状态）。

在洗涤或漂洗过程中，电动机有正转、反转和间歇（停止）三种工作状态，所以选用 CPU 的 P1.2 和 P1.3 两个输出口对电动机进行控制。其逻辑关系是：P1.3、P1.2 为"00"时电动机间歇，为"01"时正转，为"10"时反转。洗涤时间设定为 6min，洗涤结束后，系统通过一条判断指令来决定是否排水。由功能要求可知，若不排水则为单独程序，这时程序直接跳到结束报警程序段，报警 3 声后跳回主程序，洗衣机又进入初始待命状态。否则，进入排水阶段。

洗衣机脱水前应先排水，排水时 P1.1 置"1"，排水阀开启。排水进程何时结束，依赖

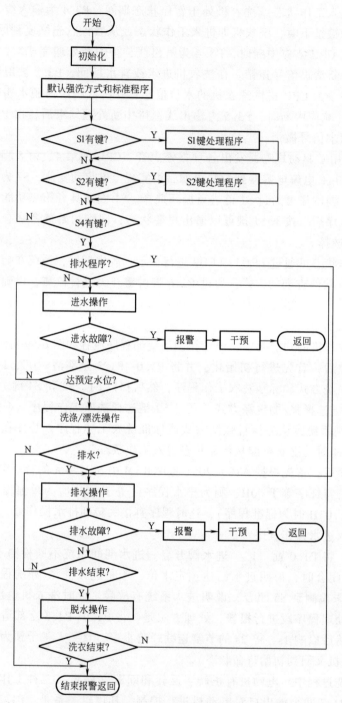

图 6-59 全自动洗衣机控制系统的程序流程

于水位开关的信号。但水位开关 S5 断开时，并不能说明水已完全排完，还要延时一定时间，以免排水未结束就脱水而造成电动机超负荷运转。所以设计排水程序时，要求洗衣机能够根据实际水量对排水时间进行动态控制。具体做法是：CPU 将排水信号发出后，立即开始计时，等到水位开关 S5 断开时假定计得的时间为 T（单位为 s），那么再延时（$T+50$）s 的时间，CPU 就认为排水完毕，可以进入脱水动作。若从排水开始，CPU 计时达到 60s 时仍未收到水位开关 S5 的断开信号，则说明排水系统有故障，洗衣机将停止排水并做蜂鸣报警，提醒用户排除故障后再继续（安全开关打开又闭合可看作是一次故障处理）。

排水结束后，洗衣机接着执行脱水操作，CPU 的 P1.1 仍然置"1"，保证排水阀开启；P1.2 按 5s 置"1"、2s 清"0"的规律，连续驱动电动机高速旋转 2min，时间一到，脱水即结束。脱水结束后，CPU 通过一条判断指令来决定整个洗衣工作是否结束。其原理是：洗衣机在每次洗涤或漂洗结束后，将工作程序标志 57H 单元中的内容减一次，等脱水结束后，CPU 即对该单元进行检测，当检测到 57H 单元为 0 时，说明整个洗衣工作结束，洗衣机报警 3 声后，即返回初始待命状态；当检测到 57H 单元内容不为 0，说明洗衣工作尚未结束，再次执行进水操作，进入下一循环。

以上是洗衣机工作的大概流程，工作过程中所需的各种计时，均由定时器 0 来完成。定时器 0 设置为定时方式 1，让其每隔 100ms 产生一次中断。因此，TH0、TL0 装入的时间常数分别为 3CH 和 0B0H（对应 6MHz 晶振）。

洗衣机在暂停中断以及开盖或不平衡中断的响应期间，定时中断被禁止。一旦洗衣机进入工作状态，暂停请求信号即有效；而开盖或不平衡中断只有在洗衣机进入高速脱水时，请求信号才有效。

参 考 文 献

[1] 于骏一, 邹青. 机械制造技术基础 [M]. 2 版. 北京: 机械工业出版社, 2009.

[2] 朱龙根. 简明机械零件设计手册 [M]. 2 版. 北京: 机械工业出版社, 2005.

[3] 陆剑中, 孙家宁. 金属切削原理与刀具 [M]. 5 版. 北京: 机械工业出版社, 2011.

[4] 艾兴, 肖诗纲. 切削用量简明手册 [M]. 3 版. 北京: 机械工业出版社, 1994.

[5] 成大先. 机械设计手册: 单行本, 机械传动 [M]. 6 版. 北京: 化学工业出版社, 2017.

[6] 濮良贵, 陈国定, 吴立言. 机械设计 [M]. 9 版. 北京: 高等教育出版社, 2013.

[7] 张建民. 机电一体化系统设计 [M]. 4 版. 北京: 高等教育出版社, 2014.

[8] 李颖卓, 张波, 王苗. 机电一体化系统设计 [M]. 2 版. 北京: 化学工业出版社, 2010.

[9] 王长春, 姜军生. 机电一体化综合实践指导 [M]. 北京: 高等教育出版社, 2004.

[10] 姜培刚, 盖玉先. 机电一体化系统设计 [M]. 北京: 机械工业出版社, 2003.

[11] 张立勋, 杨勇. 机电一体化系统设计 [M]. 3 版. 哈尔滨: 哈尔滨工程大学出版社, 2012.

[12] 刘杰. 机电一体化技术基础与产品设计 [M]. 2 版. 北京: 冶金工业出版社, 2010.

[13] 朱喜林, 张代治. 机电一体化设计基础 [M]. 北京: 科学出版社, 2004.

[14] 赵松年, 李恩光, 裴仁清. 机电一体化系统设计 [M]. 北京: 机械工业出版社, 2004.

[15] 张训文. 机电一体化系统设计与应用 [M]. 北京: 北京理工大学出版社, 2006.

[16] 林宋, 郭瑜茹. 光机电一体化技术应用 100 例 [M]. 2 版. 北京: 机械工业出版社, 2010.

[17] 殷际英, 林宋, 方建军. 光机电一体化实用技术 [M]. 北京: 化学工业出版社, 2003.

[18] 曾励. 机电一体化系统设计 [M]. 北京: 高等教育出版社, 2004.

[19] 杨帮文. 现代新潮传感器应用手册 [M]. 北京: 机械工业出版社, 2006.

[20] 白恩远, 王俊元, 孙爱国. 现代数控机床伺服及检测技术 [M]. 2 版. 北京: 国防工业出版社, 2005.

[21] 罗良玲, 刘旭波. 数控技术及应用 [M]. 北京: 清华大学出版社, 2005.

[22] 林述温. 机电装备设计 [M]. 北京: 机械工业出版社, 2002.

[23] 徐元昌. 机电系统设计 [M]. 北京: 化学工业出版社, 2005.

[24] 文怀兴, 夏田. 数控机床系统设计 [M]. 2 版. 北京: 化学工业出版社, 2011.

[25] 吴振彪. 机电综合设计指导 [M]. 北京: 中国人民大学出版社, 2000.

[26] 李善术. 数控机床及其应用 [M]. 2 版. 北京: 机械工业出版社, 2012.

[27] 廖效果. 数控技术 [M]. 武汉: 湖北科学技术出版社, 2000.

[28] 王爱玲, 等. 现代数控机床 [M]. 2 版. 北京: 国防工业出版社, 2009.

[29] 张新义. 经济型数控机床系统设计 [M]. 北京: 机械工业出版社, 1994.

[30] 金钰, 胡祐德, 李向春. 伺服系统设计指导 [M]. 北京: 北京理工大学出版社, 2000.

[31] 钱平. 伺服系统 [M]. 2 版. 北京: 机械工业出版社, 2011.

[32] 康晓明. 电机与拖动 [M]. 北京: 国防工业出版社, 2005.

[33] 孙建忠, 白凤仙. 特种电机及其控制 [M]. 2 版. 北京: 中国水利水电出版社, 2013.

[34] 谢存禧, 张铁. 机器人技术及其应用 [M]. 北京: 机械工业出版社, 2005.

[35] 黄继昌, 等. 电源专用集成电路及其应用 [M]. 北京: 人民邮电出版社, 2006.

[36] 孙育才. MCS-51 系列单片微型计算机及其应用 [M]. 5 版. 南京: 东南大学出版社, 2012.

[37] 何加铭. 嵌入式 32 位微处理器系统设计与应用 [M]. 北京：电子工业出版社，2006.

[38] 张洪润，张亚凡. 单片机原理及应用 [M]. 北京：清华大学出版社，2005.

[39] 李华. MCS-51 系列单片机实用接口技术 [M]. 北京：北京航空航天大学出版社，1993.

[40] 李勋，林广艳，卢景山. 单片微型计算机大学读本 [M]. 北京：北京航空航天大学出版社，1998.

[41] 罗亚非. 凌阳 16 位单片机应用基础 [M]. 北京：北京航空航天大学出版社，2005.

[42] 何立民. MCS-51 系列单片机应用系统设计：系统配置与接口技术 [M]. 北京：北京航空航天大学出版社，1990.

[43] 赵文博. 新型常用集成电路速查手册 [M]. 北京：人民邮电出版社，2006.

[44] 中国标准出版社. 家用和类似用途电器标准汇编：电动洗衣机卷 [M]. 北京：中国标准出版社，2004.

[45] 刘午平. 小家电与洗衣机修理从入门到精通 [M]. 北京：国防工业出版社，2004.

[46] 周德林，张庆双，等. 全自动洗衣机故障检修技术 [M]. 北京：金盾出版社，2004.

[47] 黄省三，董忠伟. 家庭洗衣机维修 [M]. 福州：福建科学技术出版社，2000.

[48] 尹志强，汤乃传，刘光复，等. 数控回转刀架设计中的高可靠性措施 [J]. 机床与液压，2001（4）：87-88.

[49] 尹志强，刘光复，史国川，等. 红碎茶 CTC 齿辊数控加工及误差系统研究 [J]. 农业机械学报，2001，32（4）：57-59，63.

[50] 王玉琳. 基于 LG97L52 微处理器的光栅数字测量装置 [J]. 组合机床与自动化加工技术，2006（3）：50-52.

[51] 王玉琳，陈甦欣. 步进电动机的软件脉冲分配 [J]. 制造技术与机床，2006（7）：23-25.

[52] 王玉琳，王强. 步进电机的速度调节方法 [J]. 电机与控制应用，2006，33（1）：53-56，64.

[53] 王玉琳. 三相反应式步进电机的一种实用型驱动器 [J]. 电力电子技术，2005，39（3）71-72，122.

[54] 王玉琳. 提高车床闭环控制系统的软件可用性的研究 [J]. 计算机工程，2005，31（23）：180-182.

[55] 王玉琳. 8279 芯片的显示接口分析及混合显示电路设计 [J]. 机械与电子，2005（1）：36-37，40.

[56] 陈波，尹志强，王玉琳，等. HFUT-1 型机电一体化实验平台的研制 [J]. 机电工程技术，2006，35（9）：66-68.

[57] 黄健，尹志强，王玉琳. 基于双极性桥式电路的两相制步进电机驱动器设计 [J]. 组合机床与自动化加工技术，2007（1）：76-77，82.

[58] 尹志强，王玉琳. 机电一体化系统课程设计的研究与实践 [J]. 机电一体化，2009，15（7）：100-103.

[59] 尹志强，王玉琳. 创新型机电一体化实验教学平台的研究与开发 [J]. 机床与液压，2009，37（12）：62-65.

[60] 王玉琳. 基于 DS80C320 单片机的 LCD 显示数控系统 [J]. 机械与电子，2004（3）：26-27.

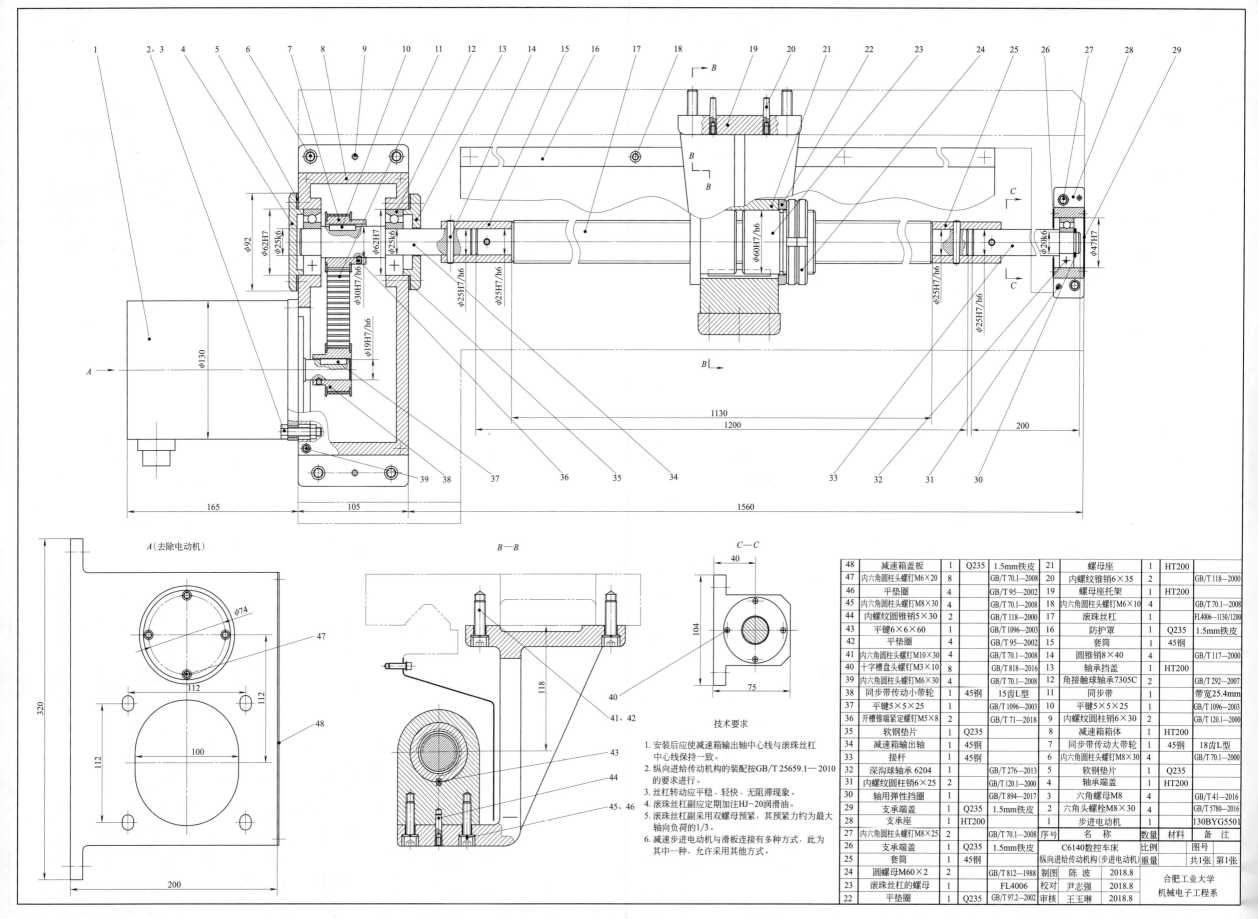

技术要求

1. 安装后应使减速箱输出轴中心线与滚珠丝杠中心线保持一致。
2. 纵向进给传动机构的装配按GB/T 25659.1—2010的要求进行。
3. 丝杠转动应平稳、轻快、无阻滞现象。
4. 滚珠丝杠副应定期加注HJ—20润滑油。
5. 滚珠丝杠副采用双螺母预紧，其预紧力约为最大轴向负荷的1/3。
6. 减速步进电动机与滑板连接有多种方式，此为其中一种，允许采用其他方式。

48	减速箱盖板	1	Q235	1.5mm铁皮	21	螺母座	1	HT200	
47	内六角圆柱头螺钉M6×20	8		GB/T 70.1—2008	20	内螺纹锥销6×35	2		GB/T 118—2000
46	平垫圈	4		GB/T 95—2002	19	螺母座托架	1	HT200	
45	内六角圆柱头螺钉M8×30	4		GB/T 70.1—2008	18	内六角圆柱头螺钉M6×10	4		GB/T 70.1—2008
44	内螺纹圆锥销5×30	2		GB/T 118—2000	17	滚珠丝杠	1		FL4006—1130/1200
43	平键6×6×60	1		GB/T 1096—2003	16	防护罩	1	Q235	1.5mm铁皮
42	平垫圈	4		GB/T 95—2002	15	套筒	1	45钢	
41	内六角圆柱头螺钉M10×30	4		GB/T 70.1—2008	14	圆锥销8×40	4		GB/T 117—2000
40	十字槽盘头螺钉M3×10	8		GB/T 818—2016	13	轴承挡盖	1	HT200	
39	内六角圆柱头螺钉M6×30	4		GB/T 70.1—2008	12	角接触球轴承7305C	1		GB/T 292—2007
38	同步带传动小带轮	1	45钢	15齿L型	11	同步带	1		带宽25.4mm
37	平键5×5×25	1		GB/T 1096—2003	10	平键5×5×25	1		GB/T 1096—2003
36	开槽锥端紧定螺钉M5×8	1		GB/T 71—2018	9	内螺纹圆柱销6×30	2		GB/T 120.1—2000
35	软钢垫片	1	Q235		8	减速箱箱体	1	HT200	
34	减速箱输出轴	1	45钢		7	同步带传动大带轮	1	45钢	18齿L型
33	接杆	1	45钢		6	内六角圆柱头螺钉M8×30	4		GB/T 70.1—2000
32	深沟球轴承6204	1		GB/T 276—2013	5	软钢垫片	1	Q235	
31	内螺纹圆柱销6×25	2		GB/T 120.1—2000	4	轴承端盖	1	HT200	
30	六角螺母M8	1		GB/T 41—2016	3	六角头螺栓M8×30	4		GB/T 5780—2016
29	支承端盖	1	Q235	1.5mm铁皮	2	步进电动机	1		130BYG5501
28	支承座	1	HT200		1	步进电动机	1		130BYG5501
27	内六角圆柱头螺钉M8×25	4		GB/T 70.1—2008	序号	名称	数量	材料	备注
26	支承端盖	1	Q235	1.5mm铁皮		C6140数控车床		比例	图号
25	套筒	1	45钢			纵向进给传动机构(步进电动机)		重量	共1张 第1张
24	圆螺母M60×2	1		GB/T 812—1988	制图	陈波	2018.8		
23	滚珠丝杠副的螺母	1	FL4006		校对	尹志强	2018.8	合肥工业大学	
22	平垫圈	1	Q235	GB/T 97.2—2002	审核	王玉琳	2018.8	机械电子工程系	

图 6-3 C6140数控车床纵向进给传动机构（步进电动机）

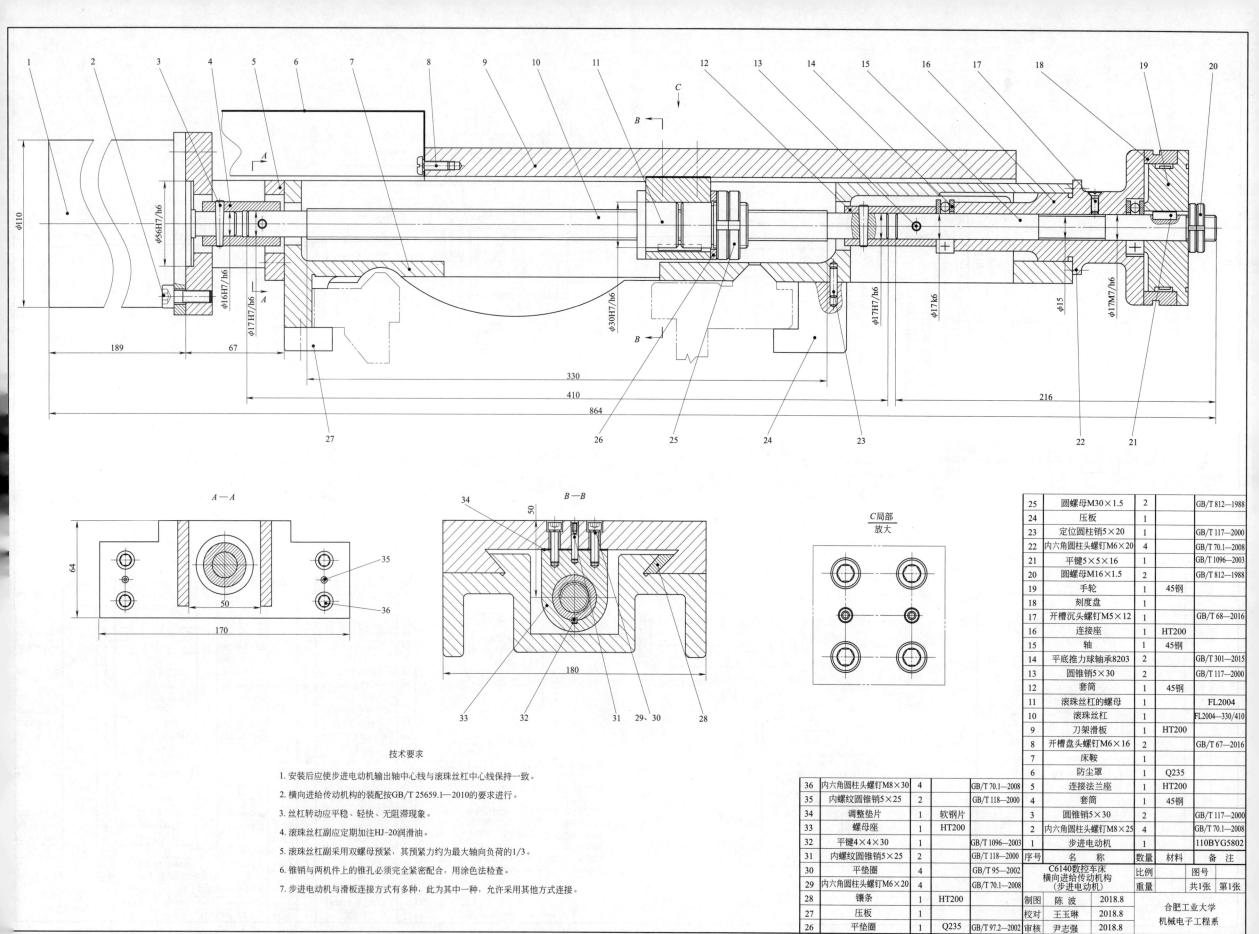

A—A

B—B

C局部
放大

技术要求

1. 安装后应使步进电动机输出轴中心线与滚珠丝杠中心线保持一致。

2. 横向进给传动机构的装配按GB/T 25659.1—2010的要求进行。

3. 丝杠转动应平稳、轻快、无阻滞现象。

4. 滚珠丝杠副应定期加注HJ-20润滑油。

5. 滚珠丝杠副采用双螺母预紧，其预紧力约为最大轴向负荷的1/3。

6. 锥销与两机件上的锥孔必须完全紧密配合，用涂色法检查。

7. 步进电动机与滑板连接方式有多种，此为其中一种，允许采用其他方式连接。

25	圆螺母M30×1.5	2		GB/T 812—1988
24	压板	1		
23	定位圆柱销5×20	1		GB/T 117—2000
22	内六角圆柱头螺钉M6×20	4		GB/T 70.1—2008
21	平键5×5×16	1		GB/T 1096—2003
20	圆螺母M16×1.5	2		GB/T 812—1988
19	手轮	1	45钢	
18	刻度盘	1		
17	开槽沉头螺钉M5×12	1		GB/T 68—2016
16	连接座	1	HT200	
15	轴	1	45钢	
14	平底推力球轴承8203	2		GB/T 301—2015
13	圆锥销5×30	2		GB/T 117—2000
12	套筒	1	45钢	
11	滚珠丝杠的螺母	1		FL2004
10	滚珠丝杠	1		FL2004—330/410
9	刀架滑板	1	HT200	
8	开槽盘头螺钉M6×16	1		GB/T 67—2016
7	床鞍	1		
6	防尘罩	1	Q235	
5	连接法兰座	1	HT200	
4	套筒	1	45钢	
3	圆锥销5×30	2		GB/T 117—2000
2	内六角圆柱头螺钉M8×25	4		GB/T 70.1—2008
1	步进电动机	1		110BYG5802

36	内六角圆柱头螺钉M8×30	4		GB/T 70.1—2008
35	内螺纹圆锥销5×25	2		GB/T 118—2000
34	调整垫片	1	软钢片	
33	螺母座	1	HT200	
32	平键4×4×30	1		GB/T 1096—2003
31	内螺纹圆锥销5×25	2		GB/T 118—2000
30	平垫圈	4		GB/T 95—2002
29	内六角圆柱头螺钉M6×20	4		GB/T 70.1—2008
28	镶条	1	HT200	
27	压板	1		
26	平垫圈	1	Q235	GB/T 97.2—2002

序号	名 称	数量	材料	备 注

C6140数控车床		比例		图号
横向进给传动机构				
（步进电动机）		重量		共1张 第1张

制图	陈 波	2018.8	合肥工业大学
校对	王玉琳	2018.8	机械电子工程系
审核	尹志强	2018.8	

图 6-2　C6140 数控车床横向进给传动机构（步进电动机）

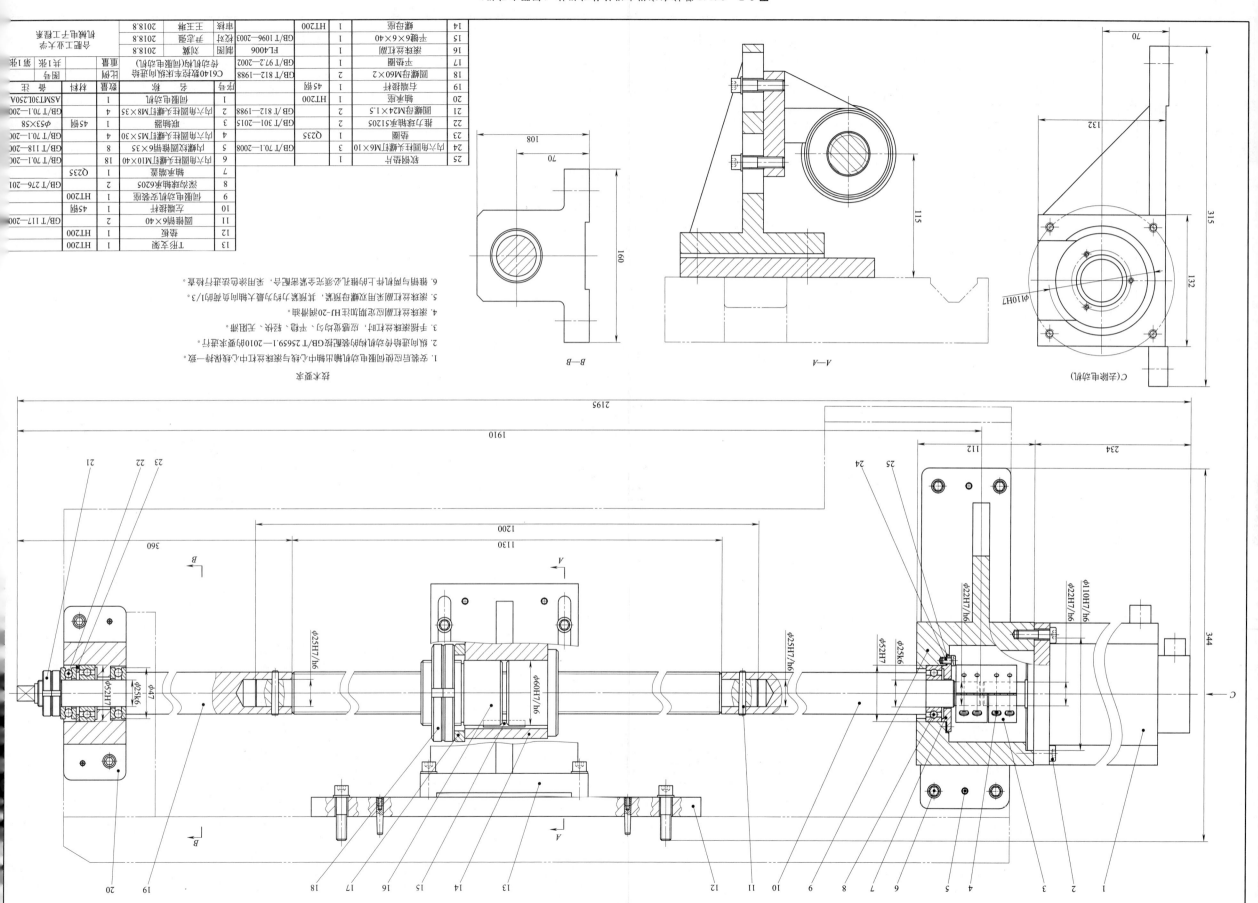

图 6-5 C6140 数控车床纵向进给传动机构（伺服电动机）

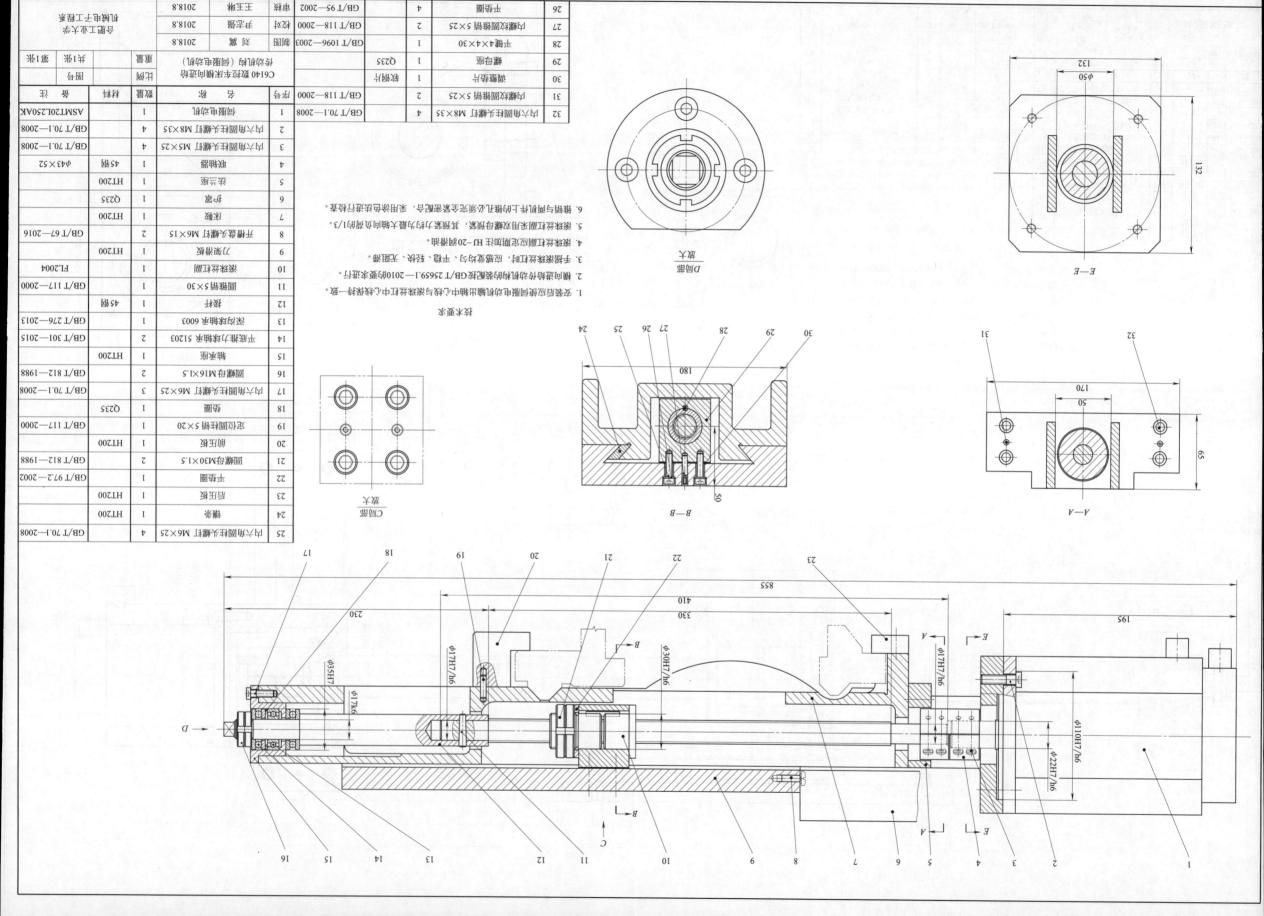

图6-4 C6140数控车床螺母座向滚传动机构（伺服电动机）

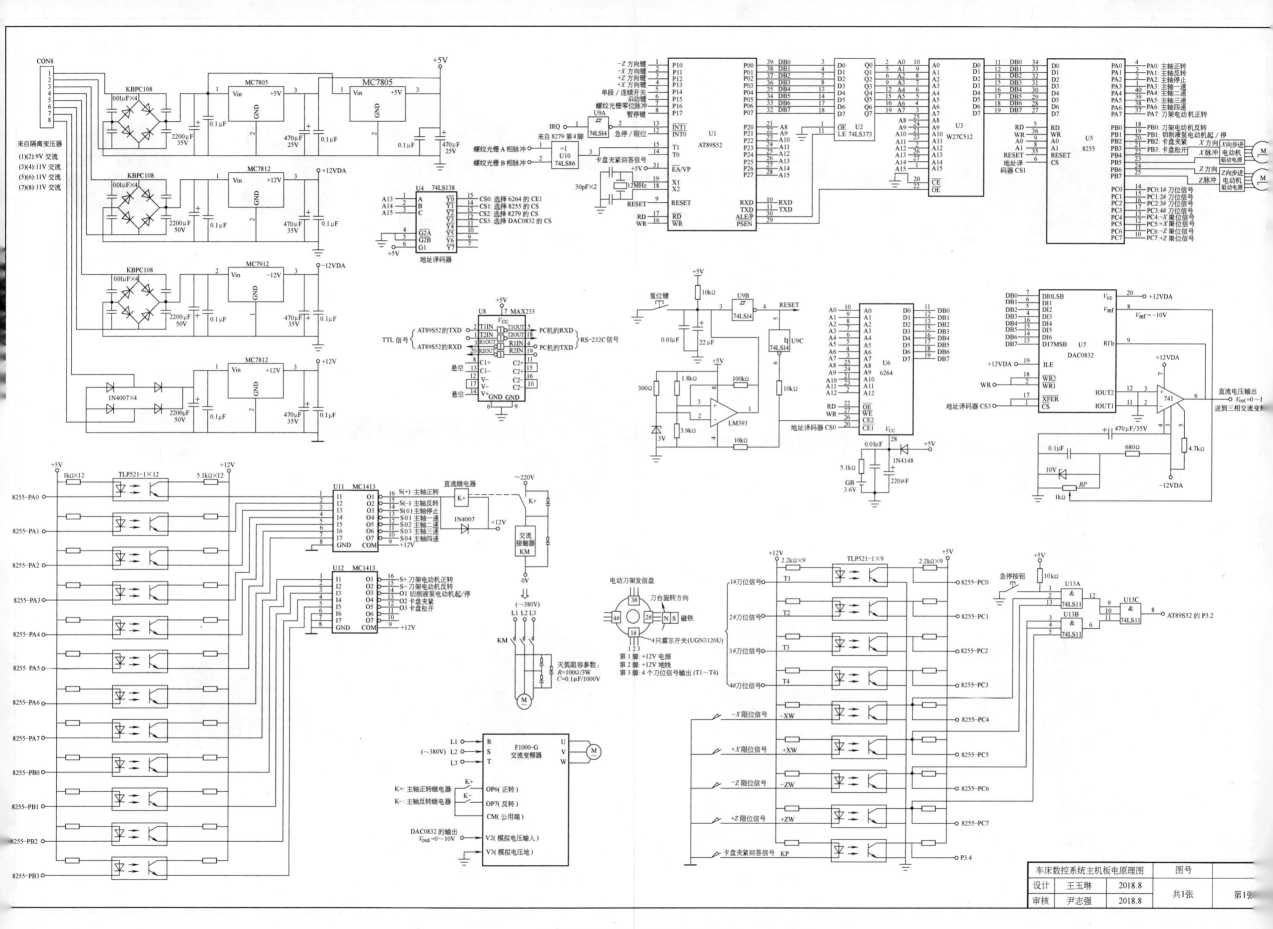

图 6-11　车床数控系统主机板电原理图

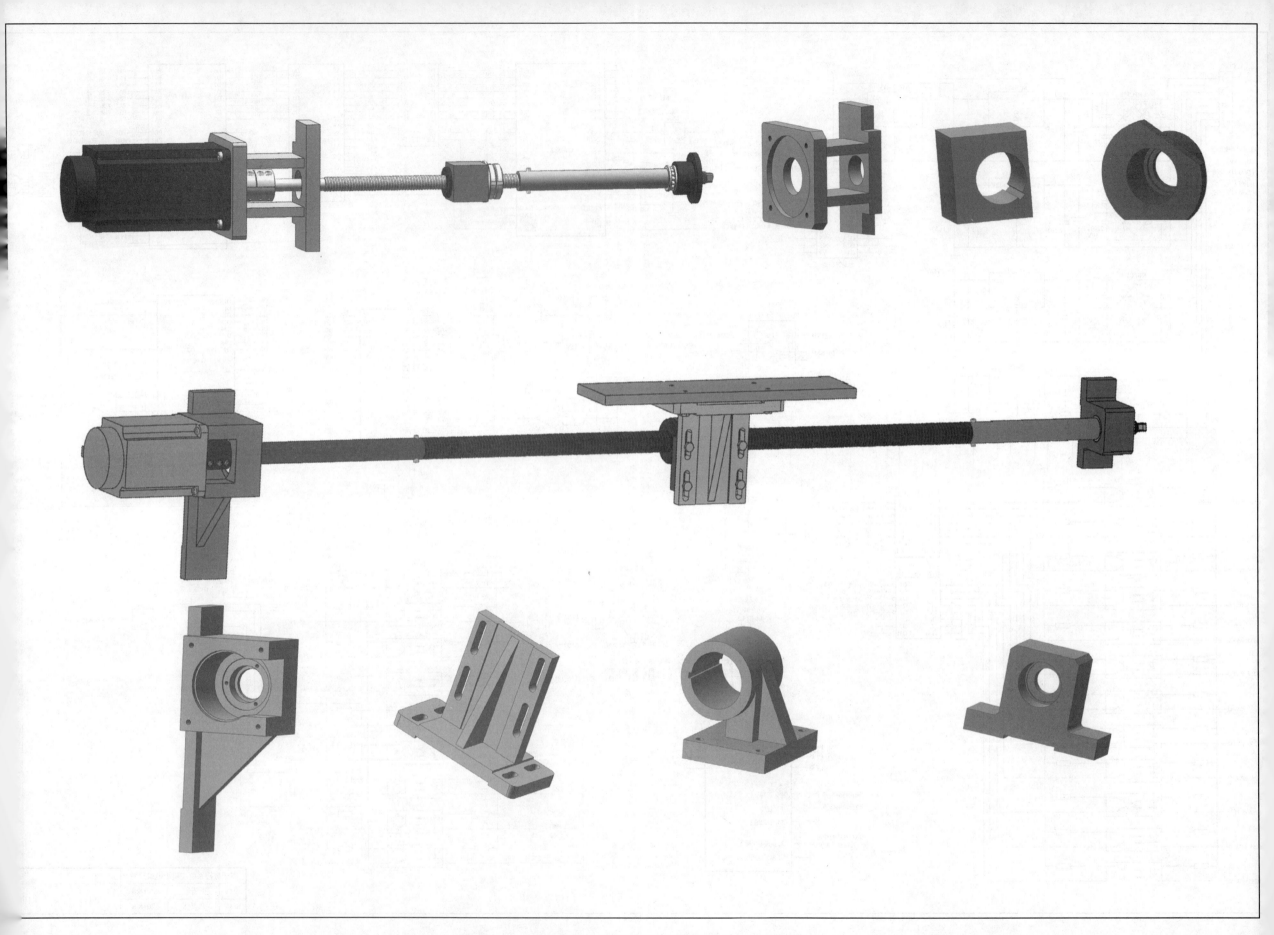

图 6-6　C6140 数控车床纵、横向进给传动机构部件图（伺服电动机）

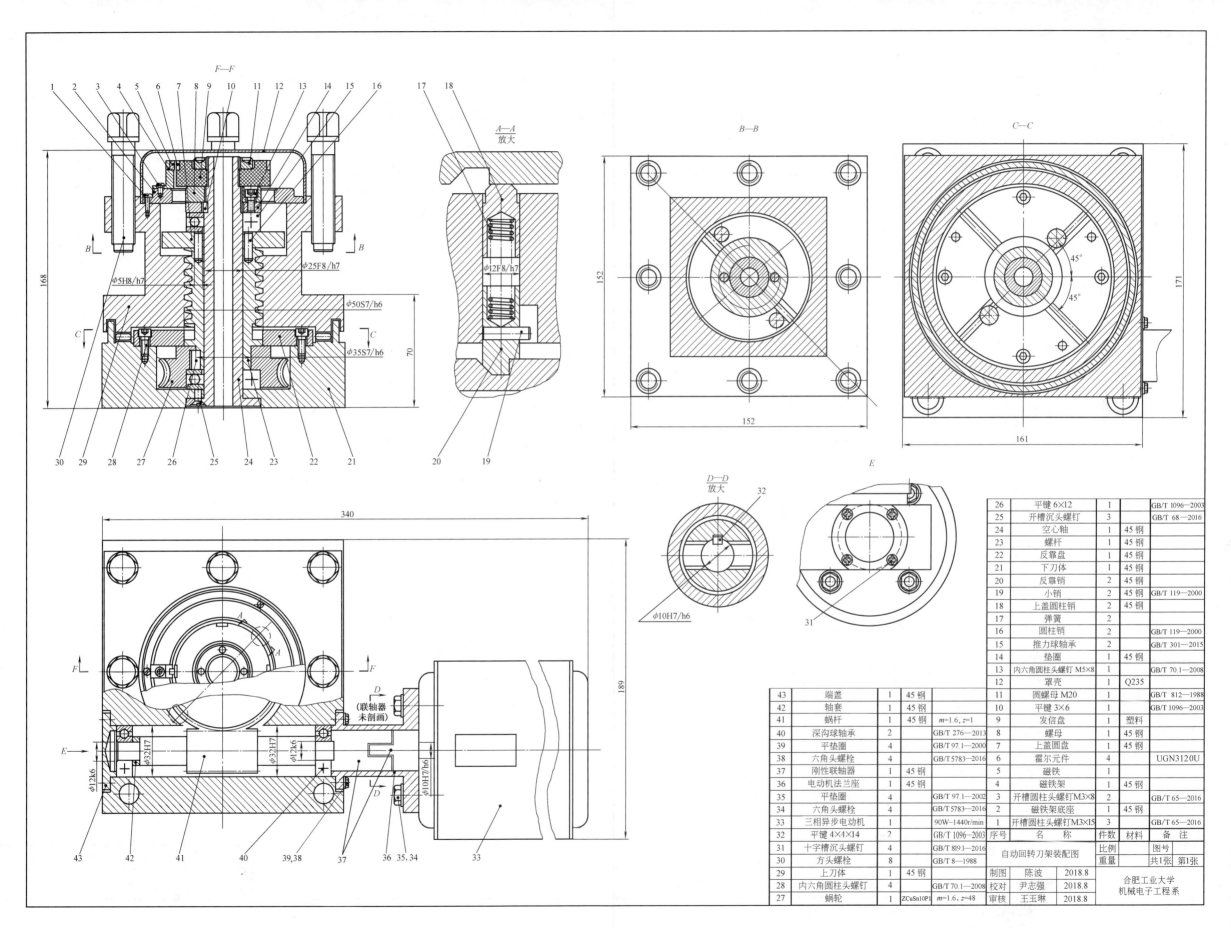

F—F

A—A
放大

$\phi 12F8/h7$

B—B

C—C

$45°$
$45°$

168
$\phi 5H8/h7$
$\phi 25F8/h7$
$\phi 50S7/h6$
$\phi 35S7/h6$
70
152
152
171
161

D—D
放大
$\phi 10H7/h6$

E

340
$\phi 32H7$ $\phi 32H7$ $\phi 12k6$
$\phi 12k6$
$\phi 10H7/h6$
189

（联轴器
未剖画）

26	平键 6×12	1		GB/T 1096—2003
25	开槽沉头螺钉	3		GB/T 68—2016
24	空心轴	1	45 钢	
23	螺杆	1	45 钢	
22	反靠盘	1	45 钢	
21	下刀体	1	45 钢	
20	反靠销	2	45 钢	
19	小销	2	45 钢	GB/T 119—2000
18	上盖圆柱销	2	45 钢	
17	弹簧	2		
16	圆柱销	2		GB/T 119—2000
15	推力球轴承	2		GB/T 301—2015
14	垫圈	1	45 钢	
13	内六角圆柱头螺钉 M5×8	1		GB/T 70.1—2008
12	罩壳	1	Q235	
11	圆螺母 M20	1		GB/T 812—1988
10	平键 3×6	1		GB/T 1096—2003
9	发信盘	1	塑料	
8	螺母	1	45 钢	
7	上盖圆盘	1	45 钢	
6	霍尔元件	4		UGN3120U
5	磁铁	1		
4	磁铁架	1	45 钢	
3	开槽圆柱头螺钉 M3×8	2		GB/T 65—2016

43	端盖	1	45 钢	
42	轴套	1	45 钢	
41	蜗杆	1	45 钢	$m=1.6, z=1$
40	深沟球轴承	2		GB/T 276—2013
39	平垫圈	4		GB/T 97.1—2000
38	六角头螺栓	4		GB/T 5783—2016
37	刚性联轴器	1	45 钢	
36	电动机法兰座	1	45 钢	
35	平垫圈	4		GB/T 97.1—2002
34	六角头螺栓	4		GB/T 5783—2016
33	三相异步电动机	1		90W—1440r/min
32	平键 4×4×14	2		GB/T 1096—2003
31	十字槽沉头螺钉	4		GB/T 819.1—2016
30	方头螺栓	8		GB/T 8—1988
29	上刀体	1	45 钢	
28	内六角圆柱头螺钉	4		GB/T 70.1—2008
27	蜗轮	1	ZCuSn10P1	$m=1.6, z=48$
2	磁铁架底座	1	45 钢	
1	开槽圆柱头螺钉 M3×15	3		GB/T 65—2016
序号	名 称	件数	材料	备 注

自动回转刀架装配图		比例		图号	
		重量		共1张	第1张
制图	陈波	2018.8			
校对	尹志强	2018.8	合肥工业大学		
审核	王玉琳	2018.8	机械电子工程系		

图 6-17　自动回转刀架装配图

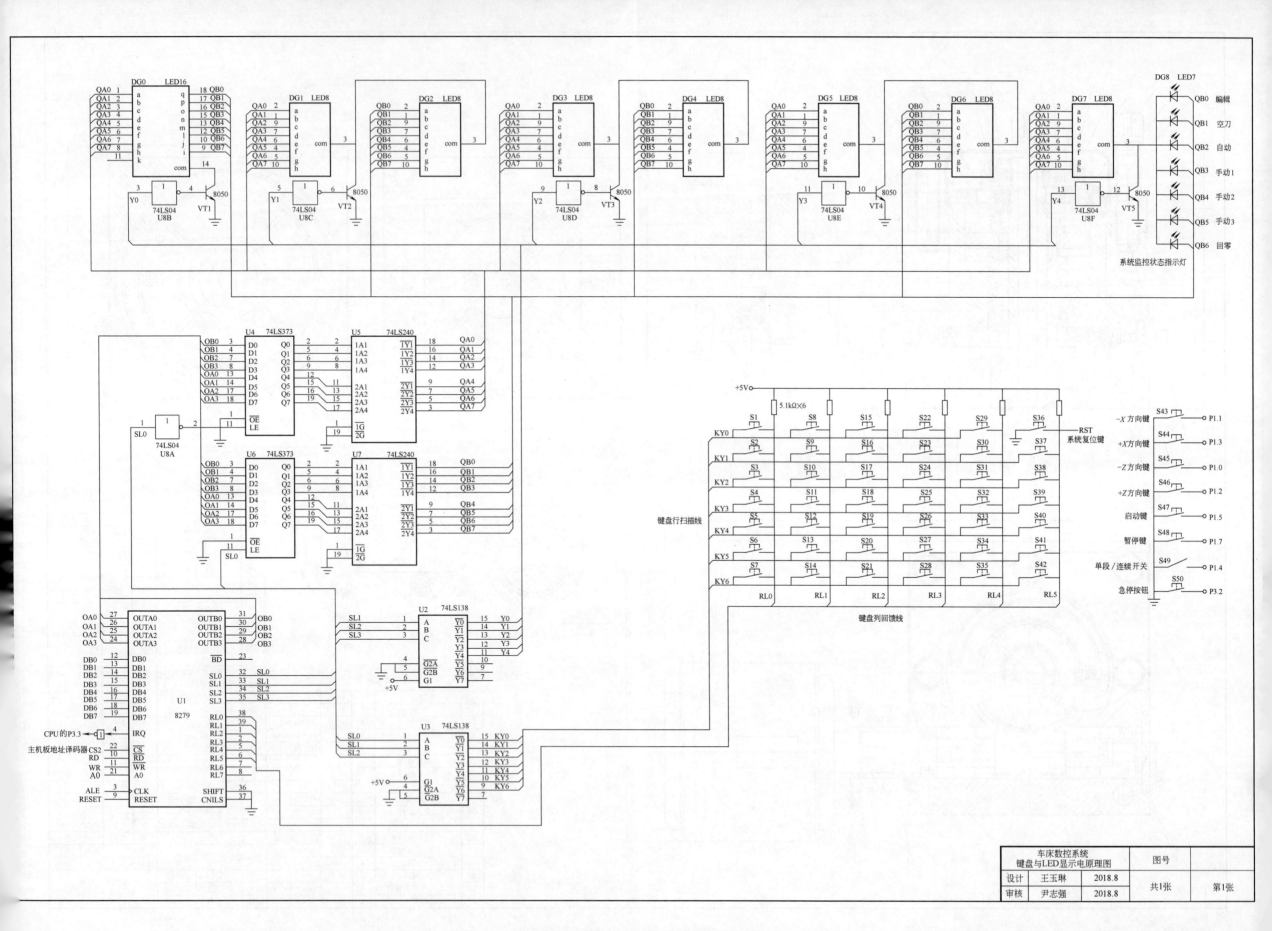

图 6-12　车床数控系统键盘与 LED 显示电原理图

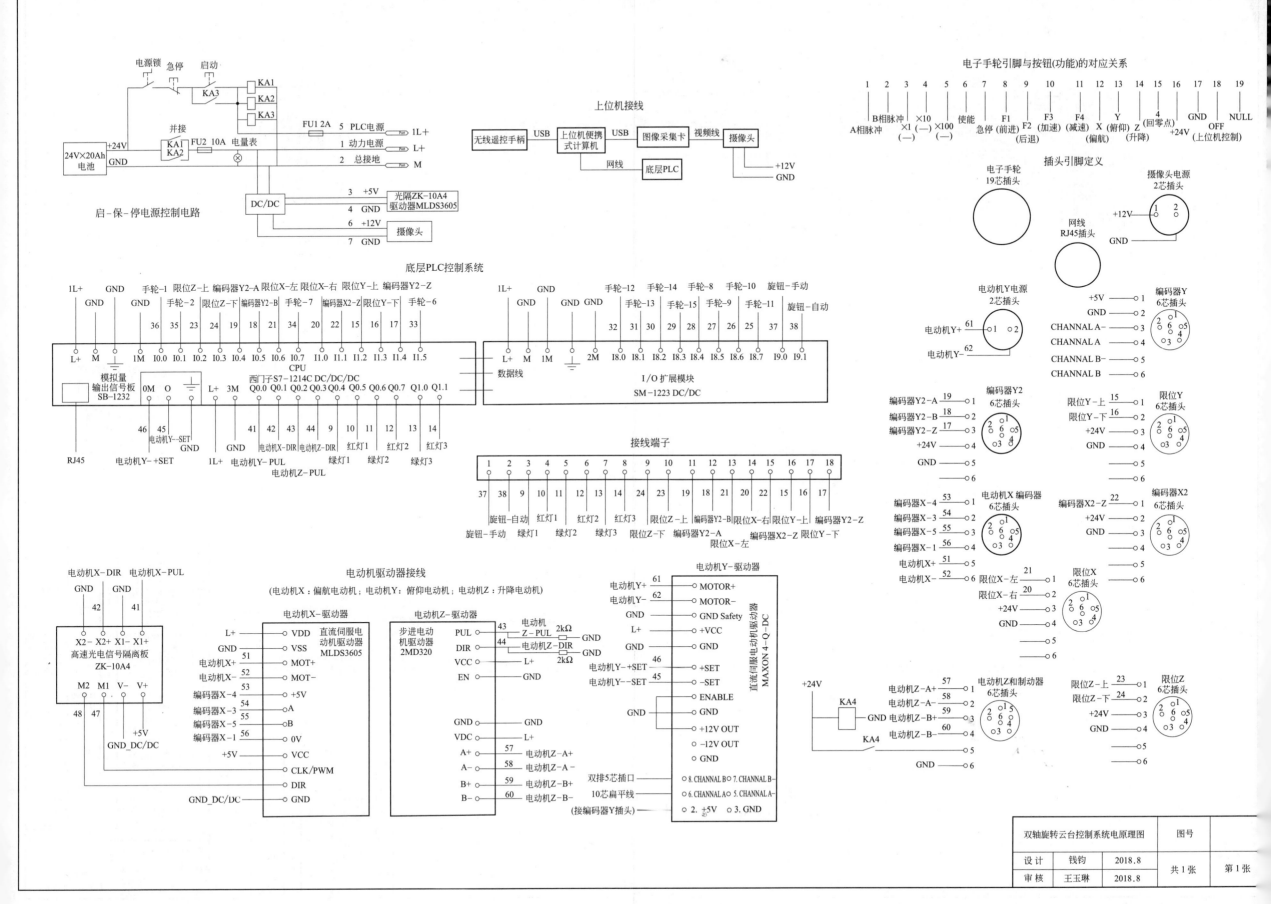

图 6-38　双轴旋转云台控制系统电原理图

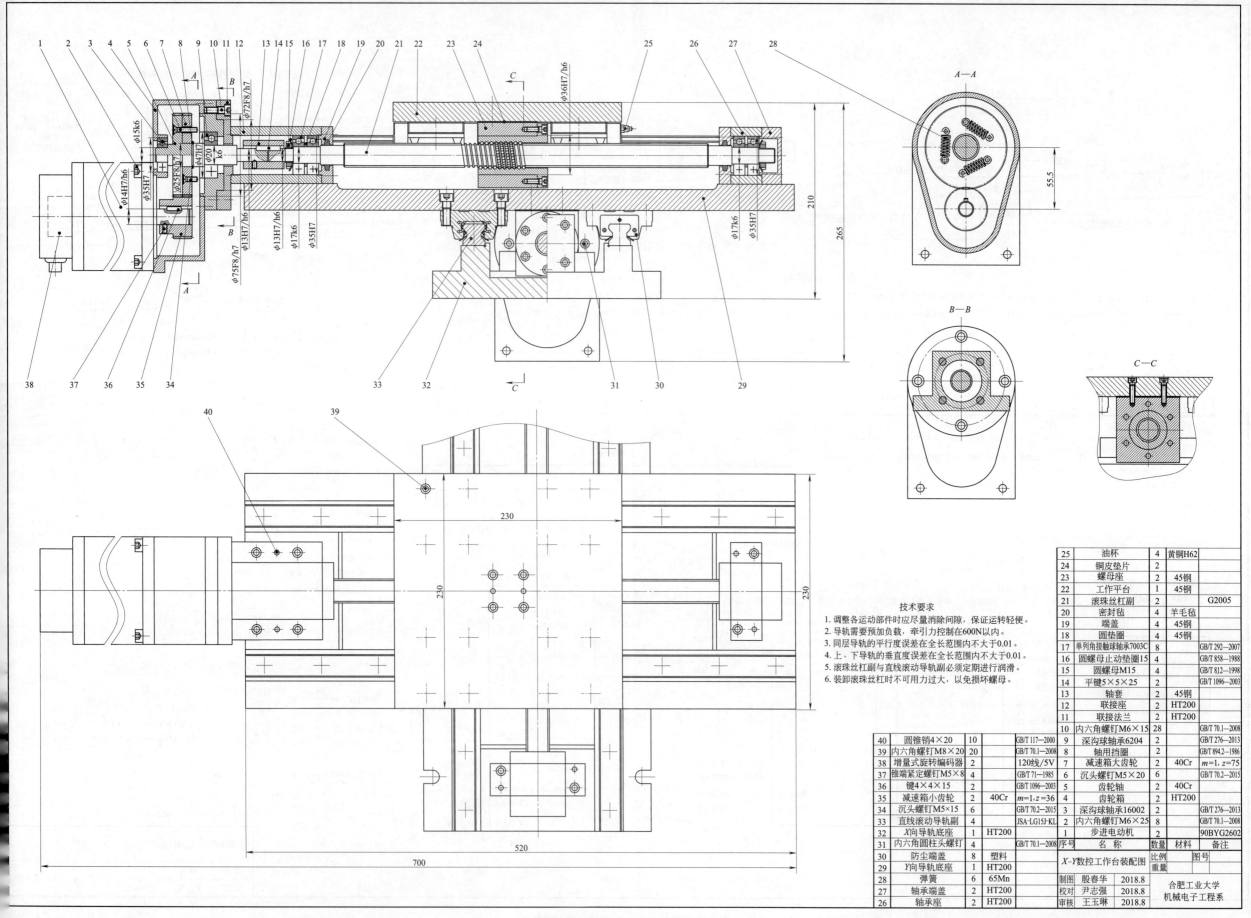

技术要求

1. 调整各运动部件时应尽量消除间隙，保证运转轻便。
2. 导轨需要预加负载，牵引力控制在600N以内。
3. 同层导轨的平行度误差在全长范围内不大于0.01。
4. 上、下导轨的垂直度误差在全长范围内不大于0.01。
5. 滚珠丝杠副与直线滚动导轨副必须定期进行润滑。
6. 装卸滚珠丝杠时不可用力过大，以免损坏螺母。

25	油杯	4	黄铜H62	
24	铜皮垫片	2		
23	螺母座	2	45钢	
22	工作平台	1	45钢	
21	滚珠丝杠副	2		G2005
20	密封毡	4	羊毛毡	
19	端盖	4	45钢	
18	圆垫圈	2	45钢	
17	单列角接触球轴承7003C	8		GB/T 292—2007
16	圆螺母止动垫圈15	4		GB/T 858—1988
15	圆螺母M15	4		GB/T 812—1998
14	平键5×5×25	2		GB/T 1096—2003
13	轴套	2	45钢	
12	联接座	2	HT200	
11	联接法兰	2	HT200	
10	内六角螺钉M6×15	28		GB/T 70.1—2008
9	深沟球轴承6204	2		GB/T 276—2013
8	轴用挡圈	2		GB/T 894.2—1986
7	减速箱大齿轮	2	40Cr	m=1, z=75
6	沉头螺钉M5×20	6		GB/T 70.2—2015
5	齿轮轴	2	40Cr	
4	齿轮箱	2	HT200	
3	深沟球轴承16002	2		GB/T 276—2013
2	内六角螺钉M6×25	8		GB/T 70.1—2008
1	步进电动机	2		90BYG2602
序号	名 称	数量	材料	备注

40	圆锥销4×20	10		GB/T 117—2000
39	内六角螺钉M8×20	20		GB/T 70.1—2008
38	增量式旋转编码器	2		120线/5V
37	锥端紧定螺钉M5×8	4		GB/T 71—1985
36	键4×4×15	2		GB/T 1096—2003
35	减速箱小齿轮	2	40Cr	m=1,z=36
34	沉头螺钉M5×15	6		GB/T 70.2—2015
33	直线滚动导轨副	4		JSA-LG15J-KL
32	X向导轨底座	1	HT200	
31	内六角圆柱头螺钉	4		GB/T 70.1—2008
30	防尘端盖	8	塑料	
29	Y向导轨底座	1	HT200	
28	弹簧	6	65Mn	
27	轴承端盖	2	HT200	
26	轴承座	2	HT200	

X-Y数控工作台装配图		比例		图号	
		重量			
制图	殷春华	2018.8	合肥工业大学		
校对	尹志强	2018.8	机械电子工程系		
审核	王玉琳	2018.8			

图6-27 X-Y数控工作台装配图

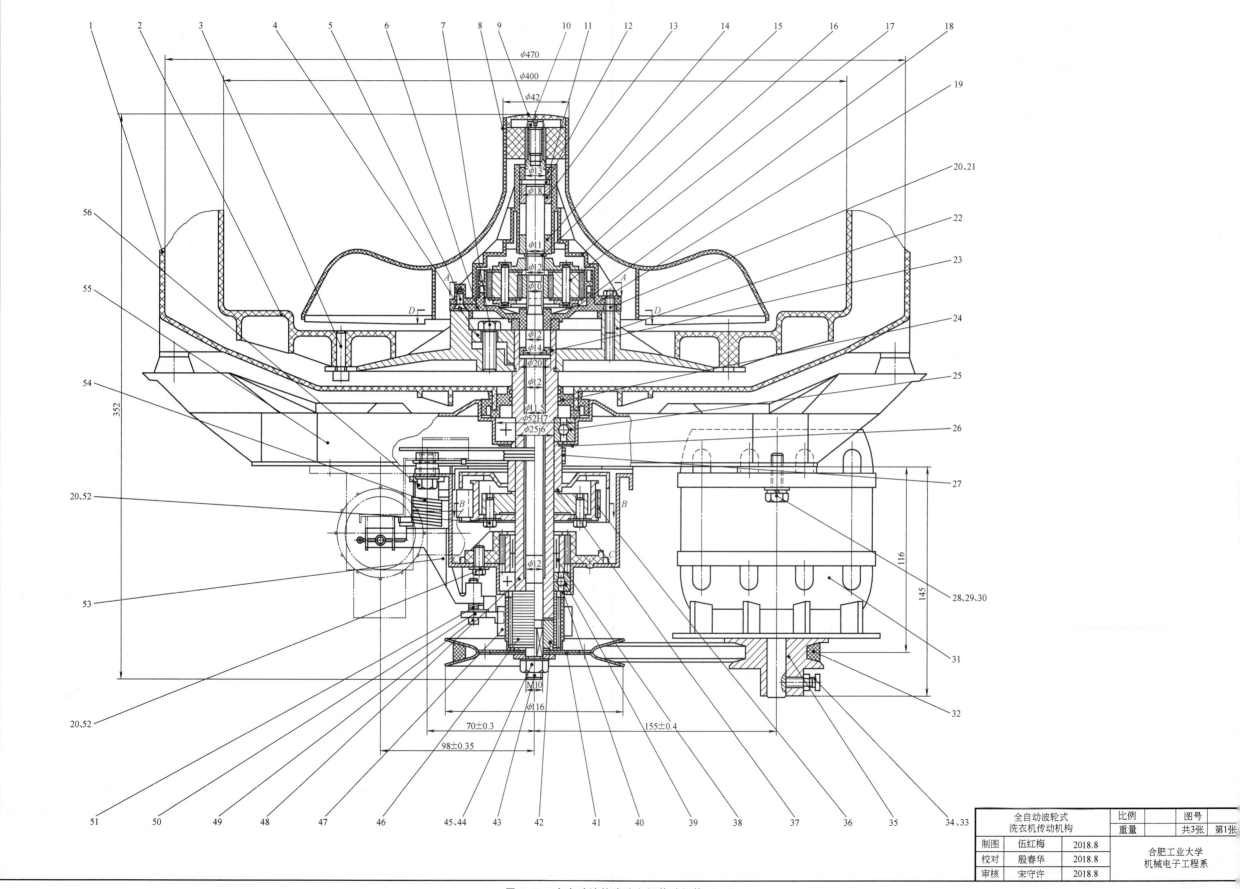

图 6-46　全自动波轮式洗衣机传动机构（一）

全自动波轮式	比例		图号	
洗衣机传动机构	重量		共3张	第1张
制图	伍红梅	2018.8	合肥工业大学	
校对	殷春华	2018.8	机械电子工程系	
审核	宋守许	2018.8		

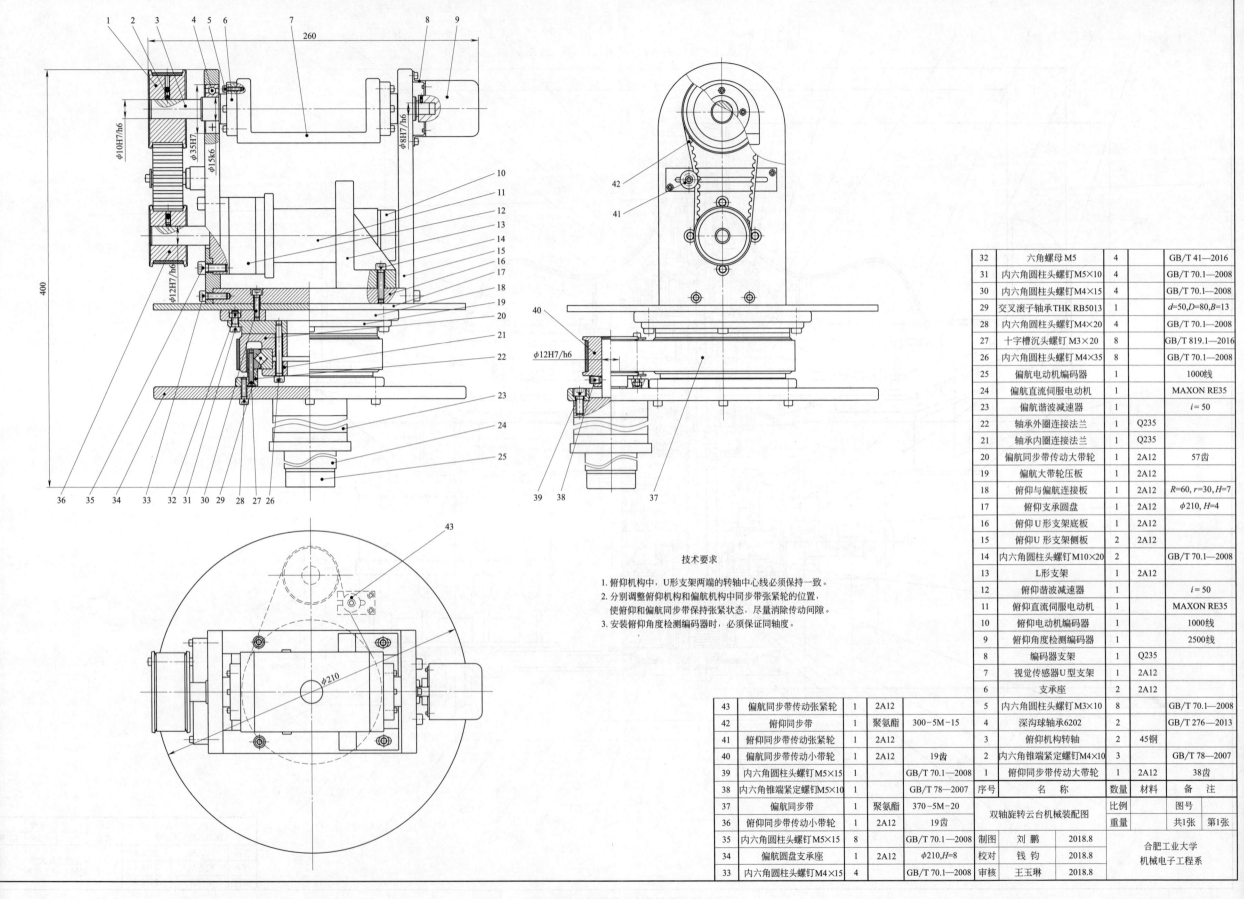

技术要求

1. 俯仰机构中，U形支架两端的转轴中心线必须保持一致。
2. 分别调整俯仰机构和偏航机构中同步带张紧轮的位置，
   使俯仰和偏航同步带保持张紧状态，尽量消除传动间隙。
3. 安装俯仰角度检测编码器时，必须保证同轴度。

32	六角螺母 M5	4		GB/T 41—2016
31	内六角圆柱头螺钉 M5×10	4		GB/T 70.1—2008
30	内六角圆柱头螺钉 M4×15	4		GB/T 70.1—2008
29	交叉滚子轴承THK RB5013	1		d=50,D=80,B=13
28	内六角圆柱头螺钉 M4×20	4		GB/T 70.1—2008
27	十字槽沉头螺钉 M3×20	8		GB/T 819.1—2016
26	内六角圆柱头螺钉 M4×35	8		GB/T 70.1—2008
25	偏航电动机编码器	1		1000线
24	偏航直流伺服电动机	1		MAXON RE35
23	偏航谐波减速器	1		i=50
22	轴承外圈连接法兰	1	Q235	
21	轴承内圈连接法兰	1	Q235	
20	偏航同步带传动大带轮	1	2A12	57齿
19	偏航大带轮压板	1	2A12	
18	俯仰与偏航连接板	1	2A12	R=60, r=30, H=7
17	俯仰支承圆盘	1	2A12	φ210, H=4
16	俯仰U形支架底板	1	2A12	
15	俯仰U形支架侧板	2	2A12	
14	内六角圆柱头螺钉 M10×20	2		GB/T 70.1—2008
13	L形支架	1	2A12	
12	俯仰谐波减速器	1		i=50
11	俯仰直流伺服电动机	1		MAXON RE35
10	俯仰电动机编码器	1		1000线
9	俯仰角度检测编码器	1		2500线
8	编码器支架	1	Q235	
7	视觉传感器U型支架	1	2A12	
6	支承座	2	2A12	
5	内六角圆柱头螺钉 M3×10	8		GB/T 70.1—2008
4	深沟球轴承6202	2		GB/T 276—2013
3	俯仰机构转轴	2	45钢	
2	内六角锥端紧定螺钉 M4×10	3		GB/T 78—2007
1	俯仰同步带传动大带轮	1	2A12	38齿

43	偏航同步带传动张紧轮	1	2A12	
42	俯仰同步带	1	聚氨酯	300-5M-15
41	俯仰同步带传动张紧轮	1	2A12	
40	偏航同步带传动小带轮	1	2A12	19齿
39	内六角圆柱头螺钉 M5×15	1		GB/T 70.1—2008
38	内六角锥端紧定螺钉 M5×10	1		GB/T 78—2007
37	偏航同步带	1	聚氨酯	370-5M-20
36	俯仰同步带传动小带轮	1	2A12	19齿
35	内六角圆柱头螺钉 M5×15	8		GB/T 70.1—2008
34	偏航圆盘支承座	1	2A12	φ210, H=8
33	内六角圆柱头螺钉 M4×15	4		GB/T 70.1—2008
序号	名 称	数量	材料	备 注

双轴旋转云台机械装配图		比例		图号	
		重量		共1张	第1张
制图	刘 鹏	2018.8	合肥工业大学		
校对	钱 钧	2018.8	机械电子工程系		
审核	王玉琳	2018.8			

图 6-39 双轴旋转云台机械装配图

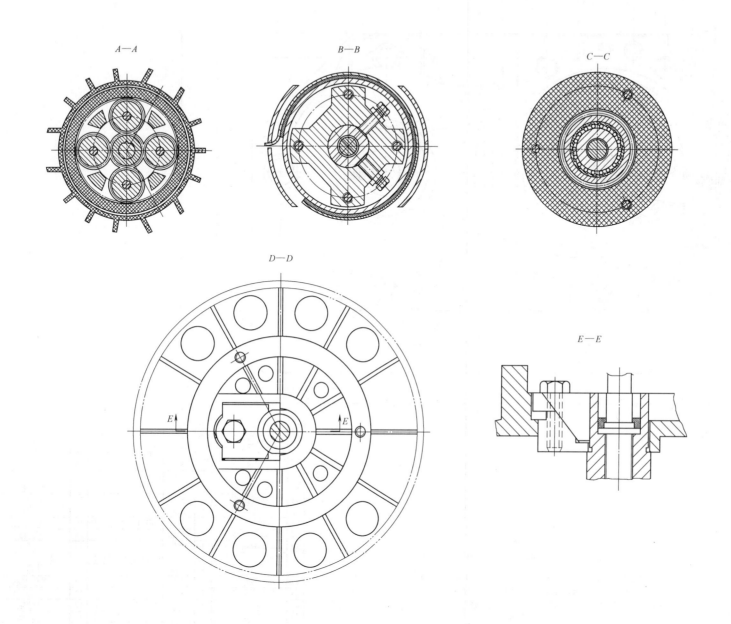

全自动波轮式		比例		图号	
洗衣机传动机构		重量		共3张	第3张
制图	伍红梅	2018.8		合肥工业大学	
校对	殷春华	2018.8		机械电子工程系	
审核	宋守许	2018.8			

图 6-48　全自动波轮式洗衣机传动机构（三）

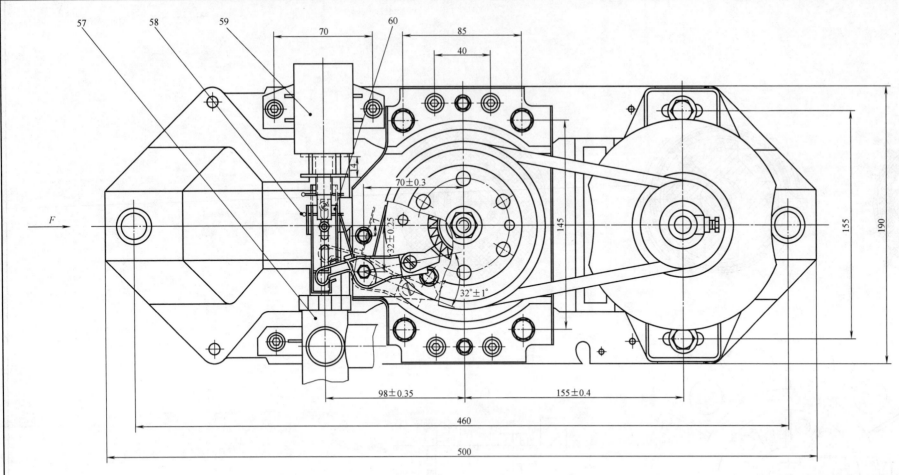

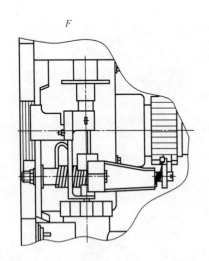

技术要求

1. 调整电动机水平位置，确保V带张紧力适中；调整电动机竖直位置，使带轮水平中心与电动机飞轮水平中心在同一平面内。
2. 安装后应使电磁阀中心线与排水阀中心线同轴度误差不大于φ0.1。
3. 装配后，各部件间应运动灵活，无阻滞现象。
4. 各齿轮副间加润滑油脂。
5. 试水，检查应无泄漏。

60	拉杆	1	部件		27	制动扭簧	1	65Mn	
59	电磁铁	1	部件		26	垫片	1	尼龙	
58	开口销	1		GB/T 91—2000	25	轴承6205	1		GB/T 276—2013
57	排水阀	1	部件		24	密封圈	1	橡胶	
56	螺栓M10	1	45钢	自制	23	密封圈	1	橡胶	
55	支架	1	Q235A		22	法兰盘	1	铸铝	
54	拨叉扭簧	1	65Mn		21	螺栓M6×22	3		GB/T 5783—2016
53	拨叉	1	尼龙		20	垫圈	9		GB/T 97.1—2002
52	螺栓M6×14	6		GB/T 5783—2016	19	减速器底盖	1	尼龙	
51	棘爪扭簧	1	65Mn		18	密封圈	1	橡胶	
50	棘爪	1	尼龙		17	行星减速器	1	部件	
49	螺钉M5×24	1		GB/T 65—2016	16	减速器外罩	1	尼龙	
48	脱水轴	1	45钢		15	挡圈	1		GB/T 894.2—1980
47	棘轮	1	尼龙		14	滑动轴承	1	锡青铜	
46	方丝离合弹簧	1	65Mn		13	滑动轴承	1	锡青铜	
45	垫圈	1		GB/T 97.1—2002	12	波轮轴	1	45钢	
44	螺母M10	1		GB/T 6175—2016	11	密封圈	1	橡胶	
43	输入轴	1	45钢		10	螺钉M6×16	1		GB/T 818—2016
42	离合套	1	45钢		9	闷盖	1	塑料	
41	带轮	1	Q235A		8	波轮	1	部件	
40	外壳	1	Q235A		7	螺栓M8×26	1		GB/T 5783—2016
39	轴承6005	1		GB/T 276—2013	6	密封圈	1	橡胶	
38	单向滚针轴承部件	1			5	螺钉M4×10	3		GB/T 6561—2014
37	垫片	1	H62		4	锁紧块	1	铸铝	
36	制动装置	1	部件		3	螺钉M6×24	6		GB/T 70.1—2008
35	带轮	1	Q235A		2	内桶	1	塑料	
34	螺栓M6×12	1		GB/T 5783—2016	1	外桶	1	塑料	
33	螺母M6	1		GB/T 6175—2016	序号	名 称	数量	材料	备 注
32	V带	1		GB/T 11544—2012		全自动波轮式			图号
31	电动机	1			比例	洗衣机传动机构			共3张 第2张
30	螺栓M8×24	2		GB/T 5783—2016	重量				
29	垫圈	2		GB/T 97.1—2002	制图	杨鹏宇	2018.8	合肥工业大学	
28	弹簧垫圈	2		GB/T 193—1987	校对	殷春华	2018.8	机械电子工程系	
					审核	宋守许	2018.8		

图 6-47 全自动波轮式洗衣机传动机构（二）

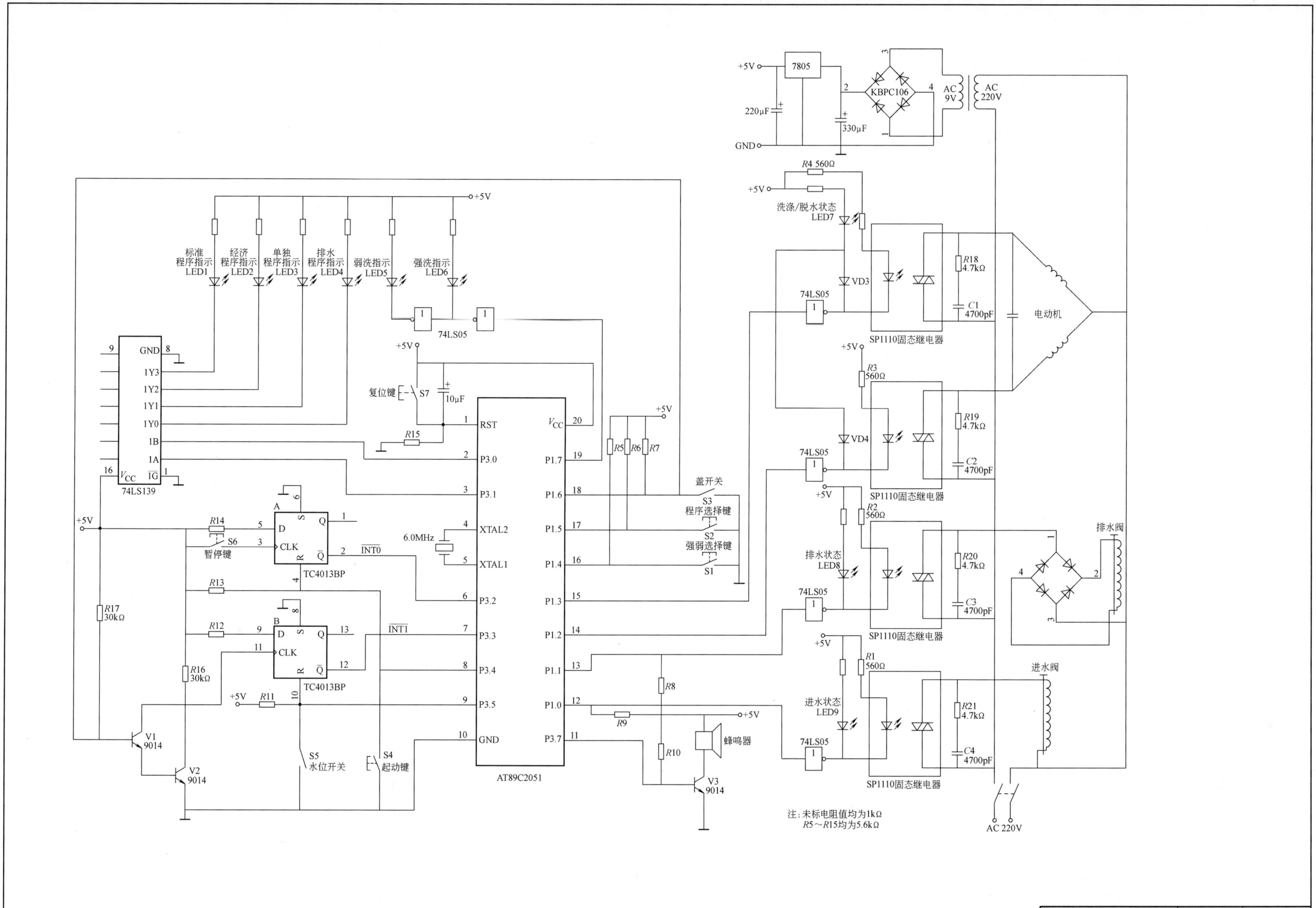

全自动洗衣机电气控制原理图			图号	
设计	王玉琳	2018.8	共1张	第1张
审核	尹志强	2018.8		

图 6-58　全自动洗衣机电气控制原理图